普通高等院校工科"人工智能+"系列教材

安全编程基础

（C 语言）

主　编　林大辉　陈秋妹

副主编　纪祥敏　刘秀玲

　　　　林大启　陈淑武

科 学 出 版 社

北 京

内 容 简 介

本书结合典型实例，全面、系统地介绍了C语言程序设计的基本知识、常用算法和方法，同时结合安全编码标准介绍了编程过程中可能出现的代码安全漏洞。全书共7章，由浅入深地介绍了计算机与计算机语言、C语言编程基础、程序的控制结构、数组和指针、函数和指针、构造数据类型和文件等内容。为了便于读者学习和复习，每章后面提供了本章小结，并配有习题，以便于读者巩固所学的知识。

本书体系完整、内容翔实、实例丰富、通俗易懂，有助于读者在学习编程的同时，熟悉安全编码标准，提高安全意识，养成安全编码习惯。

本书可作为高等院校网络空间安全及计算机相关专业的"安全编程基础""C语言程序设计""程序设计基础""高级语言程序设计"等课程的教材，也可以作为非计算机专业的计算机程序设计类课程的教材，还可以作为全国计算机等级考试二级C语言的参考用书。

图书在版编目（CIP）数据

安全编程基础：C语言 / 林大辉, 陈秋妹主编. -- 北京：科学出版社，2024.9. -- （普通高等院校工科"人工智能+"系列教材）. -- ISBN 978-7-03 -078684-5

Ⅰ. TP312.8

中国国家版本馆 CIP 数据核字第 2024HC1370 号

责任编辑：戴 薇 袁星星 / 责任校对：王万红
责任印制：吕春珉 / 封面设计：东方人华平面设计部

科 学 出 版 社 出版

北京东黄城根北街 16 号
邮政编码：100717
http://www.sciencep.com

北京九州迅驰传媒文化有限公司印刷
科学出版社发行 各地新华书店经销

*

2024 年 9 月第 一 版 开本：787×1092 1/16
2024 年 9 月第一次印刷 印张：17
字数：400 000

定价：65.00 元

（如有印装质量问题，我社负责调换）

销售部电话 010-62136230 编辑部电话 010-62135763-2047

前　言

信息技术在人类生产生活中发挥着至关重要的作用，信息作为一种战略资源，其安全问题是关系国家安全、经济发展和社会稳定的战略性问题。与其他行业相比，网络空间安全行业具有鲜明的知识密集型特点。网络空间安全是攻防双方的高技术博弈与对抗，究其本质是人与人之间的对抗。因此，网络空间安全行业发展中的一切问题归根结底都是人才问题。党的二十大报告中指出，实施科教兴国战略，强化现代化建设人才支撑，健全国家安全体系，强化经济、重大基础设施、金融、网络、数据、生物、资源、核、太空、海洋等安全保障体系建设。

近年来，为适应国家和社会对网络空间安全人才的迫切需求，国内百余所高校依托不同的学科背景，设置了网络空间安全专业，还有更多的高校开设了网络空间安全方向的课程。2015 年，我国适时设立了"网络空间安全"一级学科。随着对网络空间安全学科认识的不断深入，并经过多轮人才培养实践检验，业界越来越深刻地意识到，网络空间安全人才培养的关键在于抓住课程体系和教材建设这个"纲"。在构建面向层次化需求的网络空间安全学科课程体系的同时，编写定位准确、特色鲜明的适用教材已成为网络空间安全人才培养的当务之急。

目前开设网络空间安全专业的高校大多选用 C 语言程序设计教材，现已出版的各类 C 语言程序设计教材主要讲解 C 语言的语言要素、语法规则、编程思想和算法。网络空间安全专业教材要求既要介绍 C 语言的基本知识，又要介绍安全编码基础知识及编程过程如何避免代码安全问题，市面上缺乏完全符合网络空间安全专业人才培养方案的这类教材。鉴于此，为了提高人才培养质量，编者团队根据网络空间安全专业人才培养目标，对照教育部高等学校网络空间安全专业教学指导委员会编制的《高等学校信息安全专业指导性专业规范（第 2 版）》的要求，并紧跟学科发展前沿，科学构建课程内容体系结构，编写了本书。

本书编写过程中，编者积极响应教育部重点布局战略性新兴交叉学科需求，实施数字赋能新工科建设行动，坚持"学生中心、问题导向、学科融合、创新实践"理念，实施网络空间安全人才反向设计，将 C 语言程序设计思想与安全编码标准有机融合，让学生学习编程语言的同时，熟悉安全编码标准，提高安全意识，养成安全编码习惯，培养出能在网络空间安全工程实践活动中不断创新的工程师，培养出复合型、多元化、能跨界思考创新的应用型人才。

本书从学生所需掌握的知识点出发，借鉴已有优秀教材的内容框架，理论与实践相结合，合理安排章节，体系完整，内容翔实，语言通俗易懂，有利于初学者学习。本书具有以下特色。

1) 结合程序设计实例，剖析代码安全漏洞，运用所学知识解决软件安全问题；同时，涵盖适量学科前沿知识，使学生能无缝对接产业，引领未来，清楚自己的专业定位和使命担当。

2）将 C 语言中大家普遍认为比较难的内容——指针，不独立成章，而是分别与数组、函数、构造数据类型等章节内容有效结合，由浅入深逐步引入，以便学生逐渐掌握。

3）结合编者的教学与科研经历以及工程实践经验，着重从实用化的角度阐述 C 语言各个知识点的同时融入安全编码标准，使读者能够全面掌握 C 语言程序设计基本思想及如何避免代码安全漏洞隐患。

4）内容注重多学科交叉融合，注重理论与工程实践相融合，注重科研教学相融合；考虑普及性，强调实用性，力求"通用、实用、易用"。

5）编写团队具有丰富的教学与科研经历，已经形成了较好的教学积累（讲义、课件、习题）和工程技术积累，为编写本书提供了大量的素材。

本书由林大辉、陈秋妹任主编，纪祥敏、刘秀玲、林大启、陈淑武任副主编。其中，第 1、2 章由陈秋妹编写，第 3 章由纪祥敏编写。第 4、7 章和附录由刘秀玲编写，第 5 章由林大辉编写，第 6 章由林大启编写。林大辉和陈淑武对全书的结构和编写作了统筹策划及组织，最后由林大辉统稿，陈淑武审定。

本书出版得到福建农林大学出版基金的资助，在此感谢所有关心、支持本书编写和出版的单位和人员。

感谢科学出版社对本书的大力支持！感谢各位编辑、排版和设计人员。

感谢福建农林大学物联网技术产教融合创新实验室团队对本书的大力支持。

感谢福建大鼎网安集团有限公司、福建国科信息科技有限公司等对本书的大力支持。

感谢家人，是他们的支持和鼓励使本书得以顺利完成。

本书还参考了相关文献和网络资源，在此对这些资料的编著者们表示衷心感谢！

借此机会，还要感谢多年来对我们教诲的所有良师益友及教学团队成员的支持帮助！

限于编者水平和所涉及知识范畴，书中难免有疏漏与不妥之处，恳切希望各位读者批评指正。如果您有更多宝贵的建议或意见，欢迎发送邮件至 lindahui@fafu.edu.cn，我们期待能得到您的真挚反馈。

编　者

2024 年 8 月于福州

目　　录

第 1 章 计算机与计算机语言

计算机作为 20 世纪人类重要的发明之一，极大促进人类社会文明发展，逐步改变了人们的学习、生产和生活方式。

一个完整的计算机系统由**硬件系统**和**软件系统**两部分组成。**硬件系统**是构成计算机系统各功能部件的集合，包括计算机系统中一切电子、机械、光电等设备，是计算机系统的物理基础；**软件系统**是指与计算机系统操作有关的各种程序及任何与之相关的文档和数据的集合，是计算机系统的灵魂。其中，程序是用计算机语言描述的适合计算机执行的指令序列。在编写程序过程中，若没有遵循安全编码标准，可能产生安全隐患，给人们带来不可估量的损失。

本章主要介绍计算机的发展历史、组成和工作原理，以及计算机语言相关概念。通过本章的学习，读者将了解计算机的发展简史、计算机的组成和工作原理、信息在计算机中的表示、计算机语言特别是 C 语言的相关概念，以及安全编程的相关知识。

1.1 计算机及工作原理

早期的计算机主要应用于科学计算，随着计算机技术的不断发展，其已成为人们学习、生活和生产不可或缺的重要工具之一。下面简要介绍计算机的发展简史及工作原理。

1.1.1 信息与数据

1. 信息

就一般意义而言，信息可以理解为消息、情报、见闻、通知、报告、知识、事实、赋予某种意义的数据等。从广义上讲，信息是人类一切生存活动和自然存在所传达的信号和消息，是人类社会所创造的全部知识的总和，是人类社会的一种宝贵资源。

1948 年，信息论的创始人香农（Shannon）从通信理论出发，用数学方法定义信息就是不确定性的消除量，认为信息具有使不确定性减少的能力，信息就是不确定性减少的程度。随着时间的推移，时代将不断地赋予信息新的含义。从计算机科学的角度研究，信息可包含两个基本含义：一是经过计算机技术处理的资料和数据（文字、声音、影像、图形等）；二是经过科学收集、存储、分类、检测等处理的信息产品的集合。

2. 数据

数据是描述事物的物理符号。在计算机科学与技术学科中，数据泛指那些能够被计算机接收、识别、存储、加工和处理的对象的全体。换句话说，数据是对那些能够有效输入计算机中并且能够被计算机程序所加工和处理的全体符号的总称。例如，在解代数方程的程序中用到的整数或实数，编译程序的加工和处理对象——用高级语言编写的源程序，解释程序的加工和处理对象——用高级语言编写的源程序中的一个个语句，文本编辑程序所加工处理的文字、数字和其他字符组成的字符序列等，都称为数据。自然界中的声音、温度、电压、电流、图形、图像、动画、影像等经过某些变换也可以被计算机程序识别、存储、加工和处理，它们也都属于数据的范畴。

数据应该是原始的、广义的、可鉴别的抽象符号，可以用来描述事物的属性、状态、程度、方式等。数据符号单独表示时没有任何含义，只有放入特定场合进行解释和加工才有意义并升华为信息。

1.1.2 计算机发展概述

目前的计算机发展源自 1936 年英国数学家图灵（Turing）所提出的图灵计算机，简称**图灵机**。图灵机不是一种具体的机器，而是一种理论模型。图灵机包含目前的计算机的 3 个基本单元：存储器、读写单元和控制单元。其中，存储器用以存储信息；读写单元用以在存储器中读取或者写入信息；而控制单元根据读写单元提供的信息，按照内部逻辑更改或删除原有的信息，以达到期望的计算结果。正是因为图灵奠定了计算机理论基础，所以人们称图灵为"**计算机理论之父**"。1950 年，图灵发表了一篇划时代的论文 *Computing Machine and Intelligence*，提出了著名的图灵测试：如果一台机器能够与人类展开对话（通过电传设备）而不能被辨别出其机器身份，那么称这台机器具有智能。也正是这篇论文，为图灵赢得了"**人工智能之父**"的桂冠。1966 年，美国计算机协会（Association for Computing Machinery，ACM）设立**图灵奖**，专门奖励那些对计算机事业做出重要贡献的个人。

在图灵机提出不到 10 年，美籍匈牙利数学家约翰·冯·诺依曼（John von Neumann）博士在他的一篇论文中提出计算机工作原理，概括为"**存储程序，顺序控制**"，其基本思想是数字计算机的数制**采用二进制**，计算机应该按照程序顺序执行。冯·诺依曼还确定了现代存储程序式电子数字计算机的基本结构，主要由 5 部分组成：**控制器、运算器、存储器、输入设备和输出设备**。这对以后的计算机发展产生了深远影响。因此，人们把具有这种基本结构的计算机称为"**冯·诺依曼型计算机**"，冯·诺依曼也被后人称为"**现代计算机之父**"。

世界上第一台通用计算机 **ENIAC**（electronic numerical integrator and calculator，电子数字积分计算机，图 1.1）于 1946 年 2 月 14 日在美国宾夕法尼亚大学诞生。发明人是美国人莫克利（Mauchly）和艾克特（Eckert）。ENIAC 使用了 18000 个电子管，功率 150kW，占地 170m^2，质量约 30t，运算速度为每秒 5000 次加减运算。ENIAC 被美国国防部用来进行弹道计算。

自 1946 年第一台通用计算机问世以来，以构成计算机硬件的逻辑元件为标志，计算机的发展大致经历了从电子管、晶体管、中小规模集成电路到大规模和超大规模集成电路 4 个发展阶段，通常称为"四代计算机"。

第 1 代电子计算机（1946—1957 年）：主要元器件是**电子管**，其特点是运算速度慢、体积大、耗电多、存储量小；使用机器语言（每条指令用二进制编码）和汇编语言（符号化的机器语言）；主要用于数值计算。

图 1.1　第一台通用计算机 ENIAC

第 2 代电子计算机（1958—1964 年）：主要元器件是**晶体管**，其特点是体积小、质量小、寿命长、功耗低、发热少、速度快；出现高级语言，产生了操作系统；应用范围扩大到数据处理和工业控制。

第 3 代电子计算机（1965—1970 年）：主要元器件是中小规模**集成电路**。集成电路与晶体管分立元件相比，不仅体积更小，功耗更低，而且寿命也更长（正常环境下几乎不会失效）。该阶段软件得到一定发展，计算机处理图像、文字和资料功能加强。

第 4 代电子计算机（1971 年以后）：主要元器件是**大规模和超大规模集成电路**。随着集成技术的提高，其运算速度也大幅度提高，计算机产品的更新换代速度加快，性能价格比大幅度跃升，软件配置也越来越丰富。

计算机发展的总趋势是巨型化、微型化、网络化、智能化和多媒体。

1.1.3　计算机的组成和工作原理

计算机硬件是指计算机系统包含的各种机械的、电子的、磁性的、声光的装置和设备。硬件是组成计算机系统的物质基础，不同类型的计算机其硬件组成是不一样的。从计算机的诞生开始直至发展到今天，各种类型的计算机都属于冯·诺依曼型计算机。

冯·诺依曼型计算机的硬件系统结构从原理上来说主要由运算器、控制器、存储器、输入设备（input device）和输出设备（output device）5 部分组成。其中，存储器又分为内存储器和外存储器两类，把运算器与控制器统称为**中央处理器**（central processing unit，CPU），把中央处理器与内存储器统称为计算机的**主机**，把外部存储器和输入/输出设备统称为计算机的外部设备，如图 1.2 所示。

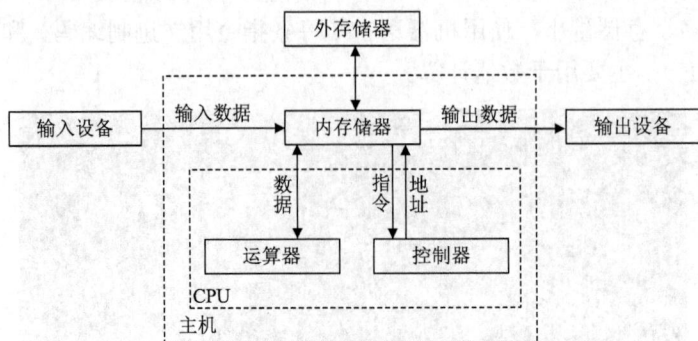

图 1.2　冯·诺依曼型计算机硬件系统的组成

下面分别介绍各部件的主要功能及工作原理。

1. 控制器

控制器是计算机的指挥控制中心，其指挥、控制计算机各部件自动、协调地工作。控制器按照"存储程序，顺序控制"的工作原理，从内存中按顺序取出各条指令并分析，再根据指令的功能向各部件发出控制命令，控制它们执行这条指令中规定的任务。

2. 运算器

运算器的任务是在控制器的指挥下完成各种算术运算（如加、减、乘、除）和逻辑运算（如逻辑或、逻辑与和逻辑非运算）。运算器由算术逻辑部件（arithmetic and logic unit，ALU）、累加器、状态寄存器和通用寄存器组等组成。

3. CPU

1971 年 11 月，Intel 公司的工程师马西安·霍夫（Marcian Hoff）发明了 Intel 4004 芯片，这是人类历史上第一个微处理器。Intel 4004 是 4 位（bit）芯片，集成了 60000 个晶体管，时钟频率（即主频）108kHz。微处理器一问世，短短 10 年间就经历了 4 位、8 位、16 位和 32 位 4 代。此后，Intel 公司继续推出新的 32 位芯片，如 80386、80486 和奔腾等，集成度不断提高，现在 64 位芯片已被广泛使用。

以上所说的 32 位或 64 位是 CPU 的字长。**字长**是指 CPU 在单位时间内（同一时间）能一次处理的二进制数的位数。例如，32 位的 CPU 能在单位时间内处理字长为 32 位的二进制数据，这个位数其实是指算术逻辑电路一次能够计算的数据量，该位数一般与 CPU 中的通用寄存器的位数相同。

CPU 作为计算机系统的核心，主要包括运算器、控制器和寄存器等部件。影响 CPU 性能的因素很多，主要有 CPU 的主频、CPU 的内存总线（bus）速度、数据总线的宽度和地址总线的宽度、与 CPU 封装在一起的高速缓存（cache）的容量和结构、CPU 内部是否内置浮点协处理器等。

4. 内存储器

内存储器简称内存（memory），用于存放 CPU 正在处理、即将处理或处理完毕的数据，是 CPU 可以直接访问的存储器。内存储器的每个存储单元都有一个编号，称为**内存地址**，简称地址。通常用十六进制数表示地址。CPU 的**寻址范围**由地址线的多少决定。每条地址线有 0 和 1 两种状态，这样一条地址线可以访问 2 个地址，即称 CPU 的寻址范围为 2 字节（Byte，B）。如果计算机有 32 条地址线，则寻址范围为 2^{32}B=4GB。

内存储器分为**随机存储器**（random access memory，RAM）和**只读存储器**（read only memory，ROM）两类。

人们通常所说的内存条即指 RAM，RAM 表示既可以从中读取数据，也可以写入数据。当机器电源关闭时，存于其中的数据就会丢失。

在制造 ROM 时，信息（数据或程序）就被存入并永久保存。这些信息只能读出，一般不能写入，即使机器停电，这些数据也不会丢失，如 BIOS ROM。

现在比较流行的 ROM 是闪存（flash memory），其属于电擦除可编程只读存储器（electrically erasable programmable read-only memory，EEPROM）的升级，可以通过电学原理反复擦写。U 盘和固态硬盘（Solid State Drives，SSD）就是利用闪存原理制成的。

5. 外存储器

外存储器简称外存，用于存放暂时不用的程序和数据。外存储器的特点是容量大、价格低，但是存取速度慢，一般断电后仍然能保存数据。常见的外存储器有硬盘、光盘、U 盘等。

6. 输入设备

输入设备是向计算机输入程序、数据和各种信息的部件，负责将计算机外部的信息转换为计算机所能识别的信息，并将它们存放到计算机的内存储器中。常见的输入设备如键盘、鼠标、摄像头、扫描仪、光笔、手写输入板、游戏杆、语音输入装置等。

7. 输出设备

输出设备是从计算机中输出结果和其他信息的部件，负责把计算机处理的中间结果或最终结果用人所能识别的形式（如字符、图形、图像、语音等）表示出来。常见的输出设备如显示器、打印机、绘图仪、影像输出系统、语音输出系统、磁记录设备等。

8. 缓冲区

缓冲区（buffer）又称为缓存，是内存空间的一部分。缓冲区用在输入/输出设备（I/O 设备）和 CPU 之间，用来缓存数据。缓冲区使得低速的输入/输出设备和高速的 CPU 能够协调工作，避免低速的输入/输出设备占用 CPU，解放出 CPU，使其能高效工作。

1.1.4　信息在计算机中的表示

计算机存储处理信息的基础是信息的数字化，各种类型的信息（数值、文字、声音、图像等）必须转换成数字量，即数字编码的形式，才能在计算机中进行处理。信息的数字形式也称为信息的编码。

1．在计算机中采用二进制的原因

人们通常使用的数制是十进制，但在计算机中使用最多的是二进制，原因如下。

1）二进制数容易在计算机中表示。二进制数只有 0 和 1 两种数字，在自然界中具有两种稳定状态的元件很多，如电灯的亮与熄、开与关、晶体管的导通与截止、双稳态电路的高电位与低电位等。

2）二进制数的算术运算比较简单。例如，加法只需 4 句口诀：0+0=0，0+1=1，1+0=1，1+1=10。

3）在计算机中用二进制数可以节省设备。虽然二进制数写起来比十进制数长，但是采用二进制数却比采用十进制数节省设备。例如，采用十进制数表示 0～999 的数，需要 3 位设备，每位 10 个状态，状态总数为 3×10=30；若采用二进制表示同样大小范围的数，即二进制数 0～1111100111，则需要 10 位设备，每位 2 个状态，状态总数为 10×2=20。由此可见二进制数比十进制数节省设备。

4）易于采用逻辑代数。采用二进制数，在分析和设计计算机时可以采用逻辑代数，在使用计算机时可以利用逻辑代数进行逻辑运算（含关系运算）。

二进制数虽然具有上述优点，但也存在一些缺点。例如，表示同一量值的数用二进制表示所需位数多，写起来长，读起来不方便。

2．信息存储单位

由于二进制数的每一位数（0 或 1）是用电子器件的两种稳定状态来表示的，因此二进制位是最小信息单位，一个数的长度按二进制位数来计算。计算机内最常用的信息单位是**字节**（图 1.3），字节也是计算机存储容量的基本单位（8 位二进制）。存储器容量是指存储器中包含的字节数。表 1.1 所示为计算机存储容量的常用单位。

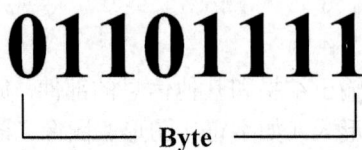

01101111
└──── Byte ────┘

图 1.3　1 字节由 8 个二进制位组成

表 1.1　计算机存储容量的常用单位

常用单位	缩写	换算过程
Kilo Byte	KB	$1KB=2^{10}B$
Mega Byte	MB	$1MB=2^{20}B$
Giga Byte	GB	$1GB=2^{30}B$
Tera Byte	TB	$1TB=2^{40}B$
Peta Byte	PB	$1PB=2^{50}B$

3. 数制及其转换

（1）进位计数制

日常生活中人们大多采用十进制表示数值，计算机领域中则采用二进制、八进制或十六进制表示数值。若把它们统称为 R 进制，则其也具有与十进制类似的 3 个特点。

1）R 进制的基为 R，每一个数都可以用 0、1、2、…、R-1 这 R 个数字来表示。

2）R 进制的进位规律是"逢 R 进一"，借位规律是"借一当 R"。

3）R 进制数表示的量值大小与各位数字的大小和相应位的权值大小均有关系，即

$$(a_n a_{n-1} \cdots a_1 a_0 . a_{-1} a_{-2} \cdots a_{-m})_R = \sum_{i=-m}^{n} a_i R^i$$

式中，a_i 为第 i 位上的数字；R^i 为第 i 位的权值，$-m \leq i \leq n$。

例如，十进制数 123.45 可写为

$$(123.45)_{10} = 1 \times 10^2 + 2 \times 10^1 + 3 \times 10^0 + 4 \times 10^{-1} + 5 \times 10^{-2}$$

由此，可知二进制的基为 2，每一个二进制数均可以用 0 和 1 表示；进位规律是"逢二进一"，借位规律是"借一当二"。按照上述数位编号，第 i 位上的权值为 $2^i (-m \leq i \leq n)$，一个二进制数表示的量值为

$$(a_n a_{n-1} \cdots a_1 a_0 . a_{-1} a_{-2} \cdots a_{-m})_2 = \sum_{i=-m}^{n} a_i 2^i$$

例如，二进制数 1001.01 可写为

$$(1001.01)_2 = 1 \times 2^3 + 0 \times 2^2 + 0 \times 2^1 + 1 \times 2^0 + 0 \times 2^{-1} + 1 \times 2^{-2}$$

同理，八进制的基为 8，具有 0、1、2、3、4、5、6、7 这 8 个数字，进位规律是"逢八进一"，借位规律是"借一当八"。十六进制的基为 16，具有 0、1、…、9、A、B、C、D、E、F 这 16 个数字；进位规律是"逢十六进一"，借位规律是"借一当十六"。

例如，八进制数 135.07 可写为

$$(135.07)_8 = 1 \times 8^2 + 3 \times 8^1 + 5 \times 8^0 + 0 \times 8^{-1} + 7 \times 8^{-2}$$

十六进制数 4E5.A9 可写为

$$(4E5.A9)_{16} = 4 \times 16^2 + 14 \times 16^1 + 5 \times 16^0 + 10 \times 16^{-1} + 9 \times 16^{-2}$$

（2）不同进制数的书写格式

二进制数有不同的书写格式，可以用后缀 B 表示，也可以用括号和下标 2 表示。例如，1011B 与 $(1011)_2$ 两种写法是等价的。同样，八进制数用后缀 Q 表示，如 357Q 与 $(357)_8$ 等价；十六进制数用后缀 H 表示，如 1A2FH 与 $(1A2F)_{16}$ 等价；十进制数的后缀 D 通常省略，如 369D 通常写成 369。

（3）十进制数转换为二进制数、八进制数、十六进制数

十进制数转换为二进制数是分为整数部分和小数部分进行的，整数部分采用除 2 取余法转换，小数部分采用乘 2 取整法转换。

用除 2 取余法对整数部分进行转换的口诀是"**除 2 取余，逆序排列**"，即将十进制整数逐次除以 2，把所得余数按逆序排列，直至该十进制整数部分为 0，就可得到相应二进制的整数部分。例如，对于 25，可按如下方法转换得 $(25)_{10} = (11001)_2$。

被除数

各次的商和被除数 ←——————

0	1	3	6	12	25	2	←—— 除数
1	1	0	0	1			←—— 余数，先得到的排在后面

用乘 2 取整法对小数部分进行转换的口诀是 "**乘 2 取整，顺序排列**"，即将十进制纯小数逐次乘以 2，把所得整数部分按顺序排列，直至该十进制纯小数为 0 或满足所需的精度，就可得到相应二进制的纯小数部分。例如，对于 0.15625，可按如下方法转换得 $(0.15625)_{10}=(0.00101)_2$。

被乘数

各次的积和被乘数

乘数 ——→ 2 | 0.15625 0.3125 0.625 0.25 0.5 0.0

整数，先得到的排在前面 0   0   1   0   1

又如，对于 0.6，按照这种方法转换过程如下式。

2 | 0.6 0.2 0.4 0.8 0.6 0.2 0.4 0.8 0.6 0.2 ···

　　1   0   0   1   1   0   0   1   1   0 ···

由于在乘 2 取整过程中积始终不会为 0，因此需要按精度要求进行舍入处理，常用的舍入处理方法为截断法（从有效位数之后截断）和 0 舍 1 入法（类似于十进制的四舍五入法，按有效位数的下一位 0 舍 1 入）。例如，上例若保留小数点后 7 位，采用截断法的结果为 $(0.6)_{10}=(0.1001100)_2$，舍入法为 $(0.6)_{10}=(0.1001101)_2$。

对于既有整数部分又有小数部分的十进制数，可分整数部分和小数部分分别转换。例如，25.15625 可按下式转换得 $(25.15625)_{10}=(11001.00101)_2$。

0	1	3	6	12	25	2	0.15625 0.3125 0.625 0.25 0.5 0
1	1	0	0	1			0 0 1 0 1

同理，十进制数转换为八进制数、十六进制数也是分为整数部分和小数部分进行的，即 "**整数除 8 取余，逆序排列；小数乘 8 取整，顺序排列**" 和 "**整数除 16 取余，逆序排列；小数乘 16 取整，顺序排列**"。

二进制数、八进制数、十六进制数转换为十进制数的转换规则：将二进制数、八进制数、十六进制数的各位按权展开相加。

（4）二进制数和八进制数、十六进制数相互转换

1）二进制数转换为八进制数。把二进制数转换为八进制数的口诀是 "**三位分组，逐组转换**"，即以小数点为中心，分别向左右两个方向三位一组，不足三位的用 0 补足，逐组读出或写出其值即可。例如：

$(10101100101.1011011)_2=(010\ \ 101\ \ 100\ \ 101.101\ \ 101\ \ 100)_2=(2545.554)_8$

2）八进制数转换为二进制数。把八进制数转换为二进制数的口诀是 "**一位写三**"，即把一位八进制数字用三位二进制表示即可。例如：

$(57.24)_8=(101\ \ 111.010\ \ 100)_2$

3）二进制数转换为十六进制数。把二进制数转换为十六进制数的口诀是"**四位分组，逐组转换**"，即以小数点为中心，分别向左右两个方向四位一组，不足四位的用 0 补足，逐组读出或写出即可。例如：

$$(10101101010.10111)_2=(0101\quad 0110\quad 1010.1011\quad 1000)_2=(56A.B8)_{16}$$

4）十六进制数转换为二进制数。把十六进制数转换为二进制数的口诀是"**一位写四**"，即把一位十六进制数字用四位二进制表示即可。例如：

$$(5F.2A)_{16}=(0101\quad 1111.0010\quad 1010)_2$$

5）八进制数与十六进制数的转换。八进制数与十六进制数之间，可以通过二进制数作为中间进制数来转换，即先把八进制数（或十六进制数）一位写三（或一位写四）得到二进制数，然后四位一组（或三位一组）逐组转换得到。

八进制数和十六进制数与二进制数之间有如此简单的转换关系，这是由于这 3 种进位计数制的基之间存在着倍数关系，即 $8=2^3$、$16=2^4$，所以八进制数和十六进制数可以作为二进制数的缩写来使用。八进制数和十六进制数正是为了在编制机器语言程序、汇编语言程序和在控制台上直读数据的简便而引入的。

（5）各进制数之间的对应关系

表 1.2 给出了 0～15 的几种数制表示对照表。

表 1.2　几种数制表示对照表

十进制	二进制	八进制	十六进制	十进制	二进制	八进制	十六进制
0	0000	0	0	8	1000	10	8
1	0001	1	1	9	1001	11	9
2	0010	2	2	10	1010	12	A
3	0011	3	3	11	1011	13	B
4	0100	4	4	12	1100	14	C
5	0101	5	5	13	1101	15	D
6	0110	6	6	14	1110	16	E
7	0111	7	7	15	1111	17	F

4. 数的定点和浮点表示

一个数在使用时是有符号的，而计算机对正负数不能直接识别，因此数的符号在计算机内要进行变换，用专门的符号位表示。**符号位放在最高数值位的前面，用 0 表示正，用 1 表示负**，这种把数本身（指数值部分）及符号一起数字化的数称为**机器数**。

机器数是二进制数在计算机内的表示形式，在进行数值运算时，又必须按一定方法确定小数点的位置。根据小数位置不同，通常把机器数分为两种：定点数和浮点数。

（1）定点数

定点数是指计算机中小数点位置固定的数。根据小数点位置的固定方法不同，定点数又分为定点整数和定点小数，前者小数点固定在数的最低位之后，后者小数点固定在数的符号位和最高位之间。但在实际问题中，数不可能总是整数或纯小数，这就需要在用机器解题之前对非整数或非纯小数进行必要的加工，使数变为适合机器表示的形式。

加工的方法是选择适当的比例因子，使全部参加运算的数都变为整数或纯小数。例如，二进制数+101.1 和-10.11 都是非整数，可以将它们都乘以一个比例因子（如 2^2）后进行运算，最后对输出结果除以同样的比例因子（如 2^2）。如果在计算过程中出现超出范围的情况，则称为溢出或超载，需要停机或中断以处理出现的紧急情况或错误。

（2）浮点数

浮点数是指计算机中的小数点位置不固定的数。一个二进制数 N 可以表示为

$$N = \pm S \times 2^{\pm J}$$

式中，J 为一个二进制整数，称为数 N 的阶码，J 前的"±"为阶码的正负号，称为阶符（J_f）；S 为一个二进制纯小数，称为数 N 的尾数，S 前的"±"为尾数的正负号，称为尾符（S_f）。

对于给定的二进制数来说，其浮点表示形式不唯一，如 $0.0010011=0.0010011\times 2^0=0.0100110\times 2^{-1}=0.100110\times 2^{-2}$。当尾数的小数点位置改变时，只要阶码也相应地改变，就可以保证数值的大小不变。为了保证数的精度，在浮点机中一般采用规格化形式，即要求尾数 S 的第一位数字为 1。换句话说，浮点规格化数中尾数 S 的范围是 $\frac{1}{2} \leq S < 1$。对于非规格化形式的数，可以通过改变阶码使其规格化。

5. 信息的编码

编码就是用一定规则组合而成的若干位二进制码来表示数或字符（字母、符号和汉字）。目前编码主要有数字编码、字符编码和汉字编码。

（1）数字编码

数字编码是指用若干位二进制组合表示一位十进制数。其中，最常用的是二进制编码的十进制（binary coded decimal，BCD）码，其用 4 个二进制数表示等值的一位十进制数，其编码规则如表 1.2 所示。

BCD 码主要用于数学运算。按表 1.2 中给定的规则，很容易实现十进制数与 BCD 码之间的转换。例如，$(3579)_{10}=(?)_{BCD}$，从表 1.2 中可知，3→0011，5→0101，7→0111，9→1001，因此，$(3579)_{10}=(0011010101111001)_{BCD}$。

（2）字符编码

文本、图形图像、声音等信息称为非数字信息。在计算机中用得最多的非数字信息是文本字符。由于计算机只能处理二进制数，因此需要用二进制的 0 和 1 按照一定的规则对各种字符进行编码。

计算机内部按照一定的规则表示西文或中文字符的二进制编码称为**机内码**。

由于美国是最早发展计算机的国家，美国国家标准局最先公布了美国标准信息交换码（American Standard Code for Information Interchange），简称 **ASCII 码**（表 1.3）。ASCII 码本来是一个信息交换编码的国家标准，后来被国际标准化组织（International Standards Organization，ISO）接受，成为国际标准 ISO 646。ASCII 码采用 1 字节（8 位）表示一个字符，但实际只使用字节的低 7 位，字节的最高位为 0，所以可表示 128 个字符。字符分为图形字符（95 个）与控制字符（33 个）两类。图形字符包括数字、字母、运算

符号、商用符号等。例如，数字 5 的 ASCII 编码为 0110101，字母 A 的 ASCII 编码为 1000001。控制字符用于数据通信收发双方动作的协调与信息格式的表示。例如，控制字符"发送结束 EOT"的 ASCII 编码为 0000100。从表 1.3 的 ASCII 码值可以看出：**空格<数字字符<大写字母<小写字母**。

表 1.3　7 位 ASCII 编码

b4　b3　b2　b1	b7b6b5							
	000	001	010	011	100	101	110	111
0　0　0　0	NULL	DLE	空格	0	@	P	`	p
0　0　0　1	SOH	DC₁	!	1	A	Q	a	q
0　0　1　0	STX	DC₂	"	2	B	R	b	r
0　0　1　1	ETX	DC₃	#	3	C	S	c	s
0　1　0　0	EOT	DC₄	$	4	D	T	d	t
0　1　0　1	ENQ	NAK	%	5	E	U	e	u
0　1　1　0	ACK	SYN	&	6	F	V	f	v
0　1　1　1	BEL	ETB	'	7	G	W	g	w
1　0　0　0	BS	CAN	(	8	H	X	h	x
1　0　0　1	HT	EM	)	9	I	Y	i	y
1　0　1　0	LF	SUB	*	:	J	Z	j	z
1　0　1　1	VT	ESC	+	;	K	[	k	{
1　1　0　0	FF	FS	,	<	L	\	l	|
1　1　0　1	CR	GS	-	=	M	]	m	}
1　1　1　0	SO	RS	.	>	N	↑	n	~
1　1　1　1	SI	US	/	?	O	←	o	DEL

由于 7 位 ASCII 码只有 128 个字符，在很多应用中无法满足要求，因此 ISO 又制定了 ISO 2002 标准，规定了在保持与 ISO 646 兼容的前提下，将 ASCII 码字符扩充为 8 位编码的统一方法。扩展 ASCII 码可以表示 256 个字符。8 位 ASCII 码称为扩展的 ASCII 码字符集。

（3）汉字编码

在计算机中，为了解决汉字的输入、处理及输出问题，出现了各种汉字编码方案，包括输入码、交换码、机内码（内部码）和字形码。在计算机的汉字信息处理系统中，处理汉字时要进行如下的代码转换：**输入码→交换码→机内码→字形码**。

1）汉字输入码。用键盘输入汉字时使用的汉字编码称为输入码。输入码与汉字输入方式有关，常见的有汉字拼音码、五笔字型码、国标区位码等。不论哪种输入码，输入的每个汉字或中文字符都要通过交换码变换为对应的国标码，以便在计算机中统一存储和表示。

2）汉字交换码及标准。1980 年我国颁布了第一个汉字编码字符集标准，即《信息交换用汉字编码字符集 基本集》（GB 2312—1980），GB 表示国标，该标准奠定了中文信息处理的基础。GB 2312—1980 规定，"对任意一个图形字符都采用两个字节表示。

每个字节均采用七位编码表示。两个字节中前面的字节为第一字节，后面的字节为第二字节。"习惯上称第一字节为高字节，第二字节为低字节。该标准共收了 6763 个汉字及 682 个符号。随着计算机应用的普及，GB 2312—1980 国标字符集的汉字有限，故我国对 GB 2312—1980 国标字符集进行了扩充，形成了国家标准。《信息技术 中文编码字符集》（GB 18030—2022）完全包含了 GB 2312—1980，共有汉字 27484 个。

3）汉字机内码。由于汉字处理系统要保证中西文的兼容，因此当系统中同时存在 ASCII 码和汉字国标码时，将产生歧义。例如，有 2 字节的内容为 30H 和 21H，其既可表示汉字"啊"的国标码，又可表示西文"0"和"!"的 ASCII 码值。为此，**汉字的机内码**是在其国标码基础上，将 2 字节最高位都由"0"改为"1"构成，即汉字机内码=汉字国标码+8080H。例如，汉字"啊"的国标码为 3021H，而其机内码为 B0A1H，用二进制码表示为 10110000 10100001。

按此规定，在计算机中，若字节**最高位为 1**，则为**汉字字符**；若字节**最高位为 0**，则为 **ASCII 码字符**。

4）汉字字形码。**汉字字形码**是一种使用点阵方法构造的汉字字形的字模数据，在输出或打印汉字时需要使用汉字字形码。通常输出汉字使用 16×16 点阵，而打印汉字使用 24×24、32×32、48×48、64×64、96×96 等点阵。点阵点数越多，所构造的字体越完美，但是存储该汉字所占用的空间越大。通常一个点用一位二进制位表示，如一个 32×32 点阵汉字占用空间为 128 字节，一个 48×48 点阵汉字占用 288 字节空间。存放汉字点阵需要用一个汉字库，汉字库内每个汉字都对应一个编码，即汉字字形码。使用该编码便可以调出所对应的汉字点阵，将其输出或打印。

（4）Unicode 编码

Unicode 编码是由 ISO 于 20 世纪 90 年代初制定的一种字符编码标准，其用 2 字节表示一个字符，因此允许表示 65536 个字符。世界上绝大多数的书面语言能用单一的 Unicode 编码表示。

在 Unicode 编码中，前 128 个 Unicode 字符是标准 ASCII 字符，接下来是 128 个扩展的 ASCII 字符，其余字符供不同的语言使用。目前，Unicode 中有汉字 27786 个。在 Unicode 中，ASCII 字符也用 2 字节表示，这样 ASCII 字符就与其他字符的处理统一起来，大大简化了处理的过程。

6. 原码、反码和补码

计算机在实现加减乘除运算时，其乘法可以归结为加法和移位，除法可以归结为减法和移位，减法可以通过对参加运算数的编码归结为加法，所以只需讨论加法问题即可。对于数的编码形式，通常有原码、反码和补码 3 种。

原码保持了数的原来形式，即尾数部分不变，只是当是正数时符号位为 0，是负数时符号位为 1。

对于**正数**而言，其**反码和补码与其原码相同**，即正数的原码、反码和补码都是由符号位为 0、尾数不变得到的。对于负数而言，其反码和补码与其原码不同，其中**负数的反码**由符号位为 1、尾数各位逐位求反得到，而**负数的补码**由在其反码最低位加 1 得到

（对尾数逐位求反、末位加 1）。逐位求反的意思是把各位的 0 换成 1，把 1 换成 0。

由上述的原码、反码和补码求法可知，对于负数（以-0.1101011 为例），有：

$$1.1101011 \xleftrightarrow[\text{其余各位求反}]{\text{符号位不变}} 1.0010100 \xrightarrow{\text{加1}} 1.0010101$$

原码　　　　　　　　　　　反码　　　　　　　　　　补码

符号位不变，其余各位求反，加1

采用反码做加法时，两数反码相加，得到两数之和的反码；做减法时，是被减数的反码加上减数的相反数（绝对值相等方向相反的数）的反码，得到差的反码。这样利用反码把加减运算统一为反码的加法运算。采用反码做加法运算时，要把符号位当作数一样参加运算；当符号位相加有进位时，要将其送到数的最低位相加，称为循环进位。

采用补码做加法时，两数补码相加，得到两数之和的补码；做减法时，是被减数的补码加上减数的相反数的补码，得到差的补码。利用补码也把加减运算统一为补码的加法运算。需要注意的是，采用补码做加法运算时，也把符号位当作数一样参加运算，但当符号位相加有进位时舍弃不要。

原码、反码和补码 3 种表示形式各有优缺点。采用反码或补码可使加减运算获得统一，比原码加法简便；但是做乘除运算反而比用原码困难。另外，原码表示最方便，只需符号位用 0 或 1 表示；反码在负数时的求法比补码简单，只需逐位求反，不需末位加1，可节省时间；补码在运算时无须处理循环进位，运算时间比反码节省。计算机到底采用哪种表示形式，要由机器的用途和运算方法等因素来决定。

1.1.5　安全漏洞

漏洞是计算机系统在硬件、软件、协议的具体实现或系统安全策略上存在的缺陷和不足，可以使攻击者能够在未授权的情况下访问或破坏系统。例如，在 Intel Pentium 芯片中存在的逻辑错误，在网络文件系统（network file system，NFS）协议中认证方式上的弱点，在 UNIX 操作系统管理员设置匿名文件传输协议（file transfer protocol，FTP）服务时配置不当的问题都可能被攻击者利用，进而威胁到系统的安全。因此，这些都可以认为是系统中存在的安全漏洞。RFC 2828 将漏洞定义为"**系统设计、实现或操作和管理中存在的缺陷或弱点，能被利用而违背系统的安全策略**"。

计算机系统安全包含**开发**和**配置**两方面的元素，其中开发安全要求具有安全的设计和无瑕疵的实现，配置安全则要求系统和网络被安全地予以部署以免遭受攻击。两种安全不分主次，但二者缺一不可。原因在于，即使能够开发出极其安全的软件，最后仍然需要对其进行安全的部署和配置。如果部署阶段的工作没有做好，即便设计为最安全的代码也会给攻击者以可乘之机。这种情形与最终用户要求软件易使用、易配置、易维护，同时价格低廉的目标是矛盾的。

计算机系统安全的分级标准一般是依据橘皮书（《可信计算机系统评价准则》，trusted computer system evaluation criteria）中的定义。橘皮书中对可信任系统的定义如下：一个由完整的硬件及软件组成的系统，在不违反访问权限的情况下，它能同时服务于不限定个数的用户，并处理从一般机密到最高机密等不同范围的信息。橘皮书将计算机系统的安全性能由高而低划分为 A、B、C、D 四大等级。

安全漏洞的危害是巨大的，下面列举一些漏洞危害。

1. 对系统的威胁

软件漏洞能影响很大范围的软硬件设备，包括操作系统本身及其支撑软件、网络客户端和服务器软件、网络路由器和安全防火墙等。换而言之，在这些不同的软硬件设备中都可能存在不同的安全漏洞问题。在不同种类的软硬件设备之间，同种设备的不同版本之间，由不同设备构成的不同系统之间，以及同系统在不同的设置条件下，都会存在各自不同的安全漏洞问题。

2. 非法获取访问权限

访问权限是访问控制的访问规则，用来区别不同访问者对不同资源的访问权限。当一个用户试图访问系统资源时，系统必须先进行验证，决定是否允许用户访问该系统；进而，访问控制功能决定是否允许该用户具体的访问请求。

3. 权限提升

权限提升是指攻击者通过攻击某些有缺陷的系统程序，把当前权限较低的账户权限提升到更高级别的用户权限。由于管理员权限较大，因此通常将获得管理员权限看作一种权限提升。

4. 拒绝服务

拒绝服务（denial of service，DoS）攻击的目的是使计算机软件或系统无法正常工作，无法提供正常的服务。根据存在漏洞的应用程序的应用场景，可将拒绝服务漏洞简单划分为本地拒绝服务漏洞和远程拒绝服务漏洞。前者可导致运行在本地系统中的应用程序无法正常工作或异常退出，甚至可使操作系统蓝屏关机；后者可使攻击者通过发送特定的网络数据给应用程序，使得提供服务的程序异常或退出，从而使服务器无法提供正常的服务。

5. 恶意软件植入

当恶意软件发现漏洞、明确攻击目标之后，将通过特定方式将攻击代码植入目标中。目前的植入方式可以分为两类：主动植入与被动植入。主动植入，是指将木马程序通过程序自动安装到目标系统中，无须用户的操作，如冲击波蠕虫病毒利用 MS03-026 公告中的远程序命令系统服务（remote procedure call system server，RPCSS）的漏洞将攻击代码植入远程目标系统。被动植入则是指恶意软件将攻击代码植入目标主机时需要借助于用户的操作，如攻击者物理接触目标并植入、攻击者入侵后手工植入、用户自己下载、用户访问被挂马的网站、定向传播含有漏洞利用代码的文档文件等。被动植入方式通常和社会工程学的攻击方法相结合，诱使用户触发漏洞。

6. 数据丢失或泄露

数据丢失或泄露是指数据被破坏、删除或者被非法读取。根据不同的漏洞类型，可以将数据丢失或泄露分为 3 类：第 1 类是由于对文件的访问权限设置错误而导致受限文件被非法读取；第 2 类常见于 Web 应用程序，由于没有充分验证用户的输入，导致文件被非法读取；第 3 类主要是系统漏洞，导致服务器信息泄露。

1.2　计算机语言与程序设计

计算机作为现代化应用工具，从其诞生开始就有着自己的语言，并伴随着计算机技术的发展而发展。人们把用计算机语言描述的解决具体应用问题的计算和处理步骤称为程序，而这种描述的过程称为设计，所以又把计算机语言称为程序设计语言。

1.2.1　计算机语言

1. 程序设计语言

程序设计语言是软件系统的重要组成部分，一般可分为低级语言（机器语言和汇编语言）和高级语言。

（1）低级语言

1）机器语言。机器语言由二进制代码组成，完全面向机器的指令序列。用机器语言编写的程序称为**机器语言程序**，又称为**目标程序**。

例如，要对 6+2 进行计算，其机器语言的指令序列如下：

1011000000000110

0000010000000010

10100010010101000000000000

其中，第 1 条指令表示将 6 送到寄存器 AL 中，数字 6 放在指令后 8 位；第 2 条指令表示数字 2 与寄存器 AL 中的内容相加，结果仍存在 AL 中；第 3 条指令表示把 AL 中的内容送到地址为 5 的单元中。

2）汇编语言。**汇编语言**用自然符号（助记符）代替二进制指令代码，每一个符号对应一条机器指令的符号语言。汇编语言是符号化了的机器语言。

用汇编语言对 6+2 进行计算的指令序列如下：

```
MOV   AL, 6
ADD   AL, 2
MOV   VC, AL
```

其中，第 1 条指令表示将 6 送到寄存器 AL 中；第 2 条指令表示数字 2 与寄存器 AL 中的内容相加，结果仍存在 AL 中；第 3 条指令表示把 AL 中的内容送到地址标识为 VC 的单元中。

虽然与机器语言相比，汇编语言的产生是一个很大的进步，但是用其进行程序设计仍然比较困难。另外，在不同的设备中，汇编语言对应着不同的机器语言指令集，需通过汇编过程转换成机器指令。特定的汇编语言和特定的机器语言指令集是一一对应的，不同平台之间不可直接移植。现在，汇编语言主要用在底层，通常是程序优化或硬件操作的场合。

（2）高级语言

高级语言是接近于自然语言、易于理解、面向问题的程序设计语言。高级语言是由表达各种不同意义的"关键字""表达式""函数"，按一定的语法规则组合而成的语言，脱离了具体机器的指令系统。高级语言与计算机中具体的硬件无关，其表达方式接近于被描述的问题，接近于自然语言和数学语言，易被人们掌握和接受。例如，用高级语言对 6+2 进行计算的算法描述与数学描述一样，即 6+2。

2. 语言处理系统（翻译程序）

源程序：用汇编语言和各种高级语言按照各自规定的符号和语法规则编写的程序。

目标程序：将源程序翻译成相应的只含机器指令代码（二进制数）的机器语言程序。

语言处理系统将用程序设计语言编写的源程序转换成机器语言的形式，以便计算机能够运行。之所以进行转换，是因为 CPU 只能直接识别和执行机器语言程序。该转换由翻译程序完成。翻译程序除了要完成语言间的转换外，还要进行语法、语义等方面的检查。翻译程序统称为语言处理程序，共有 3 种：汇编程序、编译程序和解释程序。

（1）汇编程序

机器语言和汇编语言提供了对计算机硬件最直接的控制。**汇编程序**将用汇编语言编写的程序（源程序）翻译成机器语言程序（目标程序），这一翻译过程称为汇编。

（2）编译程序

编译程序将用高级语言编写的源程序翻译成目标程序（以.obj 为扩展名），并用连接程序把目标程序与库文件连接成可执行文件（以.exe 为扩展名）。尽管编译的过程比较复杂，但其形成的可执行文件可以脱离编程语言，直接在操作系统下反复执行，且速度较快。例如，C 语言和 Pascal 语言都需要编译程序的支持。

（3）解释程序

解释程序是边扫描边翻译边执行的翻译程序，解释过程不产生目标程序。解释程序将源程序一句一句地读入，并对每个语句进行分析和解释。例如，Basic 程序的执行就需要解释程序。

3. 可视化编程语言

随着计算机技术不断发展，各种编程工具也随之发展，使当今的大多数程序开发人员可以摆脱使用枯燥无味的计算机指令或汇编语言开发软件，而是利用一系列高效的、具有良好可视化的编程工具开发各种软件，从而达到事半功倍的效果。

1.2.2 程序设计

计算机系统由硬件系统和软件系统两部分组成。硬件是物质基础,是软件的载体;而软件是计算机的"灵魂"。两者相辅相成,缺一不可。

1. 软件

通常,软件是指在计算机上运行的各种程序、要处理的各类数据及有关文档的总称,即**软件=程序+数据+文档**。其中,程序是按照事先设计的功能和性能要求执行的指令序列,数据是程序能正常操纵信息的数据结构,文档是与程序开发维护和使用有关的各种图文资料。

2. 程序设计

程序设计是指针对实际问题,给出解决这个问题的程序构造的过程和步骤。程序设计通常以某种程序设计语言为工具,根据解决该问题所需的步骤,给出这种语言编写的程序。**程序设计过程**一般包括分析、设计、编码、测试、纠错、优化等阶段。程序是结果和目标,程序设计是过程。

3. 结构化程序设计方法

采用结构化程序设计方法,可使所设计的程序便于编写、阅读、修改和维护,减少程序出错的机会,提高程序的可靠性,保证程序的质量。结构化程序设计强调程序设计风格和程序结构的规范化,提倡使用清晰的结构。结构化程序设计的基本思路如下:把一个复杂问题的求解过程分阶段进行,每个阶段处理的问题都控制在人们容易理解和处理的范围内。

具体来说,可以采用以下方法得到结构化的程序。

1)**自顶向下**:先考虑整体,再考虑细节。

2)**逐步细化**:对复杂问题逐步细化,直到不需要细分为止。

3)**模块化设计**:采用"分而治之,**逐步求精**"的思想,根据程序模块的功能,将其划分为若干个子模块;如果这些子模块的规模仍较大,可以将其再划分为更小的模块。同时,要注意模块的独立性,模块应具有"**高内聚,低耦合**"的特点。

4)**结构化编码**:将已细化的算法用结构化语言(如 C 语言)正确地表示出来,每种结构化语言都有 3 种基本结构对应的语句,即**顺序结构**、**选择结构**和**循环结构**。

完成一个任务可以有两种不同的方法:一种是自顶向下,逐步细化;一种是自底向上,逐步积累。显然,第一种方法考虑周全、结构清晰、层次分明。在实际应用中,经常根据实际情况将两种方法综合运用。

值得注意的是,学习程序设计的目的不只是学习某一特定的语言,而是在学习程序设计过程中理解和掌握一般思想和方法。计算机语言很多,每种语言也都在不断发展,因此不能拘泥于一种具体的语言,而应当举一反三。

1.2.3 算法简介

1. 算法的概念

算法就是解决一个问题的方法和步骤。对于同一问题，可以有不同的解题方法和步骤。例如，求 S=1+2+3+…+100，可以用累加方法，S=1，S=S+2，S=S+3，…，S=S+100，连续 100 次，即可得 S=5050；也可以用等差数列求和公式 S=(1+100)×100/2 = 5050；还可以有其他方法。当然，每种方法有优劣之分，如有的步骤多，有的步骤少。一般来说，程序设计建议采用方法简单、逻辑清晰、步骤少的算法。因此，为了有效地进行解题，不仅需要保证算法正确，还要考虑算法的质量，选择合适的算法。

2. 算法的特性

一个算法必须满足以下 5 个重要特性。

1）**有穷性**。一个算法必须总是在执行有穷步后结束，且每一步都必须在有穷时间内完成。

2）**确定性**。对于每种情况下所应执行的操作，在算法中都有确切的规定，不会产生二义性，使算法的执行者或阅读者能明确其含义及如何执行。

3）**有效性**。算法中的每一个步骤都应当能有效地执行，并得到确定的结果。例如，若 y=0，则 x/y 就不能有效地执行。

4）**输入**。一个算法有 0 个或多个输入。当用函数描述算法时，输入往往是通过形式参数（简称形参）表示的，在其被调用时，从主调函数获得输入值。

5）**输出**。一个算法有 1 个或多个输出。算法的目的就是求解，因此没有输出的算法是毫无意义的。

3. 评价算法优劣的基本标准

一个算法的优劣应该从以下几方面来评价。

1）**正确性**。执行时输入合理的数据，能够在有限的运行时间内得到正确的结果。

2）**可读性**。一个好的算法，首先应便于人们理解和相互交流，其次才是机器可执行性。可读性强的算法有助于人们对算法的理解；而难懂的算法容易隐藏错误，且难于调试和修改。

3）**健壮性**。当输入的数据非法时，好的算法能适当地做出正确反应或进行相应处理，而不会产生一些莫名其妙的输出结果。

4）**高效性**。高效性包括时间和空间两个方面。其中，时间高效是指算法设计合理，执行效率高，可以用时间复杂度来度量；空间高效是指算法占用存储容量合理，可以用空间复杂度来度量。时间复杂度和空间复杂度是衡量算法的两个主要指标。

4. 算法的表示

算法的表示可以用各种不同的方法实现，常用的方法有自然语言、传统流程图、N-S流程图、伪代码（pseudo code）和计算机语言等。

（1）自然语言

自然语言就是人们日常使用的语言，可以是汉语、英语或其他语言。自然语言表示通俗易懂，但文字冗长，容易出现歧义。自然语言表示的含义往往不大严格，要根据上下文才能判断其正确含义。

（2）传统流程图

传统流程图用一些图框表示各种操作。用图形表示算法，直观形象，易于理解。目前被普遍采用的是由美国国家标准研究所（American National Standards Institute，ANSI）规定的一些常用流程图符号，如图 1.4 所示。

图 1.4　传统流程图常用符号及解释

3 种基本结构的传统流程图如图 1.5 所示。

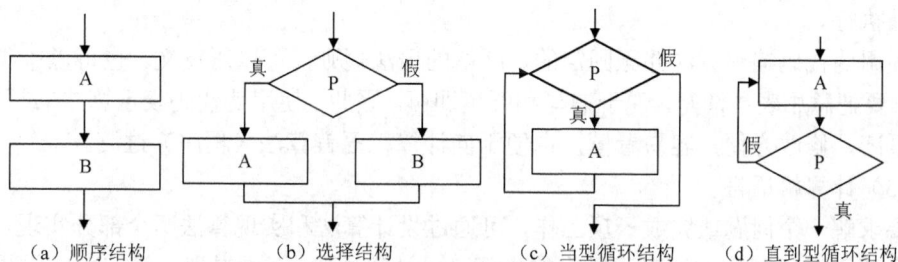

（a）顺序结构　　　（b）选择结构　　　（c）当型循环结构　　　（d）直到型循环结构

图 1.5　3 种基本结构的传统流程图

其中，A 和 B 可以是一个基本语句，可以嵌入 3 个基本结构，也可以是空语句；P 为判定条件表达式，若 P 的逻辑值为真，则执行该分支之后的语句，否则执行另一分支之后的语句。

传统流程图通过流程线表达程序各框的执行顺序，对流程线的使用没有严格限制。使用者可以不受限制地随意设计流程，导致流程图变得毫无规律，使人难以理解算法的逻辑，阅读时要花很大精力去追踪流程。

（3）N-S 流程图

针对传统流程图存在的问题，1973 年，美国学者 I.纳西（I. Nassi）和 B.施耐德曼（B.Shneiderman）提出了一种结构化流程图形式，简称 **N-S 流程图**（N 和 S 是这两位学者的英文姓氏的首字母）。N-S 流程图完全去掉了带箭头的流程线，全部算法写在一个矩形框内，在该框内还可以包含其他从属于它的框，或者说由一些基本的框组成一个大的框。

3 种基本结构的 N-S 流程图如图 1.6 所示。

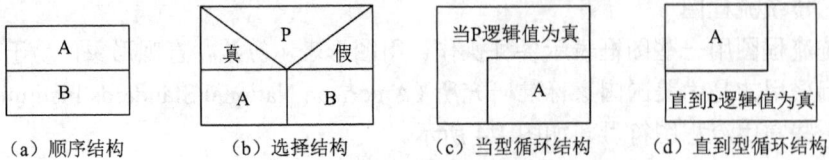

（a）顺序结构   （b）选择结构   （c）当型循环结构   （d）直到型循环结构

图 1.6 3 种基本结构的 N-S 流程图

其中，A 和 B 可以是一个基本语句，可以嵌入 3 个基本结构，也可以是空语句。P 为判定条件表达式。在选择结构中，若 P 的逻辑值为真，则执行真值下方的 A 语句，否则执行假值下方的 B 语句。在当型循环结构中，当 P 的逻辑值为真时，重复执行 A 语句；当 P 的逻辑值为假时，执行当型循环之后的语句。在直到型循环结构中，当 P 的逻辑值为假时，重复执行 A 语句；直到 P 的逻辑值为真，才执行直到型循环之后的语句。

（4）伪代码

虽然使用传统流程图和 N-S 流程图表示的算法直观易懂，但绘制起来比较费时。另外，在设计一个较复杂的算法时，可能要反复修改、优化，而修改流程图也很麻烦。因此，为了方便设计算法，常用一种称为伪代码的工具。

伪代码使用介于自然语言和计算机语言之间的文字和符号来描述算法。伪代码每一行（或几行）表示一个基本操作，看起来有点像程序代码，但又不完全是，因为其无法被编译执行。

使用伪代码编写算法并无固定的、严格的语法规则，可以用英文，也可以中英文混用，只要把意思表达清楚，便于书写和阅读即可。因此，使用伪代码表示算法书写方便，格式紧凑，修改方便，容易看懂，也便于向计算机语言算法（程序）过渡。

（5）计算机语言

要求解一个问题或完成一项工作，可通过设计算法和实现算法两个部分实现。以上只是介绍了用不同的方法表示操作的步骤（设计算法），而要得到计算或操作结果，就必须实现算法。实现算法的方法可能不止一种。如可以人工心算，也可以使用传统计算工具（如算盘、计算器等）。

现在，使用计算机即可实现算法。但是，计算机无法识别流程图和伪代码，只有将算法用计算机语言编写成程序，才能被计算机有效执行。因此，在用流程图或伪代码描述一个算法后，还要将其转换成计算机语言程序。

（6）算法举例

【例 1-1】输入两个整数，输出它们的和。

本题求解过程简单，既不用判断，也不用重复执行某条语句，只需顺序执行即可。因此，本题的求解过程符合顺序结构，不同的算法表示如图 1.7 所示。

（a）传统流程图　　　（b）N-S流程图

（c）伪代码　　　（d）计算机语言

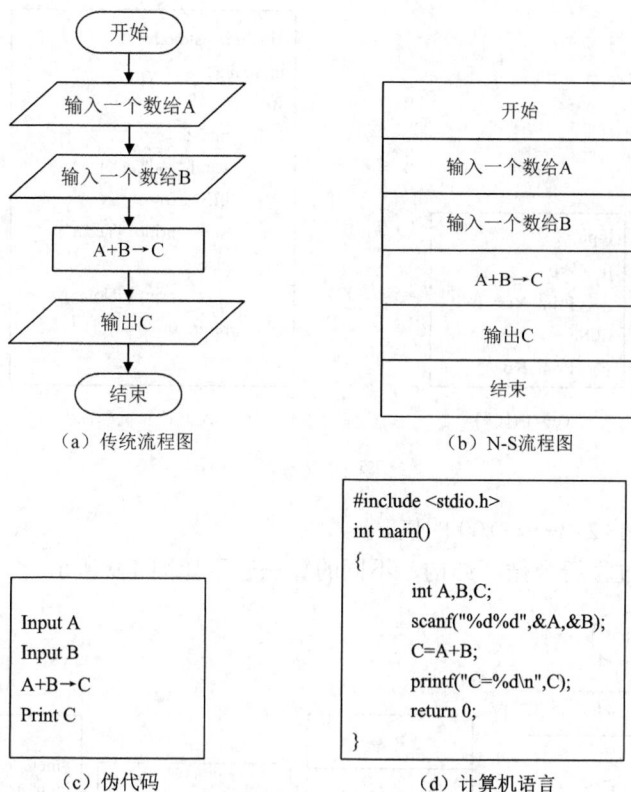

图 1.7　顺序结构算法的不同表示

【例 1-2】输入一个数，判断其是否为非负数，若是则输出 Yes，否则输出 No。本题的求解过程符合选择结构，不同的算法表示如图 1.8 所示。

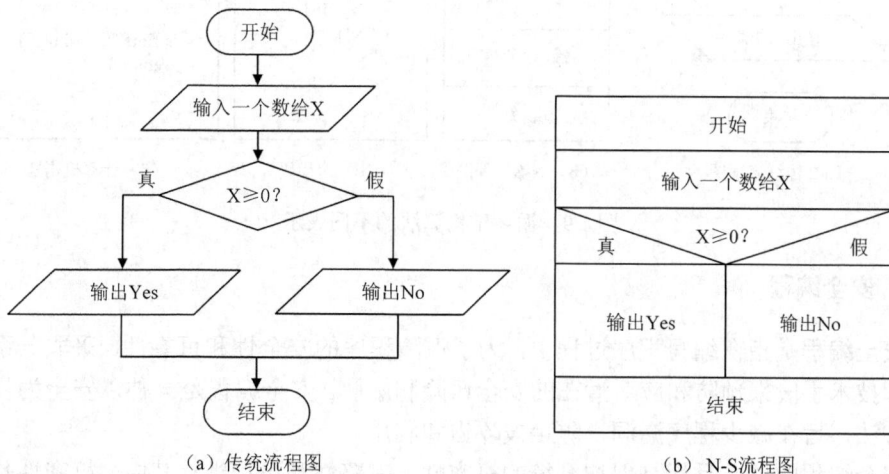

（a）传统流程图　　　（b）N-S流程图

图 1.8　选择结构算法的不同表示

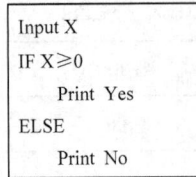

```
#include <stdio.h>
int main()
{
        int X;
        scanf("%d",&X);
        if(X>=0)
                printf("Yes\n");
        else
                printf("No\n");
        return 0;
}
```

```
Input X
IF X≥0
     Print  Yes
ELSE
     Print  No
```

（c）伪代码   （d）计算机语言

图 1.8（续）

【例 1-3】求 1+2+3+···+100 的值。

本题的求解过程符合循环结构，不同的算法表示如图 1.9 所示。

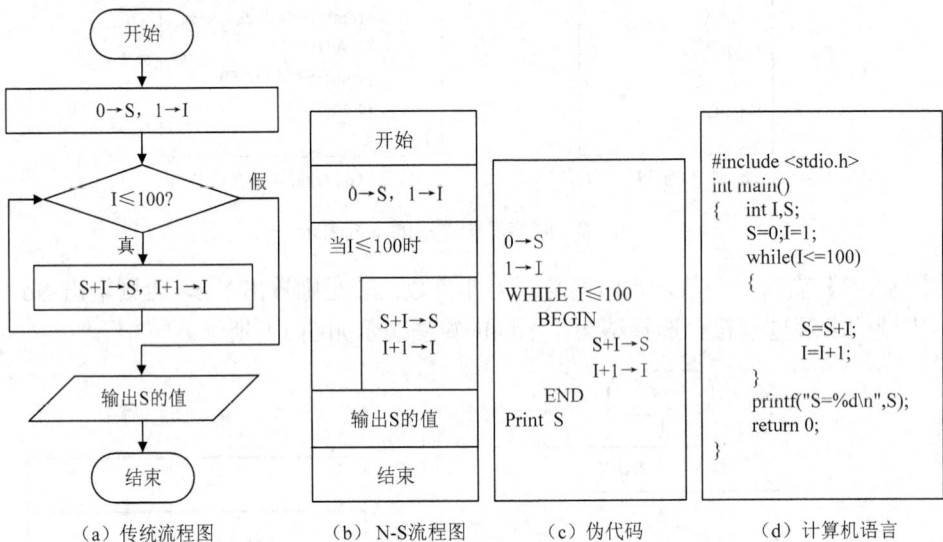

```
开始

0→S, 1→I

I≤100?   假
真
S+I→S, I+1→I

输出S的值

结束
```

```
开始

0→S, 1→I

当I≤100时

S+I→S
I+1→I

输出S的值

结束
```

```
0→S
1→I
WHILE I≤100
    BEGIN
        S+I→S
        I+1→I
    END
Print  S
```

```
#include <stdio.h>
int main()
{   int I,S;
    S=0;I=1;
    while(I<=100)
    {
        S=S+I;
        I=I+1;
    }
    printf("S=%d\n",S);
    return 0;
}
```

（a）传统流程图   （b）N-S流程图   （c）伪代码   （d）计算机语言

图 1.9   循环结构算法的不同表示

1.2.4   安全编程

安全编程是指在编写程序过程中，为了保障程序的安全性和可靠性，采取一系列的措施和技术手段来预防和应对潜在的安全风险和威胁。安全编程是一种以安全为目标的编写方法，旨在减少程序漏洞，防止被攻击和利用。

安全编程的**核心目标**是保护系统的**机密性**、**完整性**和**可用性**。其中，机密性是指保护系统中的敏感信息不被未经授权的人获取；完整性是指保护系统中的数据不被非法篡改；可用性是指系统随时可用，不会因为安全问题而导致系统崩溃或无法使用。为了实现这些目标，安全编程需要从软件开发的各个环节入手，包括需求分析、设计、编码和测试等。

　　安全编程需要采用一系列的技术手段来保障系统的安全性，其中包括输入验证、访问控制、密码安全、数据加密等。其中，**输入验证**是指对用户输入的数据进行有效性检查，防止恶意用户通过输入特殊字符或恶意代码来攻击系统；**访问控制**是指对系统资源的访问进行授权和限制，确保只有合法用户才能访问系统；**密码安全**是指对用户密码进行加密存储，防止密码泄露导致系统被攻击；**数据加密**是指对敏感数据进行加密，即使数据被窃取，也无法解密获取其中的信息。

　　安全编程还需要遵循一些编程规范和最佳实践。例如，要避免使用已知的安全漏洞函数和组件，及时修复已知的安全漏洞，更新软件和库的版本，以获取最新的安全修复；要进行安全审计和代码审查，及时发现和修复潜在的安全问题；要对异常情况进行适当处理，避免因为未处理的异常导致系统崩溃或信息泄露；要进行安全培训和提高安全意识，让开发人员具备安全意识和技能。

　　由于 C 语言具有灵活的类型转换、贴近底层的机器实现和目标代码效率高等特性，因此一直是系统软件开发人员最为喜爱的语言，但这也是一把双刃剑。随着软件系统的复杂度不断提高，编码中的一些小瑕疵越来越容易暴露出来，从而引发严重的安全问题；加之 Windows、UNIX、Linux 等主流操作系统的各种组件大多以 C 语言编写，黑客们乐此不疲地寻找着这些方面的漏洞，给全球的计算机系统安全带来了严重的威胁。

　　因此，只有在安全编程的基础上，才能构建安全可靠的软件系统，保护用户的隐私和数据安全。为此，本书在介绍 C 语言的相关章节中引入安全编码标准，以避免在编写程序过程中出现可利用的安全漏洞，确保 C 语言开发的软件系统安全、可靠和稳固。

1.3　C 语言的发展及其特点

　　本书以 C 语言作为程序设计语言，因此读者有必要对 C 语言的发展和特点有一定的了解。

1.3.1　C 语言的发展

　　C 语言起源于基本组合编程语言（basic combined programming language，BCPL）。1967 年，英国剑桥大学的马丁·理查斯（Martin Richards）推出了没有类型的 BCPL。1970 年，美国贝尔实验室（Bell lab）的肯尼思·汤普森（Kenneth Thompson）以 BCPL 为基础，设计了很简单且接近硬件的 B 语言（取 BCPL 的第一个字母）。但 B 语言过于简单，功能有限。1972—1973 年，美国贝尔实验室的丹尼斯·里奇（Dennis Ritchie）在 B 语言的基础上设计出了 C 语言。C 语言既保持了 BCPL 和 B 语言的优点（精练、接近硬件等），又克服了它们的缺点（过于简单、无数据类型等）。开发 C 语言的目的在于尽可能降低用其所写的软件对硬件平台的依赖程度，使之具有可移植性。

　　要了解 C 语言的问世，不得不提起 UNIX 操作系统。1969 年，肯尼思·汤普森和马丁·理查斯使用 B 语言在小型计算机上开发了 UNIX 操作系统，于 1970 年投入运行，并在使用过程中逐渐发现了 B 语言的不足。1973 年，他们合作使用新设计的 C 语言改写了 UNIX 操作系统（修改量 90%以上），由此产生了 UNIX 操作系统（第 5 版）。1974 年，他们合写的题为《UNIX 分时系统》（*The UNIX Time-Sharing System*）的论文在 *Communication of ACM* 上发表，正式向外界披露了 UNIX 操作系统。随着 UNIX 操作系统的广泛使用，C 语言也迅速得到推广。1978 年后，C 语言先后移植到大、中、小和微型计算机上，很快风靡全世界，成为世界上应用广泛的程序设计高级语言。

1978 年，布莱恩·柯林汉（Brian Kernighan）和丹尼斯·里奇以 UNIX 操作系统第 7 版中的 C 语言编译程序为基础，合著了影响深远的名著《C 程序设计语言》（*The C Programming Language*）。20 世纪 80 年代，为了避免各开发厂商采用的 C 语言语法差异，ANSI 为 C 语言制定了一套完整的标准，常称为 ANSI C 或 C89。1990 年，ISO 接受 C89 作为国际标准 ISO/IEC 9899:1990，它和 ANSI 的 C89 基本上是相同的，又被称为 C90。也就是说，ANSI C、ISO C、C89、C90 这些标准的内容基本上是相同的。随着计算机技术的快速发展，系统安全的要求不断提升，C 语言的标准也在不断地增补和修订，如 C99（1999 年发布）、C11（2011 年发布）、C18（2018 年发布）等。

尽管如此，但大家应该注意到，目前由不同软件厂商提供的一些 C 语言编译系统并未完全实现 C99 建议的功能，它们多以 C89 为基础开发。读者应了解自己所使用的 C 语言编译系统的特点。初学者用到的初步编程知识基本上在 C89 的范围内，本书所举示例程序基本上可以在目前所用的编译系统（如 Visual C++ 6.0、Turbo C++ 3.0 等）上编译和运行。这样，也更有利于网络空间安全专业学生在编程过程中学习和发现程序代码的不足和安全隐患。在今后进行实际软件开发时，应注意在更大程度上满足新标准，以提高程序代码的安全性和可靠性。

C 语言是国际上广泛流行的计算机程序设计语言。很多编程语言深受 C 语言的影响，如 C++、C#、Java、PHP、JavaScript、Perl、LPC 和 UNX 的 C Shell 等。也正因为 C 语言的影响力，掌握 C 语言的人再学其他编程语言时，大多能很快上手，触类旁通。因此，很多大学将 C 语言作为计算机教学的入门语言。

1.3.2 C 语言的特点

C 语言是一种用途广泛、功能强大、使用灵活的过程性编程语言，既可用于编写应用软件，又能用于编写系统软件。C 语言的主要特点如下。

1）简洁紧凑，灵活方便。C 语言一共只有 32 个关键字，9 种控制语句，程序书写形式自由。例如，i=i+1 也可以写成 i++、++i 或 i+=1。

2）运算符丰富。C 语言的运算符包含的范围很广，共有 34 种运算符。C 语言把括号、赋值、强制类型转换等都作为运算符处理，因此其运算类型极其丰富，表达式类型多样化。灵活使用各种运算符，可以使一些运算更加简单，也可以实现在其他高级语言中难以实现的运算。

3）数据类型丰富。C 语言数据类型丰富，不仅包含简单的基本数据类型，如整型、实型和字符型，而且包含复杂的构造数据类型，如数组类型、指针类型、结构体类型、共用体类型和枚举型等。尤其是 C 语言中引入了指针的概念，使程序运行效率更高，使用起来也更加灵活和多样，便于实现各种复杂的数据结构（如链、表、栈、队列、树、图等）的运算。

4）具有结构化的控制语句。C 语言具有 3 种基本结构的控制语句（如 if 语句、switch 语句、for 语句、while 语句、do…while 语句）。用函数作为程序的模块单位，便于实现程序的模块化。C 语言是良好的结构化语言，符合现代编程风格的要求。

5）语法限制不太严格，程序设计自由度大。C 语言的语法检查不太严格，自由度大，如对数组下标越界不做检查、整型数据与字符型数据可以通用等。这都会给程序带来安全隐患，同时对程序员也提出了更高的要求。因此，程序员应当参照安全编码标准仔细检查程序，而不要过度依赖 C 语言编译程序查错，以确保程序的正确性和安全性。

6）直接访问物理地址。C 语言能够进行位运算操作，能实现汇编语言的大部分功能，可以直接对硬件进行操作。因此，有人把 C 语言称为"高级语言中的低级语言"或"中级语言"，意为兼有高级语言和低级语言的特点。

7）C 程序可移植性好。由于 C 语言的编译系统相对简洁，而且很多标准链接库是用 C 语言写的，因此 C 语言编写的程序很容易移植到新的系统中。

8）目标代码质量高，程序执行效率高。用 C 语言改写的 UNIX 操作系统被广大用户接受后，促使 C 语言也被人们广泛使用。这是因为修改后的 UNIX 操作系统易于理解、修改和扩充，并且具有非常好的可移植性；UNIX 操作系统核心程序简洁精练，只需占用很小的空间而常驻内存，可以保证系统的高效运行。C 语言生成的目标代码一般只比汇编程序生成的目标代码效率低 10%～20%，因此许多以前只能用汇编语言处理的问题就慢慢改用 C 语言来处理，如编写嵌入式系统程序。另外，C 语言具有强大的图形处理能力，支持丰富的图形函数和多种显示器等。

1.4　C 语言程序

本节通过分析几个简单的例子，介绍 C 语言程序的结构和编写规范，以便读者对后续内容的学习。

1.4.1　简单的 C 语言程序

下面介绍几个简单的 C 语言程序，以便分析了解 C 语言程序的组成。

【例 1-4】在屏幕上输出：Hello World!。

解题分析：在主函数 main() 中使用 printf() 函数输出普通字符。

程序代码：

```
#include <stdio.h>              //编译预处理命令：包含头文件 stdio.h
int main()                      //定义主函数
{                               //函数体的开始标志
    printf("Hello World!\n");   //通过输出函数输出指定内容
    return 0;                   //执行结束，返回函数值 0
}                               //函数体的结束标志
```

运行结果：

```
Hello World!
```

程序分析：

程序第 1 行"#include <stdio.h>"是以"#"开头的一条编译预处理命令，即在程序编译之前进行预处理，并与其他代码一同编译生成目标代码。stdio.h（存放标准输入/输出函数的相关信息）是系统提供的一个文件名，其中 stdio 是"standard input & output"的缩写；扩展名 h 是 header 的首字母，表示头文件，意思是放在程序的开头。include 表示包含，意思是预处理时用指定文件内容替换该命令，与其他代码一起编译成目标文件。可以有多个 include 预处理，每一个写一行。例如，若要引用数学函数，则在程序头部添加"#include <math.h>"即可。"< >"表示指定文件存放在系统文件夹下（一般在 include 子文件夹中）；也可以使用双引号""""，表示指定文件在当前文件夹中，若没有找到，再到系统文件夹下查找。通常，用"< >"指定系统库函数的头文件，用""""指定程序开发人员自己定义的放在当前文件夹下的头文件。

程序第 2 行"int main()"表示函数首部。其中，main 表示函数名，意为"主函数"，一个程序有且仅有一个主函数；int 表示该函数的类型是 int 型（整型），也是函数返回值的数据类型，即与 return 语句中返回值数据类型一致，否则强制转换为函数类型；"()"是定义函数的标志，括号中可以包含形参，也可以没有，形参的数据来自主调用函数的实际参数（简称实参）。

程序第 3 行和最后一行组合的一对花括号"{}"表示函数体。函数体中通常包含声明语句（本例没有）和执行语句。"{}"可以用于把多个语句括起来看作一个整体，即复合语句，要么一起执行，要么都不执行。"{}"还可以嵌套。

程序第 4 行是一个输出语句。C 语言的输入/输出都由库函数完成。printf()是 C 语言编译系统提供的库函数中的输出函数，其作用是把双引号内的字符内容按格式要求输出，其中若是普通字符则原样输出。"\n"是转义字符，表示换行符，即在屏幕上输出"Hello World!"后，屏幕上的光标移到下一行开头位置。这时光标位置为输出的当前位置，即下一个输出的开始位置。

程序第 5 行是一个返回语句，表示结束该函数的执行，返回主调用函数，并把 return 之后表达式的值带回到主调用函数。在 C89 标准中，并不强制要求每个函数都要标识函数类型和提供 return 返回语句，若没有提供，则默认为 int 型；但在 C99 标准中，要求每个函数都要标识函数类型和提供 return 返回语句，除非为无类型（void 类型）函数。

程序各行的右侧，以双斜杠"//"开头的文字为对本行语句的注释，用来对程序有关语句进行必要的说明。程序应适当使用注释，以方便自己和他人理解程序各部分的作用。在对程序进行编译预处理时，将每个注释替换为一个空格，因此在编译时注释部分不产生目标代码，注释对运行不起作用。注释只是给人看的，而不是让计算机执行的。

C 语言有两种注释方式：

1）以双斜杠"//"开头的单行注释。单行注释可以独占一行，也可以出现在一行中其他内容的右侧。单行注释内容从"//"开始到换行符结束。

2）以"/*…*/"为标识的块式注释。块式注释以"/*"开头，以"*/"结束，可以包含多行内容。编译系统在发现一个"/*"后，就会查找注释结束符"*/"，把二者间的内容作为注释。

【**例 1-5**】求两个整数之和。

解题分析：在主函数 main()中输入两个整数后，调用求和函数 add()计算两个整数之和，并把结果返回给主函数 main()输出。

程序代码：

```
#include <stdio.h>
//主函数
int main()                              //定义主函数
{                                        //主函数体开始
    int add(int x,int y);               //对被调用函数 add()的声明
    int a,b,c;                          //定义变量 a、b、c
    scanf("%d,%d",&a,&b);              //输入变量 a 和 b 的值
    c=add(a,b);                        //调用 add()函数，将得到的值赋给 c
    printf("%d+%d=%d\n",a,b,c);        //输出求和结果
    return 0;                          //返回函数值为 0
}                                        //主函数体结束
//求两个整数之和的函数 add()
int add(int x,int y) //定义 add()函数，函数值为整型，形参 x 和 y 为整型
{                    //函数体开始
    int z;          //声明部分，定义本函数中用到的变量 z 为整型
    z=x+y;          //求和语句，把 x 和 y 的和赋给 z
    return z;       //将 z 的值作为函数 add()的值，返回调用 add()函数的位置
}                   //函数体结束
```

运行结果：

```
3,5↵
3+5=8
```

在运行结果中，第 1 行输入 3 和 5，赋值给变量 a 和 b；第 2 行按格式化输出两数之和。

程序分析：

本程序包含主函数 main()和被调用的求和函数 add()两个函数。

add()函数的作用是将形参 x 和 y 的和赋给 z，并通过 "return z;" 语句将 z 的值作为 add()的函数值，返回给调用 add()函数的函数（主函数 main()）。返回值通过函数 add()带回到主函数 main()中的 "c=add(a,b);" 语句处，即 c 的值就是 a 与 b 的和。

主函数 main()中第 1 行 "int add(int x,int y);" 是声明语句。声明就是告诉编译系统 add()函数的类型和形参类型及个数，后续语句中涉及的函数（如 "c=add(a,b);"）可以正常调用。这是因为 C99 标准要求遵循 "先定义，后使用" 规则。本例中，因为 add()函数的定义在主函数 main()定义的后面，所以在主函数 main()中调用函数 add()之前，必须对 add()函数进行声明。有关函数的声明详见第 5 章。

主函数 main()中的 scanf()和 printf()都是 C 语言的标准输入/输出函数。scanf()函数的作用是通过键盘输入数据并赋值给相应变量，printf()函数的作用是将指定内容按指定格式输出到屏幕。这两个函数括号中有两部分内容：一是双撇号中的内容，以 "%" 开头后紧跟一个字母的是格式字符（如%d，其含义是以十进制整数形式输入/输出）；其他

为普通字符，原样输入/输出。二是指定输入/输出的对象。对于 scanf()函数，指定对象必须是一个内存地址值，若是变量（如 a 和 b），则必须在变量前加上取地址运算符"&"（如&a 和&b），表示把键盘输入的内容保存到对应地址的内存单元中；对于 printf()函数，指定对象可以是一个变量，也可以是一个表达式，表示指定要输出的内容。有关输入/输出函数的具体用法详见第 2 章。

1.4.2　C 语言程序的结构

通过以上两个程序示例，相信读者对 C 语言程序的组成和形式有了一个初步的了解。下面介绍 C 语言程序的结构。

1. 函数是 C 语言程序的主要组成部分

函数是 C 语言程序的**基本单位**，程序中的各项工作大都是在各个不同的函数中完成的，这正好遵循了模块化程序设计思想。因此，在设计良好的程序时，可以按照"自顶向下，逐步细化"原则，把任务分解到各个函数中，每个函数实现一个或几个（不宜太多）特定的功能。编写 C 语言程序实质上就是编写一个个函数。

一个 C 语言程序由一个或多个函数组成，其中**必须包含一个主函数 main()，且有且仅有一个主函数**。它们组成一个源程序文件，统一编译生成目标代码文件。

2. 函数的组成

一个函数包含两部分内容：函数首部和函数体。

（1）函数首部

函数首部是指一个函数的第 1 行程序代码，包含函数名称、函数类型、函数属性、函数参数（参数类型和参数名称）等，且函数名称后面必须跟一对圆括号（英文格式）。若函数有形参，则在括号内写出各个参数的类型和名称，多个参数间用英文逗号隔开；若函数没有参数，则就是一对空括号，也可以在括号内写 void。

例如，例 1-5 中 add()函数的首部如下：

int	add	(	int	x	,	int	y)
↑	↑		↑	↑	↑	↑	↑
函数类型	函数名称		形参类型	形参名称	英文逗号	形参类型	形参名称

再如，主函数 main()的首部可写成 int main(void)或 int main()形式。

（2）函数体

函数体指首部下方最外层一对花括号（若有多重花括号）中的内容。

函数体通常包含以下两部分内容。

1）声明部分。

声明部分通常包含：定义在本函数中要用到的变量，如在 add()函数中定义变量"int z;"；对本函数要调用后面定义的函数进行声明，如在主函数 main()中对函数 add()的声明"int add(int x,int y);"。也可以没有声明部分，如例 1-4。

2）执行部分。

执行部分包含各种语句（赋值语句、控制语句等），以实现函数的功能。

在某些情况下，函数也可以是一个空函数，什么也不做，只是占一个位置，为以后的程序扩展提供方便。例如：

```
void func()
{ }
```

3. 一个程序可以由一个或多个源程序文件组成

若解决一个较简单的问题，可以把代码写成一个源程序文件，如例 1-5。若解决较大规模的问题，需要多名程序开发人员参与，则可根据任务分工把代码分别写在不同的源程序文件中；还可以将不同源程序文件中通用的内容独立成一个源程序文件，以便共享使用。

在一个源程序文件中，若要引用另一个源程序文件的内容，则要在该文件的头部使用 "#include" 预处理命令把另一文件包含进来，如 "#include <stdio.h>"。

4. 程序总是从主函数 main()开始执行，在主函数 main()中结束

一个程序可以分成多个源程序文件，主函数 main()不论在哪个源程序文件的头部、中间或尾部，程序总是从主函数 main()开始执行，而且在主函数 main()中结束整个程序执行。

5. 程序的功能是通过语句实现的

分号是 C 语言语句的必要组成部分，如 "z=x+y;"。若没有分号，则不能称之为语句。若只有一个分号 ";"，则称之为空语句。声明部分也以分号作为结束标识。虽然 C 语言程序书写格式比较自由，一行内可以写多个语句，一个语句也可以分写在多行上，但为了程序结构清晰，建议每行只写一个语句。

1.4.3　C 语言程序编写规范

一个优秀的程序开发人员既要能写出正确的程序，又要使写出来的程序具有结构清晰、可读性好等良好风格。要具有良好的程序设计风格，必须先从程序编写规范和习惯养成开始。程序编写规范涉及多方面内容，建议初学者先养成以下几种编程习惯。

1）程序的正确性和可读性是前提条件。一个好的程序应具有结果正确、结构清晰、简单易懂、代码精简等特点。

2）充分利用结构化程序设计思想，在编写代码之前做好规划，至少要进行粗略的设计，做到心中有数，未雨绸缪。模块化时应遵循"高内聚，低耦合"，一个函数只完成一个功能，函数设计应小而精，代码行数不宜超过 200 行，尽量不使用全局变量。关系较为紧密的代码尽可能出现在相邻位置。

3）编写代码时应添加适当空格合理缩进，可使程序结构清晰、易读。一般以 4 个空格符为单位缩进；相对独立的程序段落之间、变量说明之后或函数间可适当空行，空

行数量不宜太多，1～2 行为宜；不对称的赋值语句或者多个短句尽量分行书写；每行代码不宜超过 80 个字符。

4）标识符（如变量、常量和函数名等）命名须遵循"见名知义"原则，且简单清晰、含义明确。除 i、j、k 作为循环变量除外，不使用单个字符命名。标识符命名时建议使用全小写加下划线的风格（如 add_user）或大小写混排（如 AddUser，驼峰式命名法，即每个含义单词首字母大写）的方式。在程序设计中，命名规范必须与所使用的系统风格保持一致，不能频繁变化。

5）在书写语句时，适当添加空格和圆括号。在双目运算符的左右各加一空格，如 z = x + y，而不是这样紧挨在一起 z=x+y；使用括号"()"明确表达式的运算顺序，避免使用默认优先级。输入括号时，可先将左、右括号对应起来，再填写括号中的内容，避免遗忘。

6）适当添加注释，注释有助于自己和他人快速理解程序。在主要的代码段或者典型的语句后面添加注释，解释语句的含义、设计思路和逻辑结构。程序开始处可注明程序的创建和修改日期、作者、功能、版本号及修改的原因和时间等，这类注释要结构清晰、含义准确，避免歧义。

7）编写代码时应遵循安全编码标准，避免出现安全漏洞。

1.5　C 语言程序的运行步骤与方法

用 C 语言编写的程序是源程序。计算机只能识别机器指令，不能直接识别和执行用高级语言编写的指令，必须用编译程序把源程序翻译成二进制形式的目标文件（.obj），再与系统的函数库及其他目标程序连接成可执行文件（.exe），才能被计算机识别执行。C 语言程序编辑和执行过程如图 1.10 所示。

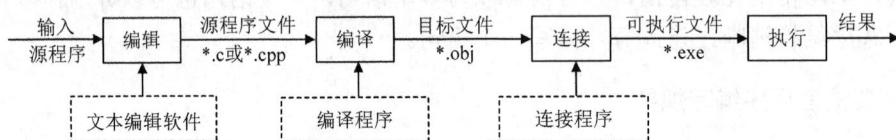

图 1.10　C 语言程序编辑和执行过程

1. 编辑

编辑是指程序开发人员选择一种文本编辑软件把写好的 C 语言程序保存到计算机，作为源程序文件，文件的扩展名为.c 或.cpp。其中，cpp 是 c plus plus 的缩写，即 C++ 源程序。通常，使用 C 语言集成编译系统自带的文本编辑器来编写源程序。对于网络空间安全专业的初学者，建议选择较低版本的 C 语言编译系统（如 Microsoft Visual C++ 6.0、Dev-C++ 5.11 等），便于在学习与实践过程中发现代码中可能存在的安全隐患和漏洞，为后续学习漏洞挖掘与修复打下基础。但对于开发者来说，建议使用较高版本的 C 语言集成编译系统，这是因为较高版本的编辑器能自动发现和规避一些有安全隐患的代码。

2. 编译

编译是把 C 语言源程序翻译成用二进制指令表示的目标文件，其文件扩展名.obj，其中 obj 是单词 object 的缩写。编译过程是由 C 语言集成编译系统中的编译程序完成的。在编译过程中，编译程序能自动对源程序中的代码进行语法检查与分析，若语法上有错误，将在消息框中显示错误类型与所在位置，以便程序开发人员修改。修改错误后，可重新编译，直到没有语法错误为止，最后生成目标文件。

值得注意的是，编译程序无法发现语义错误，语义错误只能通过运行结果来判断。

3. 连接

经过编译得到的二进制目标文件（文件扩展名为.obj）计算机不能直接执行。因为一个程序可能包含多个源程序文件生成的目标文件及库函数文件，所以需要通过连接程序将目标文件、库函数文件及其他目标文件连接装配成一个整体，生成一个可供计算机执行的目标程序，其文件扩展名为.exe，称为可执行程序，其中 exe 是单词 execute 的缩写。

4. 执行

执行是将可执行程序投入计算机中，并使之运行，得到结果。一个程序从编写到运行成功，并不是一次就能成功的，往往要经过反复修改和调试。

因此，作为初学者要认真学习、理解和掌握每个知识要点，养成良好的编码习惯，认真分析问题，编写规范程序，减少程序出错率，避免返工。

下面以 Microsoft Visual C++ 6.0 集成编译环境（中文版）为例，简要介绍创建应用程序的过程，具体步骤如下。

1）安装、启动 Microsoft Visual C++ 6.0 集成编译环境。

2）创建一个空项目。选择"文件"→"新建"命令，在弹出的"新建"对话框（图 1.11）中选择"工程"选项卡，选择"Win32 Console Application"选项，选择存储位置，并在"工程名称"文本框中输入"CApp1"，单击"确定"按钮。在后续的对话框中依次单击"确定"按钮，完成空项目的创建。

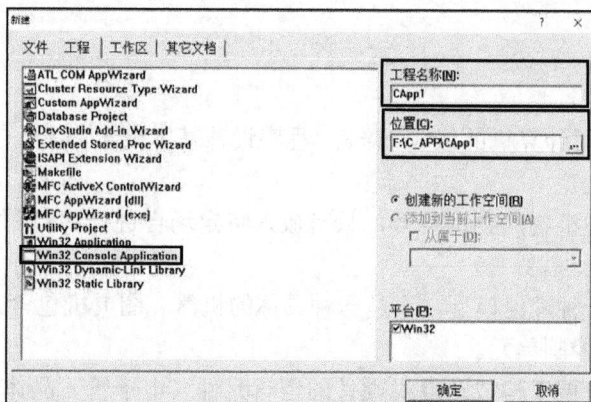

图 1.11　新建一个空工程

这一步骤也可以省略，直接新建源代码文件。若直接新建源代码文件，VC++ 6.0 也会自动创建一个默认项目。

3）创建源代码文件。选择"文件"→"新建"命令，在弹出的"新建"对话框（图 1.12）中选择"文件"选项卡，选择"C++ Source File"选项，在"文件名"文本框中输入"CFile1"，单击"确定"按钮，完成源代码文件的创建。

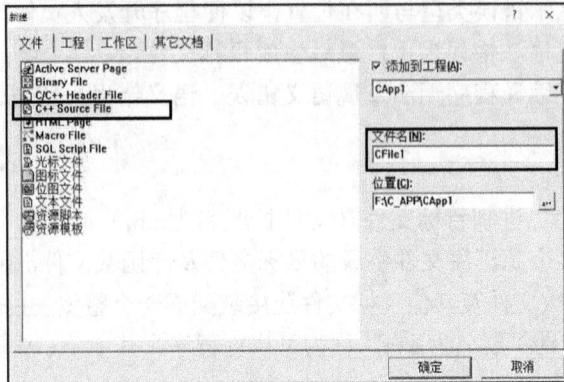

图 1.12　新建一个源代码文件

4）在代码编辑区输入源程序代码。

5）输入完成后，选择"组建"→"编译"命令，或按 Ctrl+F7 组合键，或单击工具栏中的"编译"按钮，对源程序进行编译。如果源代码有语法错误，则在下方的"组建"框中会提示错误显示的位置。根据错误提示修改源代码，直到错误数和警告数为 0，生成目标文件 CFile1.obj，保存在 Debug 文件夹下。

6）选择"组建"→"组建"命令，或按 F7 键，或单击工具栏中的"组建"按钮，生成可执行文件 CApp1.exe，保存在 Debug 文件夹下。

7）选择"组建"→"执行"命令，或按 Ctrl+F5 组合键，或单击工具栏中的"执行"按钮，根据屏幕提示运行程序，得到程序运行结果。

需要说明的是，若输入源代码后直接选择"执行"命令，也要经过"编译"和"组建"（连接）的过程。

本 章 小 结

本章主要介绍了计算机的组成、语言、程序设计基本概念，以及 C 语言程序的结构，具体如下。

1）数据是描述事物的物理符号，只有放入特定场合进行解释和加工才有意义并升华为信息。

2）图灵机是一种理论模型，不是一种具体的机器。图灵机包含 3 个基本单元：存储器、读写单元、控制单元。

3）计算机的发展以构成计算机硬件的逻辑元件（电子管、晶体管、中小规模集成电路、大规模和超大规模集成电路）为标志分为 4 个发展阶段，通常称为"四代计算机"。

4）计算机工作原理：一是存储程序，顺序控制；二是必须采用二进制。计算机的基本结构包括 5 部分：控制器、运算器、存储器、输入设备和输出设备。这种基本结构的计算机称为冯·诺依曼型计算机。

5）CPU 主要包括运算器、控制器和寄存器等部件，主要指标是字长和主频。

6）内存、寻址、缓冲区的概念。

7）二进制位是最小信息单位，字节是计算机存储容量的基本单位（8 位二进制），存储器容量单位包括 KB、MB、GB、TB、PB 等。

8）数制及转换：十进制（D）、二进制（B）、八进制（O）和十六进制（H）。

9）编码：定点数和浮点数，ASCII 码，汉字编码（输入码、交换码、国标码、机内码、点阵码），原码、反码和补码。

10）安全漏洞是计算机系统在硬件、软件、协议的具体实现或系统安全策略上存在的缺陷和不足，从而可以使攻击者能够在未授权的情况下访问或破坏系统。

11）计算机语言。

① 机器语言是由二进制代码组成，完全面向机器的指令序列。计算机只能识别机器语言。

② 汇编语言用自然符号（助记符）代替二进制指令代码，是符号化了的机器语言。

③ 高级语言是接近于自然语言、易于理解、面向问题的程序设计语言。

④ 语言处理系统将用程序设计语言编写的源程序转换成机器语言的形式。

⑤ 编译程序将用高级语言编写的源程序翻译成目标程序（以.obj 为扩展名）。

⑥ 解释程序是边扫描边翻译边执行的翻译程序，解释过程不产生目标程序。

12）程序设计是指针对实际问题，给出解决这个问题的程序构造的过程和步骤。

13）结构化程序设计方法：自顶向下，逐步细化，模块化设计，结构化编码。

14）结构化语言的 3 种基本结构：顺序结构、选择结构和循环结构。

15）算法就是解决一个问题的方法和步骤。算法的特性：有穷性、确定性、有效性、0 个或多个输入、1 个或多个输出。

16）评价算法的优劣：正确性、可读性、健壮性和高效性。

17）算法的表示：自然语言、传统流程图、N-S 流程图、伪代码和计算机语言等。

18）安全编程是指在编写程序过程中，为了保障程序的安全性和可靠性，采取一系列的措施和技术手段来预防和应对潜在的安全风险和威胁。

19）C 语言的发展和特点。

20）C 语言程序的基本单位是函数，一个函数包含两部分内容：函数首部和函数体。一个 C 语言程序是由一个或多个函数组成的，其中必须包含一个主函数 main()，且有且仅有一个主函数。它们组成一个源程序文件，统一编译生成目标代码文件。程序总是从主函数 main()开始执行，在主函数 main()中结束。

习　题

1. 简述计算机的组成和工作原理。

2. 简述计算机采用二进制的原因。

3. 将十进制数 135.875 分别转换为二进制数、八进制数和十六进制数。

4. 数字字符 0、大写字母 A 和小写字母 a 的 ASCII 码分别是多少？

5. 对于十进制数 65 和-98，分别用 1 字节的字长表示它们的原码、反码和补码。

6. 正确理解以下名称及其含义：软件、程序、程序设计、算法、算法特性、源程序、编译程序、解释程序、目标程序、函数、函数首部、函数体、安全漏洞和安全编程。

第2章 C语言编程基础

小时候我们学习汉语或英语，都是从一个字、一个词、一个短语学起，然后把字、词、短语按照一定语法规则组合成一个句子、一段话和一篇文章，以表达某个场景的语义。学习计算机语言也一样，也是从语言的基本要素学起，再根据语法规则结合算法编写计算机程序。因此，本章主要介绍 C 语言的基本要素：数据类型、标识符、常量、变量、运算符、表达式、语句，以及输入/输出等内容，同时介绍最基本的语法现象，使读者具有编写简单程序的能力。本章在编程过程中逐步引入程序可能存在的安全问题，以及应遵循的安全编码标准。

2.1 数据类型

数据是信息的载体，信息是数据的内涵。在计算机中，数据是指所有能被输入计算机中并能被处理的符号的总称。数据存放在存储单元中，存储单元是由有限的字节构成的，每个存储单元存放数据的范围有限。那么，在处理数据时怎么确定它的范围呢？这就需由本节介绍的数据类型来确定了。

数据类型是指定义在一组数据上的集合及对应这组数据集合的操作方式。数据类型是根据数据的特点"抽象"而来的，决定了一个数据的存储形式、占用内存的大小、取值范围及可参与的运算方式。

C 语言提供了多种数据类型，主要有 4 类：基本类型、构造类型、指针类型和空类型，如图 2.1 所示。本节先介绍基本类型，其他类型将在后续章节逐步介绍。

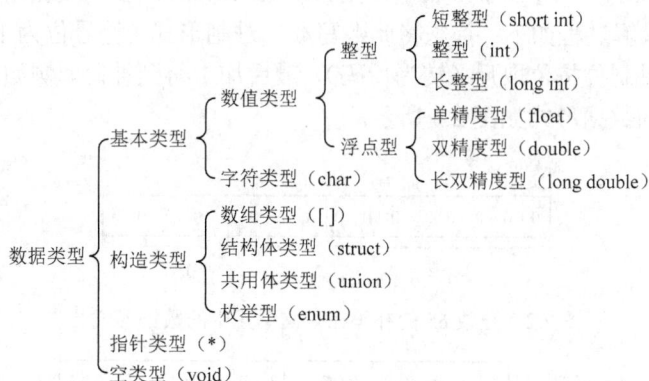

图 2.1　数据类型

2.1.1 整型

1. 整型的分类

为了便于对现实生活不同场景中的整型数据（简称整数）进行处理，在 C 语言中，根据有无符号把整数分为有符号数和无符号数，根据整数的取值范围又可分为短整型、整型和长整型。C 语言标准没有具体规定各种类型数据所占用存储单元的长度，这是由编译系统自行决定的。例如，Visual C++ 6.0 中不同整数类型的字节数和取值范围如表 2.1 所示。

表 2.1 不同整数类型的字节数和取值范围

符号	类型	字节数	取值范围
有符号 （signed） （默认）	(signed) short int（有符号短整型）	2	$-32768 \sim 32767$，即$-2^{15} \sim 2^{15}-1$
	(signed) int（有符号整型）	4	$-2147483648 \sim 2147483647$，即$-2^{31} \sim 2^{31}-1$
	(signed) long int（有符号长整型）	4	$-2147483648 \sim 2147483647$，即$-2^{31} \sim 2^{31}-1$
无符号 （unsigned）	unsigned short int（无符号短整型）	2	$0 \sim 65535$，即$0 \sim 2^{16}-1$
	unsigned int（无符号整型）	4	$0 \sim 4294967295$，即 $0 \sim 2^{32}-1$
	unsigned long int（无符号长整型）	4	$0 \sim 4294967295$，即$0 \sim 2^{32}-1$

C99 标准新增了双长整型（long long int 或 long long），一般占 8 字节，但许多 C 语言编译系统尚未实现该整数类型。

2. 整数在计算机内的表示形式

计算机只能识别二进制，因此必须把整数转换为二进制数，符号也一并转换并参与运算。对于有符号数，二进制数的最左侧位（也称最高位）为**符号位**：正数标为 0，负数标为 1；对于无符号数，所有二进制位一起表示数值。为了便于计算机内部运算，整数在存储单元中以**补码形式**存放。正数的补码与该数的原码一致。例如，正数 65 的二进制形式是 1000001，若用 2 字节表示，则其补码在存储单元中的数据形式如图 2.2 所示。负数的补码求解过程如下：首先将此数写成二进制形式（符号位为 1），然后对符号位之后的所有二进制位按位取反（转为反码），最后加 1 得到补码。例如，负数-65 的补码在存储单元中的数据形式如图 2.3 所示。

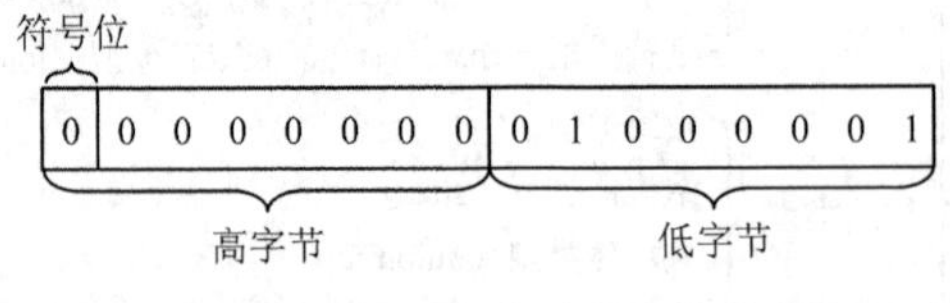

图 2.2 正数 65 的补码在存储单元中的数据形式

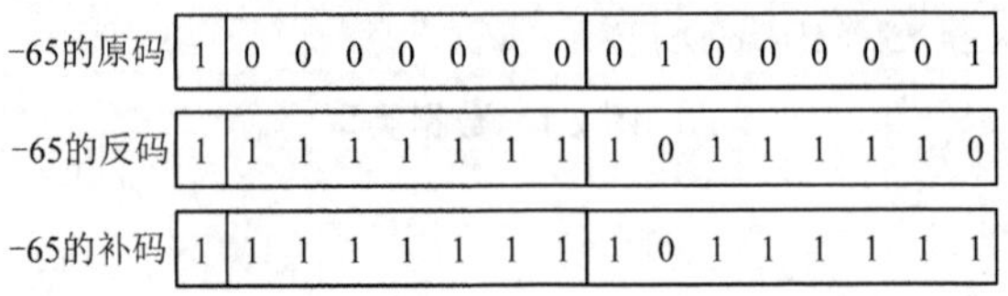

图 2.3 负数-65 的补码在存储单元中的数据形式

再如，32767 和-32768 的补码在存储单元中的数据形式如图 2.4 所示。

32767的补码　0 1 1 1 1 1 1 1　1 1 1 1 1 1 1 1

-32768的补码　1 0 0 0 0 0 0 0　0 0 0 0 0 0 0 0

图 2.4　32767 和-32768 的补码在存储单元中的数据形式

3. 整数安全漏洞

整数安全漏洞是指对整数操作时产生了超过该类型表示范围的数值，引起数据失真。整数安全漏洞通常有 3 种情形：回绕、溢出和截断。

（1）回绕

回绕是指整数表示范围的上界与下界形成闭环，即上界+1=下界，下界-1=上界。

如果超出表示范围，无符号整数将产生回绕，进位标志（carry flag，CF）寄存器会记录进位/借位操作，其值为 1。例如，假设存储单元是 2 字节，无符号整数的取值范围为 0～65535，则 65535+1=0，0-1=65535。

（2）溢出

溢出是指有符号整数超出该类型所能表示的范围。编译器对此的一般做法也是回绕，此时溢出标志（overflow flag，OF）寄存器值为 1。

例如，假设存储单元是 2 字节，有符号整数的取值范围为-32768～32767，则 32767+1=-32768，这是因为 32767 的补码 0111 1111 1111 1111 与 1 的补码 0000 0000 0000 0001 相加，得补码 1000 0000 0000 0000，这正是-32768 的补码；再如同样假设，则-32768-1=32767，这也是因为-32768 的补码 1000 0000 0000 0000 与-1 的补码 1111 1111 1111 1111 相加，得补码 0111 1111 1111 1111（符号位相加后的进位被舍弃），这正是 32767 的补码。

（3）截断

截断是指将一个宽度较大的整数存入一个宽度较小的操作数中，高位数据被丢弃。

例如，把整型数据（int，4 字节，如 98304=65536+32768）存入短整型（short int，2 字节）的存储单元，则只是把整型数据的低 16 位数据存入短整型的存储单元中，而高 16 位的数据被丢弃，最后短整型数据为-32768，如图 2.5 所示。

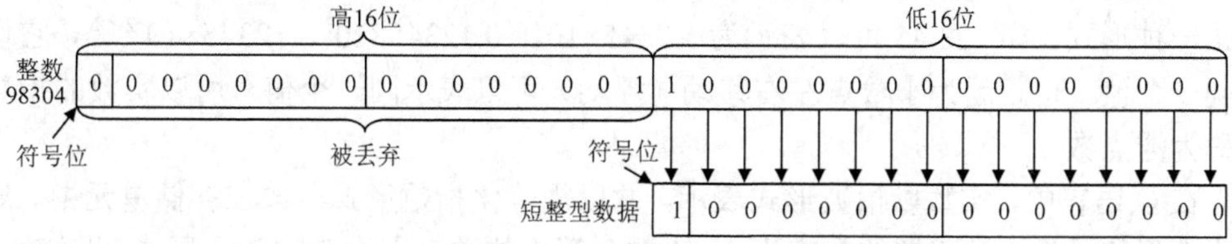

图 2.5　整型数据存入短整型存储单元，数据被截断

从图 2.5 中可看出，只有低 16 位的数据 1000 0000 0000 0000 存入短整型存储单元，该二进制数正好是-32768 的补码。

> **整数安全漏洞事件**
>
> 2018 年 4 月 22 日，黑客攻击了美链（Beauty Chain，BEC）的 Token 合约，通过一个整数溢出安全漏洞，将大量 Token 砸向交易所，导致 BEC 的价格几乎归零。
>
> 2018 年 4 月 25 日，基于区块链的物联网底层协议（Smartmesh，SMT）爆出类似的整数溢出漏洞，黑客通过漏洞制造和抛售了天文数字规模的 Token，导致 SMT 价格崩盘。

4. 避免整数安全漏洞

在编写代码时，可以通过适当的方法避免整数安全漏洞的产生。

（1）改变运算方式

若想求两个整数 x 和 y 的平均值，通常使用(x+y)/2 表达式，但由于 x+y 的运算结果可能超出整数的表示范围，因此可能会引起安全漏洞；若将其改为 x+(y–x)/2 或 x/2+y/2 运算方式，则可避免因超出范围而引发整数安全漏洞。

（2）使用较大范围的类型表示操作数

可以在运算过程中将整数转换为相同符号的更宽类型，以确保整数的数据不会被丢失或者错误解释（无符号和有符号）。例如，将短整型转换为长整型后再进行运算。

（3）可使用测试手段确保安全运算

可以在事先或事后对操作数进行测试，避免操作数回绕或溢出。例如，对于无符号整数 x 和 y 进行加法运算，可以事先进行测试：如果 UINT_MAX–x>y（UINT_MAX 为最大无符号整数），则保证没有回绕的可能性，否则回绕，进行相关处理；也可以事后进行测试：首先执行 z=x+y，然后测试，如果 z<x，则结果回绕，进行相关处理，否则结果正常。

在用 C 语言编程过程中，避免整数安全漏洞是一项重要的任务。应该特别注意整数类型的范围，并选择适当的数据类型表示整数。如果在程序执行过程中出现异常，则应该使用异常处理机制捕捉和处理异常，从而避免程序安全隐患。

2.1.2 浮点型

浮点型用来表示具有小数点的实数。在现实中，一个实数若以指数形式表示可以有不止一种形式，如 123.45 可以表示为 1.2345×10^2、0.12345×10^3、12345×10^{-2} 等，它们代表同一个值。也正因为小数点左右移动（浮动）可以表示同一个值，所以实数的指数形式称为浮点数。

在 C 语言中，实数以**指数形式**表示，并以规范化指数形式存放在存储单元中。规范化指数形式是指小数点前的数字为 0，小数后第 1 位数字不为 0 的表示形式，即纯小数，如 123.45 的规范化指数形式为 0.12345e3。其中，e 表示"×10"，e 后面的数字为 10 的**指数，且必须为整数，e 之前必须有数字**，如 e3、1e3.5 都是错误的指数形式。

C 语言中，浮点数类型包括 float（单精度浮点型）、double（双精度浮点型）和 long double（长双精度浮点型）。不同的编译系统对不同浮点数类型分配的字节数也不一样，而在 Visual C++ 6.0 中则对 double 和 long double 一样处理，都是分配 8 字节，如表 2.2 所示。读者在使用不同的编译系统时应注意其差别。

表 2.2　不同实数类型的字节数、有效位和取值范围

类型	字节数	有效位	取值范围（绝对值）
float	4	6～7	0 及（1.2×10^{-38}）～（3.4×10^{38}）
double	8	15～16	0 及（2.3×10^{-308}）～（1.7×10^{308}）
long double	8	15～16	0 及（2.3×10^{-308}）～（1.7×10^{308}）
	16	18～19	0 及（3.4×10^{-4932}）～（1.1×10^{4932}）

2.1.3　字符型

在 C 语言中，字符型数据是用 char 关键词声明的，一个字符型数据只占用 **1 字节**（8 位二进制）存储空间，以编码（如 ASCII 码）形式存储。另外，编码本身是一个整数，如大写字母 A 的 ASCII 码值为 65，因此经常把字符型数据当作整数一样参与运算。

2.2　标识符、常量和变量

在程序设计语言中有各种语言要素，2.1 节介绍了数据类型，本节介绍如何标识数据对象，以及数据的表现形式：常量和变量。

2.2.1　标识符

C 语言程序中包含许多单词和符号，它们在程序中有着不同的性质和作用。

1. 关键字

关键字又称保留字，是 C 语言中具有固定含义的特殊单词，如 int 表示整数类型，char 表示字符类型等。用户在程序中引用关键字时，只能利用其本身的特定意义，而不能重新定义以做他用。C 语言常用的关键字如下：

auto	break	case	char	continue	const	default	do
double	else	enum	extern	float	for	goto	int
if	long	register	return	short	signed	sizeof	static
struct	switch	typedef	union	unsigned	void	volatile	while

2. 标识符命名及分类

在 C 语言中，**标识符**用来标识程序中的实体对象，如变量名、符号常量名、函数名、数组名、类型名等。在 C 语言中，**标识符的命名规则**如下。

1）只能由字母、数字和下划线 3 种字符组成。

2）第 1 个字符必须为字母或下划线。

3）不能与关键字同名。

4）严格区分大小写，相同字母的大小写形式视为不同的标识符。

5）长度不宜过长，有的编译系统只能识别前 8 个字符。

下面列出的是合法的标识符：count、sum、Char、_total、stu_1、Student_age、x1、x2。

下面列出的是非法的标识符：Str$、Stu.age、98x、char、π、数量。

在程序设计中，标识符命名应当简洁、直观、明确。初学者要养成良好的标识符命名习惯，这对于程序的编写、阅读、修改和维护都能起到重要的作用。

另外，标识符可分为系统预定义标识符和用户自定义标识符。系统预定义标识符（如 main、printf 等）的功能和含义是由系统预先定义的，但是它们允许被用户赋予新的含义，这是它们区别于关键字的地方。不过编程中不建议采用这种做法，因为会引起误解。

2.2.2 常量

常量是指程序运行过程中其值保持不变（不能改变）的量。常量可以分为直接（字面）常量和符号常量。直接（字面）常量是指通过数据的字面含义就能看出其类型和值的量。所有基本类型都有自己的不同格式的直接常量。

1. 整型常量

整型常量是指不带小数点的数值。不同类型整数的有效范围不同，如 65536 不能看作短整型，而应看作整型或长整型。若要表示一个**长整型常量**，可在数值的末尾加上 **l** 或 **L**，如 123L；若要表示一个**无符号整型常量**，可在数值的末尾加上 **u** 或 **U**，如 123U。

除了十进制整型常量外，还有八进制、十六进制整型常量。**八进制整型常量以数字 0 开头**，后跟 0~7 数字，如 0135；**十六进制整型常量以数字 0 和 x（或 X）开头**，后跟 0~9 和 A~F（或 a~f），如 0x12A3。

2. 浮点型常量

浮点型常量是指以小数形式或指数形式表示的实数，在内存中以指数形式存储。例如，100 是整型常量，而 100.0 或 0.1e3 是浮点型常量。

在 C 语言中，**浮点型常量默认为 double 类型**。如果要将一个浮点数定义为 float 类型，则需要在浮点数的结尾处加上 f 或 F，如 3.14F；如果要定义为 long double 类型，则可以在结尾处加上 l 或 L，如 3.14L。

3. 字符型常量

字符型常量是以一对单撇号 "'" 括起来的单个字符，其值是该字符的 ASCII 码值。例如，'a'、'5'、'F'、'!'等都是字符常量，而'ab'、'字'等都不是字符常量，因为单撇号中只能有一个字符（1 字节），而一个汉字需要 2 字节。

在 C 语言中还有一种特殊形式的字符常量——**转义字符**，其以反斜杠 "\" 开头，将其后的字符转变成另外的含义。例如，'\n'表示换行字符常量，'\\'表示反斜杠字符常量。常用的转义字符及其含义如表 2.3 所示，使用时应注意区分斜杠 "/" 和反斜杠 "\"。

表 2.3　常用的转义字符及其含义

转义字符	对应字符	ASCII 码（十进制）	含义（输出结果）
\a	响铃（BEL）	007	产生声音或视觉信号
\b	退格（BS）	008	将当前位置后退一个字符
\f	换页（FF）	012	将当前位置移到下一页开头
\n	换行（LF）	010	将当前位置移到下一行开头
\r	回车（CR）	013	将当前位置移到本行开头
\t	水平制表符（HT）	009	将当前位置移到下一个 Tab 位置
\v	垂直制表符（VT）	011	将当前位置移到下一个垂直制表对齐点
\\	一个反斜杠（\）	092	输出一个反斜杠字符
\'	一个单撇号（'）	039	输出一个单撇号
\"	一个双撇号（"）	034	输出一个双撇号
\?	一个问号（?）	063	输出一个问号
\0	空字符（NULL）	000	不输出任何信息，但作为字符串的结束符
\ooo o 表示八进制	1～3 位八进制数对应的 ASCII 码字符	1～3 位八进制数	输出 1～3 位八进制对应的 ASCII 码字符
\xff f 表示十六进制	1～2 位十六进制数对应的 ASCII 码字符	1～2 位十六进制数	输出 1～2 位十六进制对应的 ASCII 码字符

表 2.3 中，"\ooo"是一个以 1～3 位八进制数表示的 ASCII 码对应的字符，如'\101'代表八进制数 101（对应十进制数 65）的 ASCII 码字符'A'，'\12'代表八进制数 12（对应十进制数 10）的 ASCII 码字符——换行符；"\xff"是一个以 1～2 位十六进制数表示的 ASCII 码对应的字符，如'\x41'代表十六进制数 41（对应十进制数 65）的 ASCII 码字符'A'，'\xA'代表十六进制数 A（对应十进制数 10）的 ASCII 码字符——换行符。

4. 字符串常量

字符串常量是以一对双撇号""""括起来的 0 个或多个字符序列。例如，"China"、"123"、""、"C 语言"等是字符串常量；而'abc'、'123'既不是字符串常量，也不是字符常量，是错误的数据形式。

C 语言规定，**一个字符串以空字符'\0'作为结束标志**。例如，"C program"字符串常量共有 9 个字符（含空格），但在内存单元中需要占用 10 字节，这是因为 C 语言编译系统会自动加上一个'\0'作为结束符。再如，""空字符串的长度为 0，但需要占用字节内存单元，用于存放'\0'结束符。另外，空字符串不同于空格字符串" "，空格字符串长度不为 0，至少包含 1 个空格。在 C 语言中，将字符串作为字符数组来处理，详见 4.4 节。

5. 符号常量

符号常量是指在程序中用一个标识符来代替的常量。符号常量在使用前必须用编译预处理命令先定义，定义的一般格式如下：

```
#define 常量标识符 字符序列
```

其中，#define 是一条**编译预处理命令**，此命令也称为宏定义命令，其功能是在程序编译前自动地将程序中所有常量标识符（双撇号中的除外）用其后的字符序列替换。需要注意的是，其只是**简单地替换，不做语法检查**。

例如：

```
#define PI 3.14159          //定义一个圆周率常数 π 的值为 3.14159
#define E 2.71828           //定义一个自然常数 e 的值为 2.71828
```

若程序中有如下语句：

```
printf("\n PI=%f",PI);
printf("\n area=%f",PI*r*r);
```

则程序编译前将被替换为

```
printf("\n PI=%f",3.14159);
printf("\n area=%f",3.14159*r*r);
```

使用符号常量的好处是含义清晰、修改方便、不易出错。此外，符号常量中的标识符通常用大写字母形式。

2.2.3 变量

变量是指在程序的执行过程中其值可以被改变的量。变量具有三要素：**变量类型、变量名和变量值**。其中，变量类型决定编译时为其分配的存储单元大小（字节数）和运算方式；变量名必须是遵循命名规则的标识符，是该存储单元的别名，对应一个内存地址，通过变量名可以直接访问该存储单元中的内容；变量值即该存储单元中的内容。

1. 变量的定义

在 C 语言中，**变量必须先定义后使用**。定义变量的一般语法格式如下：

```
[存储类别] 数据类型 变量名列表;
```

其中，方括号"[ ]"表示该项可省略，存储类别将在后续章节中介绍；数据类型必须是 C 语言中一个有效的数据类型，可以是基本类型，也可以是构造类型。

一个定义语句以英文格式的分号结束，可以定义多个同类型的变量，多个变量间用英文格式的逗号隔开。例如：

```
int x;              //定义1个整型变量 x
float s,r;          //定义2个单精度浮点型变量 s 和 r
char c;             //定义1个字符型变量 c
```

2. 变量的赋值

定义变量后，**若未给其赋值，则其值是不确定的**。也就是说，定义变量后，编译时只是给该变量分配内存空间，并未清理内存空间中的内容，因此该内存空间的内容是未知的。除非在定义变量的同时赋一个初始值，或在程序执行过程中给其赋一个确定值，因后面赋的值会覆盖原有的值。

（1）定义变量的同时赋初值

定义变量的同时赋初值的一般语法格式如下：

```
[存储类别] 数据类型 变量名1=值1, 变量名2=值2,…,变量名n=值n;
```

例如：

```
int x=3,y=4,z=5;   //定义 3 个整型变量 x、y、z，并分别赋初值 3、4、5
char c='a';         //或者"char c=97;"，因字符与整数在其范围内可以相互转换
```

以下定义并赋值的形式是错误的：

```
int x=y=z=5;
```

编译时系统提示"'y' : undeclared identifier"和"'z' : undeclared identifier"，意思是 y 和 z 为未定义的标识符。该命令本质上只定义变量 x，赋初值过程是从右向左，先把 5 赋值给 z，但 z 前面未定义过；又把 z 赋值给 y，y 前面也未定义过，所以编译提示错误。将其改为以下方式是可以的，x、y 和 z 的值均为 5：

```
int y,z;
int x=y=z=5;
```

（2）先定义变量，后赋值

赋值的一般语法格式如下：

```
变量名=值;
```

例如：

```
int x,y,z;
x=3;y=4;z=5;        //也可以写成 3 行，每行写一个赋值语句
```

3. 常变量

C99 标准中允许使用常变量。**常变量**是指在定义变量并初始化的同时加上关键字 const，则该变量的值在程序执行过程中是不能被改变的。定义常变量的语法格式如下：

```
const 数据类型 常变量名=初始值;
```

例如：

```
const float PI=3.14159;
```

常变量与直接常量的区别如下：常变量具有变量的基本属性：数据类型、变量名、占用存储单元，只是不允许改变其值。换句话说，常变量是有名称的不变量，而常量是没有名称的不变量。有名称便于在程序中引用。

常变量与符号常量的区别如下：符号常量是通过宏定义实现的，在编译预处理时只是简单地进行字符替换，不做语法检查，而且符号常量名不分配存储单元；但常变量需要分配存储单元，有变量值，只是该值不能改变。从使用角度来看，常变量具有符号常量的优点，而且使用更方便。因此，使用常变量可以替代很多场合的符号常量。

2.2.4　变量的内存空间分配

一个 C 语言编译的程序占用的内存分为以下几个部分，内存分区如图 2.6 所示。

1）栈区（stack）：由编译器自动分配释放，存放函数的参数、局部变量等。

2）堆区：一般由程序开发人员分配释放。若程序开发人员不

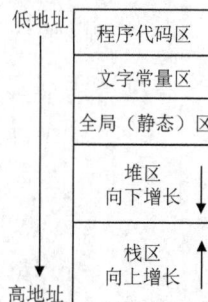

图 2.6　内存分区

释放，则程序结束时可能由操作系统（operating system，OS）回收。注意，堆区与数据结构中的堆是两个概念，分配方式类似于链表。

3）全局（静态）区：全局变量和静态变量是放在一起存储的，初始化的全局变量和静态变量在一块区域，未初始化的全局变量和静态变量在相邻的另一块区域，程序结束后由系统释放。

4）文字常量区：存放字符串常量，程序结束后由系统释放。

5）程序代码区：存放函数体的二进制代码。

1. 栈区

本节先介绍栈区，其他内容后续章节会逐步介绍。

栈是一种受限的线性表，是数据结构的一种，其将线性表的插入和删除操作限制为仅在表的一端进行，如图 2.7 所示。栈的操作特点是**先进后出或后进先出**。通常将表中

允许进行插入、删除操作的一端称为栈顶（top），因此栈顶的当前位置是动态变化的，其由一个称为栈顶指针的位置指示器来指示；将表的另一端称为栈底（bottom）。当栈中没有元素时，称其为空栈。栈的插入操作被形象地称为进栈、入栈或压栈，删除操作称为出栈或退栈。

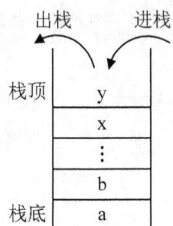

图 2.7　栈

在 Windows 环境下，栈是向低地址扩展的数据结构，是一块连续的内存区域，所以栈的栈顶位置（地址）和最大容量是系统预先设定好的。又因为堆与栈相向而生，系统分配给栈的空间有限，再加上栈区的空间由系统自动分配，速度较快，程序开发人员无法控制，只要栈的剩余空间大于所申请空间，系统就会为程序提供内存，所以当函数调用达到一定量级（死循环，无限递归）时，可能导致一直开辟栈空间，最终发生栈空间耗尽，即**栈溢出（stack overflow）现象**。

2. 举例

下面通过一个简单的程序，了解变量的内存空间分布情况。

【例 2-1】查看变量在内存中的分布情况，运行环境为 Visual C++ 6.0。

程序代码：

```
#include <stdio.h>
int main()
{
    short int a = 5;
    int b;
    char c = 65;
    float x = 100;
    const double y = 200;
    printf("a 的地址: 0x%08X = %hd\n", &a, a);
    printf("b 的地址: 0x%08X = %d\n", &b, b);
    printf("c 的地址: 0x%08X = %c\n", &c, c);
    printf("x 的地址: 0x%08X = %f\n", &x, x);
```

```
        printf("y的地址：0x%08X = %lf\n", &y, y);
        return 0;
}
```

运行结果：

```
    a 的地址：0x0019FF2C = 5
    b 的地址：0x0019FF28 = -858993460
    c 的地址：0x0019FF24 = A
    x 的地址：0x0019FF20 = 100.000000
    y 的地址：0x0019FF18 = 200.000000
```

程序分析：

程序中的格式字符串 "a 的地址：0x%08X = %hd\n" 中有两类字符：普通字符，如 "a 的地址：0x"，原样输出；格式字符，如 "%08X"，输出 8 位十六进制数（变量的地址）。"&a" 表示 a 的地址，"&" 为取地址运算符。其中，格式字符将在 2.5 节中详细介绍。

从程序的运行结果可以看出，最先定义的变量在栈区的底部（高地址），最后定义的变量在栈区的顶部（低地址），如图 2.8 所示。其中的十六进制地址只是表明了变量的相对位置，不同的系统有不同的具体值。

变量 a 虽然占用了 4 字节，但实际上只能用到 2 字节，这是由其数据类型（short）决定的。分配 4 字节的原因如下：32 位编译器通常以字长 32 位（4 字节）为单位给变量，故多出来的空间就会闲置。例如，变量 c 也占用 4 字节，但因其是字符型，故也只用到 1 字节，另外 3 字节就会闲置。C 语言中，程序编译时只是给变量分配空间，并未清理其内存空间中的内容，因此变量在未赋（初）值之前其值是不确定的，如变量 b。

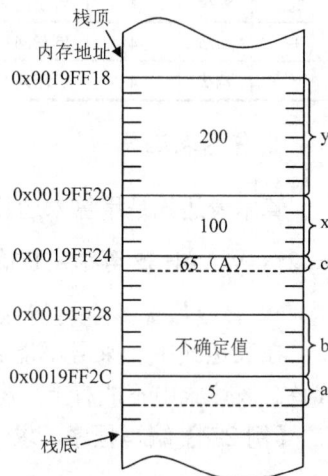

图 2.8　变量的内存分布

从例 2-1 也可以看出，若给后面定义的变量赋一个超出其范围的数据，则可能覆盖前面定义的变量中的内容，即缓冲区溢出，从而造成安全问题。特别是字符串的操作最有可能造成缓冲区溢出，这方面的内容将在 4.4 节中详细介绍，这里先作铺垫。

2.3　运算符和表达式

在程序中对数据的各种运算是由运算符与表达式决定的。C 语言提供了丰富的运算符与表达式，可以实现不同的运算。**表达式**是指用运算符把运算对象按一定规则连接起来的符合 C 语言语法规则的式子。广义上，表达式可以是一个常量、变量、函数或式子。不同的运算符有不同的运算规则，如优先级和结合性。其中，**优先级**是指求解表达式时不同运算符进行运算的先后次序，通常可以使用圆括号 "()" 改变优先次序，如 5*(3+2)；

结合性是指运算方向，有自左向右（左结合性）和自右向左（右结合性）。根据运算符连接运算对象的个数，运算符可以分为单目运算符、双目运算符和三目运算符，如正（+）号和负（-）号就是单目运算符。下面分别介绍不同的运算符与表达式。

2.3.1 算术运算符和算术表达式

1. 算术运算符

算术运算符是用来进行算术运算的运算符，适用于整型（含字符型）、浮点型的常量、变量的数据。C 语言提供的算术运算符如表 2.4 所示。

表 2.4 算术运算符

运算符	名称	优先级	结合性	对象数	示例	结果	说明
+	正号	2	自右向左	单目	+3	3	正号通常省略
-	负号	2	自右向左	单目	--3	3	自右向左运算，即负负得正，区别于自减--
*	乘法	3	自左向右	双目	3*5*7	105	自左向右运算，先计算 3*5 得 15，再乘以 7
/	除法	3	自左向右	双目	5/3	1	**除号两边均为整数时，则整除，即舍弃小数**
%	求余	3	自左向右	双目	5%3	2	**运算对象必须为整数**
+	加法	4	自左向右	双目	3+5+7	15	自左向右运算，先计算 3+5 得 8，再加 7
-	减法	4	自左向右	双目	3-5	-2	自左向右运算

2. 算术表达式

算术表达式是用算术运算符和圆括号把运算对象连接成的有意义的式子。例如，a+b、2*x+y、'A'+32 等都是正确的算术表达式。现实中数学式，如 $\dfrac{2x^2+3x}{x+5}$，应写为

```
(2 * x * x + 3 * x)/(x+5)
```

在表达式中，乘号不能省略。由于键盘中无×和÷号，因此运算符×和÷分别以*和/代替。表达式中不能有上下标和分式形式，应写成线性式，即写成在同一条基准线上。

【例 2-2】编写程序，求一元二次方程 ax^2+bx+c 的根，输出时小数位保留 1 位。

解题分析：利用一元二次方程求根公式 $y_{1,2}=\dfrac{-b\pm\sqrt{b^2-4ac}}{2a}$ 进行求解。

程序代码：

```
#include <stdio.h>
#include <math.h>                        //math.h 为数学函数库的头文件
int main()
{
    float a,b,c,y1,y2;                   //定义 3 个系数和 2 个根的变量
    a=2; b=8; c=3;                       //给 3 个系数赋值
    y1=(-b+sqrt(pow(b,2)-4*a*c))/(2*a);  //计算第 1 个根
    y2=(-b-sqrt(pow(b,2)-4*a*c))/(2*a);  //计算第 2 个根
    printf("y1=%6.1f, y2=%6.1f\n", y1, y2);  //输出 2 个根
    return 0;
}
```

运行结果:

```
y1= -0.4, y2= -3.6
```

程序分析:

程序第 2 行编译预处理 "#include <math.h>" 包含数学函数库头的文件,因为程序中要用到求平方根函数 sqrt() 和指数函数 pow(),如 $\sqrt{x}$ 写成 sqrt(x),x^y 写成 pow(x,y)。

表达式中的乘号不能省略,如 4ac 必须写成 4*a*c。

注意表达式中运算符的结合性和优先级。双目算术运算符的结合性大多数是自左向右,优先级为"先乘除后加减"。因此,针对分式的书写,应先对分子分母加圆括号写成除式,如( ) / ( );然后在括号中分别填写分子和分母,以免出现计算错误。

格式字符 "%6.1f" 中,"f" 表示输出浮点数,"6" 表示输出宽度为 6 个字符,".1" 表示输出的浮点数小数保留 1 位。

2.3.2　赋值运算符和赋值表达式

赋值运算符用于赋值运算,可分为简单赋值运算符"=""、算术复合赋值运算符("+="
"−=""*=""/=""%=")和位复合赋值(">>=""<<=""&=""|=" 和 "^=")。

1. 简单赋值运算符

简单赋值运算符 "=" 为双目运算符,其左边必须是变量,右边是表达式。简单赋值运算符的功能是先求出右边表达式的值,然后把运算结果赋值给左边的变量。简单赋值运算符的优先级仅高于逗号运算符,比其他运算符都低;其结合性是右结合性,即自右向左运算。例如,a=b=c=3 表达式按自右向左运算规则,先将 3 赋值给 c,再将 c 的值赋值给 b,最后将 b 的值赋值给 a。简单赋值运算符 "=" 左边若是常量或表达式,则是错误的。例如,x=y+z=5 表达式是错误的。

2. 算术复合赋值运算符

算术复合赋值运算符是在简单赋值运算符之前加上了算术运算符。算术复合赋值运算符也是双目运算符,其左边必须是变量,右边是表达式。算术复合赋值运算符与简单赋值运算符的优先级相同,也是右结合性。算术复合赋值运算符的运算规则如表 2.5 所示。

表 2.5　算术复合赋值运算符的运算规则

运算符	名称	优先级	结合性	对象数	示例	运算规则
+=	加赋值	14	自右向左	双目	x+=y+3	x=x+(y+3)
−=	减赋值	14	自右向左	双目	x−=y+3	x=x−(y+3)
*=	乘赋值	14	自右向左	双目	x*=y+3	x=x*(y+3)
/=	除赋值	14	自右向左	双目	x/=y+3	x=x/(y+3)
%=	模赋值	14	自右向左	双目	x%=y+3	x=x%(y+3)

位复合赋值的运算规则与算术复合赋值运算符一样,位运算符的具体内容详见

2.3.9 小节。

3. 赋值表达式

赋值表达式是指由赋值运算符将一个变量和一个表达式连接起来的式子。赋值表达式的一般语法格式如下：

> 变量 赋值运算符 表达式

或

> 变量 复合赋值运算符 表达式

例如：

```
x=x+1
y*=x+2              //等价于 y=y*(x+2)
```

赋值表达式具有计算和赋值双重功能。对于简单赋值运算符，先计算右边表达式，然后把表达式的值赋给左边变量；对于复合赋值运算符，先计算右边表达式，然后把运算结果与左边变量进行相应算术运算，最后把最终结果赋值给左边变量。

赋值表达式也有一个值，即赋值运算符左边变量的值。赋值表达式中的"表达式"又可以是一个赋值表达式。例如：

```
a=b=c=3            (该表达式的值为 3，a、b、c 的值均为 3)
z=(x=4)+(y=6)      (该表达式的值为 10，z 的值为 10，x 的值为 4，y 的值为 6)
```

表达式"a=b=c=3"可加圆括号，如 a=(b=(c=3))；也可以不加圆括号。但表达式"z=(x=4)+(y=6)"必须加圆括号，否则会产生语法错误。这是因为算术运算符的优先级高于赋值运算符，而且赋值运算符左边必须是变量。

赋值表达式也可以包含算术复合赋值运算符。例如：

```
a+=a-=a*=a=3
```

其也是一个赋值表达式，先计算右侧"a=3"；接着计算"a*=a"即"a=a*a"，这时 a 的值为 9；再计算"a-=a"，即"a=a-a"，这时 a 的值为 0；最后计算"a+=a"，即"a=a+a"，这时 a 的值为 0。因此，整个表达式的值是 0。

赋值表达式作为表达式的一种，使得赋值操作不仅可以出现在赋值语句中，而且可以以表达式的形式出现在各种表达式中。特别要注意"="与"=="的区别，如"a=1"是赋值表达式，即把 1 赋值给 a；"a==1"是关系表达式，即判断 a 是否等于 1。

2.3.3 自加和自减运算符

自加"++"和自减"--"运算符都是单目运算符，只适用于变量，其作用是使变量的值加 1 或减 1，其优先级高于双目运算符，结合性为自右向左。自加"++"和自减"--"运算符又可分为前缀形式（++i、--i）和后缀形式（i++，i--）。若单独使用，则++i 和 i++等价于 i=i+1，--i 和 i--等价于 i=i-1。常用于循环语句中，使循环控制变量加 1（或减 1）；也常用于指针变量中，使指针指向上或下移动一个地址。

若在赋值表达式中使用**前缀形式**，则先自加（自减），然后取变量值赋给赋值运算符左边的变量；若使用**后缀形式**，则先取变量值赋给赋值运算符左边的变量，然后自加（自减）。例如：

```
i=3
k=++i            (i 和 k 的值均为 4)
```

等价于

```
i=3
i=i+1
k=i
```

再如：

```
i=3
k=i--            (k 的值为 3，i 的值为 2)
```

等价于

```
i=3
k=i
i=i-1
```

使用自加"++"和自减"--"运算符时,常常会出现一些意想不到的副作用,如 i+++j,是理解成(i++)+j 还是 i+(++j)呢?因此,为了避免歧义,应当适当地加一些括号,如(i++)+j。

2.3.4　关系运算符和关系表达式

1. 关系运算符

关系运算符也称比较运算符,就是对两个数值或表达式之间进行比较的运算符。C 语言提供了 6 种关系运算符,如表 2.6 所示。

表 2.6　关系运算符

运算符	名称	优先级	结合性	对象数	示例	结果	备注
>	大于	6	自左向右	双目	5>3	1	
>=	大于等于	6	自左向右	双目	2+3>=5	1	>与=之间不能有空格
<	小于	6	自左向右	双目	5<3	0	
<=	小于等于	6	自左向右	双目	2+3<=5	1	<与=之间不能有空格
==	等于	7	自左向右	双目	3==2	0	双等号,中间无空格,不能使用=
!=	不等于	7	自左向右	双目	3!=2	1	!与=之间不能有空格

2. 关系表达式

关系表达式也称比较表达式,是指用关系运算符将两个数值或表达式连接起来的有意义的式子。例如,a>b、a+b>c、(a=5)>(b=3)、'A'>'a'、(a>b)>(b>c)等都是合法的关系表达式。关系表达式的值是一个逻辑值,即"真"或"假"。C 语言规定,**逻辑值"真"用 1 表示,逻辑值"假"用 0 表示**;同时规定,把任何一个表达式作为**条件**,若其值为非**0 则为真(1),否则为假(0)**。假设 a=5,b=4,c=3,若把以下表达式作为一个条件,则:

```
a>b              (条件为真,表达式值为 1)
a<b+c            (条件为真,表达式值为 1)
a                (条件为真,表达式值为 1,因为 a 的值为 5,非 0)
a=6              (条件为真,表达式值为 1,因为是赋值表达式,所以 a 的值为 6,非 0)
```

```
a>b>c                    （条件为假，表达式值为 0）
```

上述例子中，a>b>c 关系表达式的值之所以是 0，是因为关系运算符的结合性是左结合性，即自左向右运算。先判断 a>b，结果为真，即其值为 1；再判断 1>c，则结果为假，即其值为 0。因此，在数学中能用区间表示的，如 x 在[0,100]区间的条件用 0≤x≤100 表示，在 C 语言中却不能用 0<=x<=100 表示，而应用 2.3.5 节介绍的逻辑运算符表示，即 0<=x && x<=100，其中"&&"表示条件间的"并且"关系。

针对等于"=="关系运算符，如果两个实数 x 和 y 比较是否相等，不能直接比较相等（x==y）。例如，1.0/3+1.0/3+1.0/3==1，按数学方式计算，两边是相等的，但在计算机中就不一定相等，因为 1.0/3=0.333333…，3 个 0.333333…相加等于 0.999999…，只是近似于 1，并不完全等于 1。因此，**两个实数的比较必须在精度要求范围内判断是否相等**。通常采用**两数相差取绝对值小于某个精度**，如小数保留 5 位，则 fabs(x-y)<1e-5。其中，fabs()是数学函数，功能是对实数取绝对值。若要对整数取绝对值，则采用 abs()数学函数。fabs()和 abs()函数包含在 math.h 头文件中。

2.3.5 逻辑运算符和逻辑表达式

1. 逻辑运算符

逻辑运算符可将多个逻辑值或表达式连接起来进行逻辑运算，用于处理多条件组合判断的问题。C 语言中的逻辑运算符如表 2.7 所示。

表 2.7 逻辑运算符

运算符	名称	优先级	结合性	对象数	示例	说明
!	逻辑非	2	自右向左	单目	!a	如果 a 为假，则!a 为真；如果 a 为真，则!a 为假
&&	逻辑与	11	自左向右	双目	a&&b	如果 a 和 b 都为真，则结果为真，否则为假
||	逻辑或	12	自左向右	双目	a||b	如果 a 和 b 都为假，则结果为假，否则为真

逻辑运算符的运算规则如表 2.8 所示，其中 a 和 b 为表达式，其值若为非 0 则为真，若为 0 则为假。

表 2.8 逻辑运算符的运算规则

a	b	!a	!b	a && b	a || b
非 0	非 0	0	0	1	1
非 0	0	0	1	0	1
0	非 0	1	0	0	1
0	0	1	1	0	0

2. 逻辑表达式

逻辑表达式是指用逻辑运算符将多个逻辑值或表达式连接成的有意义的式子，其结果也是逻辑值——真或假，即 1 或 0。例如：

```
3 && 1-!5                （其结果为 1，因为 3 为非 0，即为 1；!5 为假，即为 0）
!5 || 1-!0               （其结果为 0，因为!0 为真，即为 1，则 1-1=0，为假）
```

```
x>=a && x<=b          （表示 x 在 [a,b] 区间中）
!(x>=a && x<=b)       （表示 x 不在 [a,b] 区间中）
x<a || x>b            （表示 x 不在 [a,b] 区间中）
x%2==1 && x%3==0      （判断 x 是否为奇数且是 3 的倍数）
c>='0' && c<='9'      （表示 c 为数字字符）
c>='A' && c<='Z'      （表示 c 为大写字母字符）
c>='a' && c<='z'      （表示 c 为小写字母字符）
(c>='A' && c<='Z')||(c>='a' && c<='z')       （表示 c 为字母字符）
(y%4==0 && y%100!=0)||(y%400==0)             （判断 y 是否为闰年的年份）
```

其中，闰年的年份满足以下两个条件之一：一是能被 400 整除；二是能被 4 整除，但不能被 100 整除。

在逻辑表达式的求解中，并不是所有的内容都被执行，只有在必须执行下一部分内容才能求出整个逻辑表达式的值时才会被执行。这种现象通常称为"**短路现象**"，如以下两种情况。

1）a && b && c：只有 a 为真（非 0）时才有必要判断 b 的值；只有当 a 和 b 都为真时，才有必要判断 c 的值。若有一个为假（0），就没有必要判断后续部分。可以这么理解：把 && 当作乘号*，只要有一个为 0，则 0 乘以任何数的结果都为 0。

2）a || b || c：只有 a 为假（0）时，才有必要判断 b 的值；只有当 a 和 b 都为假时，才有必要判断 c 的值。若有一个为真（非 0），就没有必要判断后续部分。可以这么理解：把 || 当作加号+，只要有一个为非 0，则非 0 加上任何数的结果都为非 0。

【例 2-3】逻辑表达式举例。根据逻辑表达式的运算规则，分析输出结果。

程序代码：

```c
#include <stdio.h>
int main()
{
    int a,b,c,d,m,n;
    a=1,b=2,c=3,d=4,m=5,n=6;
    (m=a>b)&&(n=c+2>d);
    printf("m=%d,n=%d\n",m,n);
    d=((a=0)&&(b=0)&&(c=0));
    printf("a=%d,b=%d,c=%d,d=%d\n",a,b,c,d);
    d=((a=0)||(b=0)||(c=0));
    printf("a=%d,b=%d,c=%d,d=%d\n",a,b,c,d);
    return 0;
}
```

运行结果：

```
m=0,n=6
a=0,b=2,c=3,d=0
a=0,b=0,c=0,d=0
```

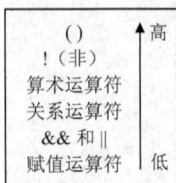

图 2.9 优先级

程序分析：

程序中的表达式涉及的运算符有算术运算符、赋值运算符、关系运算符、逻辑运算符等。不同运算符在同一表达式中的运算次序主要依赖于优先级，优先级高的先于优先级低的运算符。优先级如图 2.9 所示，使用圆括号可以提高优先级，详见附录 A。

函数体的第 3 行 "(m=a>b)&&(n=c+2>d)" 中包含圆括号、算术、关系、逻辑、赋值等运算符，根据优先级规则，先运算(m=a>b)中的 a>b，由于 a>b 的值为 0，因此 m=0；又因逻辑运算符为&&（与），故此时已经能判定整个表达式不可能为真（短路现象），不再进行 n=c+2>d 的运算，因此 n 的值不是 1 而仍保持原值 6。

同理，函数体的第 5 行 "d=((a=0)&&(b=0)&&(c=0))"，先运算 a=0，a 的值为 0；又因表达式中两个逻辑运算符均是&&，故整个表达式的值为假（0），即 d=0，而且 b 和 c 保持原值 2 和 3。

函数体的第 7 行 "d=((a=0)||(b=0)||(c=0))"，先运算 "a=0"，a 的值为 0；因两个逻辑运算符均为 ||（或），继续运算 b=0，b 的值为 0，不能决定整个表达式的值，故又继续运算 c=0，c 的值也为 0，此时整个表达式的值为假（0），即 d=0。

2.3.6 条件运算符和条件表达式

条件运算符是 C 语言中唯一的一个三目**运算符**，其优先级仅高于赋值运算符。条件运算符由 "?" 和 ":" 两个符号组成，必须一起使用。条件表达式的一般语法格式如下：

    表达式 1?表达式 2:表达式 3

功能是根据表达式 1 的值（真或假）确定整个表达式的值。若表达式 1 的值为真（非 0），则整个表达式的值为表达式 2 的值；否则，将表达式 3 的值作为整个表达式的值，其运算过程如图 2.10 所示。

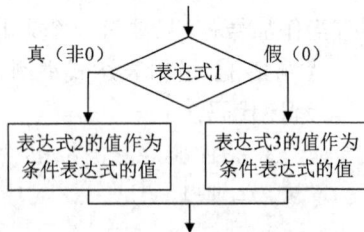

图 2.10 条件运算符的运算过程

条件表达式的示例如下：

    x?1:0   （判断 x 是否为非 0 数，若是，则表达式的值为 1，否则为 0）
    max=a>b?a:b   （求 a 和 b 中较大者，并赋值给 max）
    c=c>='a' && c<='z'?c-32:c   （把小写字母转换为大写字母）

其中，32 是小写字母与大写字母 ASCII 码的差值。

条件表达式中的 3 个表达式也可以是条件表达式，嵌套使用。例如，求以下符号函数：

$$y = f(x) = \begin{cases} 1, & x > 0 \\ 0, & x = 0 \\ -1, & x < 0 \end{cases}$$

条件表达式可以写为

    y=x>0?1:x==0?0:-1

或

    y=x>0?1:(x==0?0:-1)

也可以写为

```
y=x>=0?x>0?1:0:-1
```

或

```
y=x>=0?(x>0?1:0):-1
```

条件表达式中可适当加圆括号，以提高可读性。例如：

```
y=(x>0?1:(x==0?0:-1))
```

2.3.7　逗号运算符和逗号表达式

逗号运算符是 C 语言提供的一种特殊运算符，其优先级在所有运算符中**最低**，结合性为自左向右。逗号表达式是指用英文逗号 "," 将两个（或多个）表达式连接起来的式子，其一般语法格式如下：

```
表达式 1,表达式 2,…,表达式 n
```

逗号表达式的求解过程如下：先求解表达式 1，再求解表达式 2，…，最后求解表达式 n，**整个逗号表达式的值为最右边表达式（表达式 n）的值**。例如，逗号表达式 "1+2, 3+4, 5+6" 的值为 11。

又如：

```
x=(a=2,b=4,a*b,++a)          (最终 a=3,b=4,x=3)
```

括号中是一个逗号表达式。在计算中，首先将 2 赋给 a，将 4 赋给 b；接着计算 a*b 得 8，未赋给任何变量，没有意义；最后计算++a，使 a 值加 1，即 a 的值为 3，也是整个逗号表达式的值，因此 x 的值为 3。

通常，使用逗号表达式的目的只是想分别得到各表达式的值，而并非一定要得到和使用整个表达式的值。例如，后续将介绍的 for 语句中就会经常用到逗号表达式。

2.3.8　求字节运算符和求字节表达式

求字节运算符 sizeof()实际上是一个内置函数，是单目运算符，用于计算变量或类型在内存中所占用的字节数。求字节表达式的一般语法格式如下：

```
sizeof(类型名称或变量名)
```

求字节表达式的结果与机器或编译系统有关。因此，在实际编程中，经常用求字节表达式查看本机 C 语言编译系统中的各类型占用的字节数，以确保所编写程序的可移植性。另外，求字节表达式还可用于申请动态内存空间时计算所需的字节数。

【例 2-4】求字节表达式举例。查看不同类型所占用的字节数（Visual C++ 6.0 环境下）。

程序代码：

```
#include <stdio.h>
int main()
{
    short int a;
    float x;
    printf("short:%d,long:%d\n",sizeof(a),sizeof(long));
    printf("char:%d,string:%d\n",sizeof('#'),sizeof("#"));
    printf("float:%d,double:%d\n",sizeof(x),sizeof(double));
```

```
        return 0;
    }
```

运行结果：

```
    short:2,long:4
    char:1,string:2
    float:4,double:8
```

程序分析：

从程序的运行结果可以看出，在 Visual C++ 6.0 编译系统中，短整型（short int）变量占 2 字节，长整型（long）变量占 4 字节；单精度浮点型（float）变量占 4 字节，双精度浮点型（double）变量占 8 字节；字符型常量（'#'）占 1 字节，字符串常量（"#"）占 2 字节。虽然'#'和"#"都是 1 个字符，却占用不同的字节数，这是因为字符串本身会自动添加一个结束标志字符'\0'，比实际字符长度多占用 1 字节。可以用字符串函数 strlen()计算字符串的长度，如 strlen("#")的值为 1，strlen()函数包含在 string.h 头文件中。

2.3.9 位运算符和位运算表达式

1. 位运算符

C 语言同时具备高级语言和低级语言的特点，支持位运算就是具备低级语言特征的一个具体体现。C 语言中，位运算支持对字节和字的二进制位进行按位取反、与、或、异或、移位或转换处理，在操作系统、微处理器或嵌入式等底层程序开发中经常使用。位运算符及运算规则如表 2.9 所示。

表 2.9　位运算符及运算规则

运算符	名称	优先级	结合性	对象数	示例	结果	运算过程（用 1 字节表示有符号数）
~	按位取反	2	自右向左	单目	~3	-4	~00000011→11111100（-4 的补码）
<<	按位左移	5	自左向右	双目	3<<2	12	00000011<<2→00001100（12）
>>	按位右移	5	自左向右	双目	5>>2	1	00000101>>2→00000001（1）
&	按位与	8	自左向右	双目	5&3	1	00000101&00000011→00000001（1）
^	按位异或	9	自左向右	双目	5^3	6	00000101^00000011→00000110（6）
|	按位或	10	自左向右	双目	5|3	7	00000101|00000011→00000111（7）

2. 位运算表达式

位运算表达式是指用位运算符将运算对象连接起来的有意义的式子。

（1）按位取反运算

按位取反运算（~）就是对操作数在内存中的二进制位按位取反，即 1 变成 0，0 变为 1。例如：

```
    short int a=-3;
```

则~a 的值为 2。这是因为操作数在内存中以补码存放，-3 的补码为 1111 1111 1111 1101，按位取反得 0000 0000 0000 0010，这是 2 在内存中的存储形式。

（2）按位左移运算

按位左移运算（<<）的一般语法格式如下：

　　操作数<<左移位数

功能是把操作数在内存中的二进制位整体向左移若干位（由右边的"左移位数"指定）。左移运算时，低位（右边）补 0，高位（左边）移出部分被舍弃。例如：

```
short int a=5,b=32767;
a=a<<3;
b=b<<3;
```

则 a 的值为 40，b 的值为-8，其运算过程如下：

```
        0000 0000 0000 0101    （5 的二进制形式）
  ←  000 0000 0000 0010 1000   （40 的二进制形式）
        0111 1111 1111 1111    （32767 的二进制形式）
  ←  011 1111 1111 1111 1000   （-8 的补码形式）
```

（3）按位右移运算

按位右移运算（>>）的一般语法格式如下：

　　操作数>>右移位数

功能是把操作数在内存中的二进制位整体向右移若干位（由右边的"右移位数"指定）。右移运算时，高位（左边）补 0，低位（右边）移出部分被舍弃。例如：

```
short int a=5,b=32767;
a=a>>3;
b=b>>3;
```

则 a 的值为 0，b 的值为 4095，其运算过程如下：

```
        0000 0000 0000 0101         （5 的二进制形式）
  →  0000 0000 0000 0000 101       （0 的二进制形式）
        0111 1111 1111 1111         （32767 的二进制形式）
  →  0000 1111 1111 1111 111       （4095 的二进制形式）
```

其中，针对有符号数右移时，最高位是补 0 还是补 1 取决于 C 语言编译系统。

（4）按位与运算

按位与运算（&）的一般语法格式如下：

　　操作数 1 & 操作数 2

功能是把两个操作数在内存中的二进制数按对应位进行与运算，和逻辑与相似，如果对应位均为 1，则该位为 1，否则为 0。例如：

```
short int a=15,b=12,c;
c=a & b;
```

则 c 的值 12，其运算过程如下：

```
        0000 0000 0000 1111    （15 的二进制形式）
  &  0000 0000 0000 1100    （12 的二进制形式）
  得  0000 0000 0000 1100    （12 的二进制形式）
```

（5）按位异或运算

按位异或运算（^）的一般语法格式如下：

　　操作数 1 ^ 操作数 2

功能是把两个操作数在内存中的二进制数按对应位进行异或运算，如果对应位相同

（同为1或同为0），则该位为0，否则为1（对应位不同时）。例如：

```
short int a=15,b=12,c;
c=a ^ b;
```

则 c 的值 3，其运算过程如下：

```
    0000 0000 0000 1111        （15 的二进制形式）
^   0000 0000 0000 1100        （12 的二进制形式）
得  0000 0000 0000 0011        （3 的二进制形式）
```

（6）按位或运算

按位或运算（|）的一般语法格式如下：

操作数1 | 操作数2

功能是把两个操作数在内存中的二进制数按对应位进行或运算，与逻辑或相似，如果对应位均为0，则该位为0，否则为1。例如：

```
short int a=15,b=12,c;
c=a | b;
```

则 c 的值 15，其运算过程如下：

```
    0000 0000 0000 1111        （15 的二进制形式）
|   0000 0000 0000 1100        （12 的二进制形式）
得  0000 0000 0000 1111        （15 的二进制形式）
```

【例 2-5】输出一个变量的地址（十六进制），同时输出该地址的各字节（从高到低）的值。运行环境：Visual C++ 6.0。

解题分析：利用位运算求出各字节的值，并存入字符型变量，最后以十六进制输出。

程序代码：

```
#include <stdio.h>
int main()
{
    int a,p;
    char c1,c2,c3,c4;           //字符变量占用1字节内存空间
    p=(int)(&a);                //获取变量a的地址，并强制转换为整型
    c1=p>>24 & 0X000000FF;      //获取第1字节（高字节，最左侧字节）
    c2=p<<8>>24 & 0X000000FF;   //获取第2字节
    c3=p<<16>>24 & 0X000000FF;  //获取第3字节
    c4=p<<24>>24 & 0X000000FF;  //获取第4字节（低字节）
    printf("a的地址:0X%08X\n",&a);
    printf("第1字节:0X%02X\n",c1);
    printf("第2字节:0X%02X\n",c2);
    printf("第3字节:0X%02X\n",c3);
    printf("第4字节:0X%02X\n",c4);
    return 0;
}
```

运行结果：

```
a 的地址:0X0019FF2C
第1字节:0X00
第2字节:0X19
```

　　第 3 字节:0XFF
　　第 4 字节:0X2C

程序分析:

　　Visual C++ 6.0 是 32 位编译系统,一个变量的地址与整型(int)变量一样,是占用 4 字节的整数,但含义不一样,所以地址的值需要强制转换为 int 型,再赋值给整型变量 p。

　　获取高字节(第 1 字节)的过程如下:首先把 p 的值向右移 24 位,即把高 8 位(最左边)移到低 8 位(最右边);再与 0X000000FF 进行按位与运算,即保留低 8 位的值,高 24 位变为 0;最后把低 8 位赋值给字符变量(1 字节)c1。

　　获取第 2 字节的过程如下:

p	0000 0000 0001 1001 1111 1111 0010 1100	(0X0019FF2C)
<<8	0001 1001 1111 1111 0010 1100 0000 0000	(0X19FF2C00)
>>24	0000 0000 0000 0000 0000 0000 0001 1001	(0X00000019)
&	0000 0000 0000 0000 0000 0000 1111 1111	(0X000000FF)
得	0000 0000 0000 0000 0000 0000 0001 1001	(0X00000019)
c2	0001 1001	(0X19)

　　同理,获取第 3、4 字节的数据。当然,获取字节数据的方法可以有多种,如获取第 2 字节使用如下语句:

```
c2=(p & 0X00FF0000)>>16;
```

最后以十六进制形式输出各变量的值。

2.3.10　数据类型转换

1. 算术转换

　　在程序中经常会遇到不同类型的数据间进行运算,如 5/2.0。如果一个运算符两边的数据类型不同,则先将类型自动转换成同一种类型,然后进行运算。因此,整型、浮点型、字符型数据间可以进行混合运算。类型转换规则如图 2.11 所示。

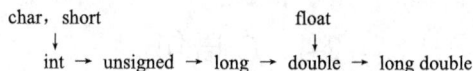

图 2.11　类型转换规则

　　图 2.11 中,纵向是必须转换,如两个 float 型数据相加,必须先将 float 型转换为 double 型后再相加;横向表示方向,如 3+2.5,把 3 和 2.5 先转换为 double 型后再相加,结果 5.5 也是 double 型。因此,**算术表达式中只要有一个实数,其结果必为 double 型**。

2. 赋值转换

　　如果赋值运算符两边的类型一致,则直接进行赋值;如果赋值运算符两边的类型不一致,在赋值时要进行类型转换。类型转换是由系统自动进行的,转换规则如下。

　　1)将整型(short int、int、long int)赋值给浮点型(float、double),数值不变,但以浮点数据形式存储到变量中,小数部分值为 0。

　　2)将浮点型(float、double)赋值给整型(short int、int、long int),舍弃小数部分。

例如，a 为 int 型变量，执行赋值表达式：a=123.456，则 a 的值为 123。

3）将字符型（char）赋值给整型（short int、int、long int），由于字符型只占用 1 字节，因此整型变量的低 8 位为字符的 ASCII 码值，而高位由 ASCII 码的最高位填补。

4）将整型（short int、int、long int）赋值给字符型（char），只是把低 8 位赋值给字符变量，高位被舍弃。

5）有符号整型变量赋值给无符号整型变量，是把内存中的二进制数字原样复制，所以负数可能转换为正数。

6）无符号整型变量赋值给有符号整型变量，也是把内存中的二进制数字原样复制，此时若最高位（符号位）为 1，则按负数处理。

7）将占字节多的整型（int、long int）赋值给占字节少的整型（short int），只将其低字节数据原封不动地复制到被赋值的变量中，高字节数据被舍弃。

通常要避免把占用字节多的数据赋值占用字节少的变量，因为赋值后数值可能失真。如果一定要赋值，应当确保赋值后数值不会失真，即所赋的值在变量允许的范围内。

3. 强制类型转换

除了在算术运算和赋值过程中进行自动类型转换外，C 语言还提供了强制类型转换功能，可以在表达式中使用强制类型转换运算符对运算对象进行类型转换，其一般语法格式如下：

(类型名) (表达式)

功能是将表达式的运算结果强制转换成指定的类型。其中，**类型名两边的圆括号是必需的**，不能写成 int 3.45，而应该是(int)3.45。另外，要注意(int)3.45/2 与(int)(3.45/2)的区别，前者是将 3.45 转换成 3 再与 2 相除，后者是将 3.45/2 的运算结果 1.725 转换成 1。

无论是自动类型转换还是强制类型转换，都只是对本次运算进行的临时转换，不改变原有变量或运算对象的类型。

2.4　C 语句

C 语言程序的主要组成部分是函数，函数的函数体包含声明部分和执行部分，执行部分由语句组成。语句的作用是向计算机系统发出操作指令，要求执行相应的操作。一个 C 语句经过编译后产生若干条机器指令。声明部分不是语句，只是对有关数据的声明，其不产生机器指令。

C 语句可分为以下 4 类。

1. 控制语句

控制语句用于控制程序的流程。控制语句可分为 3 类，共有 9 种。

1）条件判断语句：if 语句和 switch 语句。

2）循环语句：for 语句、while 语句和 do-while 语句。

3）转向语句：continue 语句、break 语句、return 语句和 goto 语句。

2. 表达式语句

表达式语句是指在各种表达式之后加分号";"的句子，**分号是语句的结束标志**。例如：

```
x=3;          //赋值表达式语句
i++;          //自加运算表达式语句
a=1,b=2;      //逗号表达式语句
```

这些都是常见的表达式语句，特别是赋值表达式语句，简称赋值语句。有些表达式语句不常用，也没有意义。例如：

```
a+b;          //算术表达式语句，没有实际用处
3;            //常量表达式语句，没有意义
```

另外，函数调用也是表达式的一种形式。在函数调用末尾加上分号，构成一个表达式语句，其作用是完成一次函数调用。例如：

```
printf("Hello World!\n");        //调用输出函数语句
```

从以上例子可以看到，一个表达式的最后加上一个分号就构成了一个语句，分号是语句不可缺少的组成部分，而不是两个语句间的分隔符。例如：

```
a=3;b=5       //编译时将提示语法错误，"a=3;"是赋值语句，但"b=5"是赋值表达式
```

3. 复合语句

复合语句是指用一对花括号"{}"括起来的声明和一些语句，其组成了一个语句块。例如：

```
{
    int t;
    t=x;
    x=y;
    y=t;
}
```

上述复合语句的功能是实现 x 和 y 值的交换。它是一个整体，要么全部执行，要么全部不执行。在 C99 标准中，允许将声明部分放在复合语句中的任何位置，但习惯把声明部分放在语句块的开头位置。

复合语句常用于 if 语句和循环语句中。此外，复合语句还可以嵌套使用，即复合语句中还可以包含复合语句。

4. 空语句

空语句是指只有一个分号";"的语句，它是什么也不执行的语句，是 C 语言中最简单的语句。空语句可以作为循环语句中的空循环体，表示循环体什么也不做。

2.5　输入和输出

输入是指通过输入设备将数据送到计算机中，输出是指将计算机中的数据送到输出设备。通常将键盘作为标准输入设备，将显示器作为标准输出设备。也可以将第 7 章介

绍的文件作为输入或输出设备。

在 Microsoft Visual C++ 6.0 中有两种输入/输出方式。

1）通过调用 C 语言的标准库函数实现，程序中必须包含头文件"stdio.h"。常用的有字符输入函数 getchar()和字符输出函数 putchar()、标准格式输入函数 scanf()和标准格式输出函数 printf()、字符串输入函数 gets()和字符串输出函数 puts()等。

2）通过对象数据流实现，程序中必须包含头文件"iostream.h"。

2.5.1　字符的输入和输出

1. 字符输入函数 getchar()

字符输入函数 getchar()是一个无参函数，其作用是从计算机终端（一般指键盘）获得一个字符。若要获得多个字符，必须使用多个 getchar()函数。getchar()函数可以接收回车字符。

2. 字符输出函数 putchar()

字符输出函数 putchar()的功能是将指定字符变量或常量送到计算机终端（一般指显示器）上显示出来，其一般语法格式如下：

```
putchar(c)
```
其中，c 可以是字符变量或常量、整型变量或常量（其值在字符的 ASCII 码范围内）。

例如：

```
char c='A';
putchar(c);
putchar('\n');
putchar(97);
```
运行结果如下：

```
A
a
```
当输出 A 后，第 2 个 putchar()函数输出一个换行符。由于 putchar()是输出字符的函数，因此其输出的是字符而不能输出整数。由于 97 是字符 a 的 ASCII 码值，因此第 2 行输出了字符 a。

【例 2-6】从键盘输入 3 个字母，并把它们输出到屏幕上。

解题分析：用 3 个 getchar()函数获得 3 个字母，并用 3 个 putchar()函数分别将其输出。

程序代码：

```
#include <stdio.h>
int main()
{
    char x,y,z;
    x=getchar();
    y=getchar();
    z=getchar();
```

```
        putchar(x);
        putchar(y);
        putchar(z);
        return 0;
    }
```

运行结果：

```
ABC↵
ABC
```

程序分析：

运行结果中第 1 行为输入，第 2 行为输出。需要注意的是，在用键盘输入信息时，并不是每输入一个字符，该字符就立即送到计算机中，而是先将这些字符暂存在键盘缓冲区中，直到用户按 Enter 键，才将这些字符一起读入计算机中，并按先后顺序分别赋给相应的变量。

如果在运行时，输入每一个字符后立即按下 Enter 键，则运行结果如下：

```
A↵
B↵
A
B
```

程序分析：

运行结果中，前两行为输入，后两行为输出。第 1 行输入的不是一个字符 A，而是两个字符：A 和换行符，其中把字符 A 赋值给变量 x，把换行符（'\n'即'\12'）赋值给变量 y；第 2 行再输入一个字符 B 及 Enter 键，则结束输入，并把字符 B 赋值给变量 z。因此，运行结果中先输出字符 A，然后输出换行符，最后输出字符 B。

2.5.2　标准格式的输入和输出

1. 标准格式输入函数 scanf()

scanf()函数是标准格式输入函数，其功能是按照指定格式说明从标准输入设备（一般指键盘）读取输入的数据，并存入地址列表指定的对应存储单元中，其一般语法格式如下：

```
scanf("格式控制字符串",地址列表);
```

其中，"格式控制字符串"的含义同 printf()函数；"**地址列表**"是由若干个地址组成的列表，可以是**变量的地址**，也可以是**字符串的首地址**。例如：

```
scanf("x=%d,y=%f",&x,&y);
```

（1）格式控制字符串

与 printf()函数中的格式控制字符串相似，此格式字符串以%和格式字符组成，中间可以插入附加字符，如%d 和%f；也可以包含普通字符，如 "x= ,y="，普通字符也要原样输入。scanf()函数常用的格式控制字符及功能说明如表 2.10 所示，常用的附加字符及功能说明如表 2.11 所示。

表 2.10　scanf()函数常用的格式控制字符及功能说明

格式控制字符	功能	示例（a 和 b 值均为十进制 65）	输入示例
d、i	输入十进制整数	int a,b; scanf("a=%d, a=%i",&a,&b);	正确：a=65, a=65↵ 错误：65□65↵
o	输入无符号八进制整数	int a,b; scanf("%o%o",&a,&b);	正确：101□101↵ 错误：101,101↵
x、X	输入无符号十六进制整数（大小写作用相同）	int a,b; scanf("%x,%X",&a,&b);	正确：41,41↵ 错误：41□41↵
u	输入无符号十进制整数	int a,b; scanf("%u:%u",&a,&b);	正确：65:65↵ 错误：65,65↵
c	输入一个字符	char a,b; scanf("%c%c",&a,&b);	正确：AA↵ 错误：A□A↵
s	输入一个字符串，将字符串送到一个字符数组中。输入时，遇到空格、Tab 键或 Enter 键结束，并自动加结束标志\0	char s[10]; scanf("%s",s);	输入：China
f、e、E、g、G	输入实数，可以用小数形式或指数形式输入	float a,b; scanf("%f%G",&a,&b);	正确：65<Tab>键 6.5e1↵ 错误：65,65↵

注："□"表示一个空格，"↵"表示一个回车符。

表 2.11　scanf()函数常用的附加字符及功能说明

附加字符	功能	示例	输入示例
l	在 d、o、x、u 前，输入 long 型	long int a; scanf("%ld",&a);	65536
	在 f、e、g 前，输入 double 型	double x; scanf("%lf",&x);	1.23456789
h	在 d、o、x、u 前，输入 short 型	short int a; scanf("%hd",&a);	输入：65538 a 的值为 2
n（宽度）	指定输入数据所占宽度（含小数点）	int a;float x; scanf("%2d%4f",&a,&x);	输入：123.45678 则 a 为 12，x 为 3.45
*	表示读到的数据不赋给相应的变量	int a,b; scanf("%2d%*2d%2d",&a,&b);	输入：123456789 则 a 为 12，b 为 56

（2）地址列表

地址列表是以逗号间隔的若干个地址组成的列表，变量的地址即在变量之前加上取地址运算符"&"，如&x、&y；或者字符数组的数组名（后续章节中介绍）。

（3）使用 scanf()函数时应注意的问题

1）格式控制字符串中的**普通字符要原样输入**。

2）地址列表中应当是变量地址，而不是变量名。例如，以下形式是错误的：

```
int x,y;
scanf("%d%d",x,y);
```

3）使用"%c"格式输入字符时，空格字符和"转义字符"中的字符都作为有效字符的输入。例如：

```
char c1,c2,c3;
```

```
scanf("%c%c%c",&c1,&c2,&c3);
```
运行时，应连续输入 3 个字符，中间不能有空。例如：
```
abc↵
```
若输入字符间加入空格，如：
```
a□b□c↵
```
则 c1='a'，c2='□'，c3='b'。

4）在输入数值数据时，如遇到**空格、Tab 键、Enter 键或非法字符**（不属于数值的字符），则认为该数据结束。例如：
```
int a; char c; float x;
scanf("%d%c%f",&a,&c,&x);
```
运行时，若输入如下数据：
```
123a45o.067↵
```
则第 1 个格式符"%d"接收一个整数，接收 123 后遇到字母 a，a 为非法字符，因此变量 a 的值为 123；字母 a 正好符合第 2 个格式符"%c"，因此变量 c 的值为'a'；第 3 个格式符"%f"为接收一个实数，而输入的最后字符 45o.067 中的第 3 个字符 o 为非法字符，因此变量 x 的值为 45；剩下的字符 o.067 没有被读入。

2. 标准格式输出函数 printf()

printf()函数的功能是按照指定格式向标准输出设备（一般指显示器）输出数据，其一般语法格式如下：
```
printf("格式控制字符串",输出列表);
```
例如：
```
printf("x=%d,y=%f\n",x,y);
```
printf()函数的括号内有两部分内容。

（1）格式控制字符串

格式控制字符串是用一对双撇号引起来的一个字符串，其作用是指定数据的输出格式。格式控制字符串包含两方面信息。

1）格式字符。格式字符是以"%"开头的单个字符，如%d、%f、%c 等，如表 2.12 所示。它的作用是将要输出的数据转换为指定格式后再输出。格式字符要与后面的输出列表中的数据个数相同，先后顺序要一一对应。

表 2.12　printf()函数中的格式字符及功能说明

格式字符	功能	示例	输出结果
d、i	输出十进制整数，正数的符号省略	int a=3; printf("a=%d, a=%i",a,a+1);	a=3, a=4
o	输出无符号八进制整数，前导 0 省略	int a=33; printf("a=%o",a);	a=41
x、X	输出无符号十六进制整数，前导 0x 省略，x 表示输出小写 a~f，X 表示输出大写 A~F	int a=46; printf("a=%x, a=%X",a,a+1);	a=2e, a=2F
u	输出无符号十进制整数	int a=-2; printf("a=%u",a);	a=4294967294
c	输出一个字符	char a='a'; int b=65; printf("a=%c, b=%c",a,b);	a=a, b=A

格式字符	功能	示例	输出结果
s	输出一个字符串	printf("%s", "China");	China
f	以小数形式输出单、双精度数，小数默认6位	float x=12.34; printf("x=%f",x);	x=12.340000
e、E	以指数形式输出实数，小数点前只有1位非零数字	float x=12.34; printf("x=%e\nx=%E",x,x);	x=1.234000e+001 x=1.234000E+001
g、G	选%f 或%e 格式中较短的一种形式输出，不输出无意义的0	float x=12.34; printf("x=%g\nx=%G",x,x);	x=12.34 x=12.34
%%	输出一个百分号	printf("%d%%",30);	30%

2）普通字符。**普通字符**是除格式字符以外的其他字符，是需要**原样输出**的字符，通常用于输出结果的提示或位置控制。例如，printf()函数中双撇号内的"x=, y= \n"都是普通字符，需要原样输出。

（2）输出列表

输出列表是指程序中需要输出的数据列表，可以是变量、常量或表达式，其个数和类型要与格式字符对应，多个输出列表之间用英文格式逗号隔开。

格式控制字符串中，还可以在%和格式字母之间加入修饰符，用于控制输出数据的精度、宽度和填充符等。printf()函数中的格式修饰符及功能说明如表 2.13 所示。

表 2.13　printf()函数中的格式修饰符及功能说明

修饰符	功能	示例	输出结果
l	在 d、o、u、x 前，输出 long 型	long int a=65536; printf("a=%ld",a);	a=65536
	在 f、e、g 前，输出 double 型	double x=1.2345678; printf("x=%lf",x);	x=1.234568
m	m 代表一个整数，表示输出数据的宽度。如果数据长度小于 m，则左边补空格，否则按实际输出	int a=34,b=12345; printf("a=%4d\nb=%4d",a,b);	a=□□34 b=12345
.n （小数点后的 n 代表一个整数）	对于实数，指定小数位数（四舍五入）	float x=23.456; printf("x=%7.2f\nx=%4.3f",x,x);	x=□□23.46 x=23.456
	对于字符串，表示截取前 n 个字符	printf("**%5.3s", "China");	**□□Chi
-	输出的数字或字符在指定宽度内左对齐（默认为右对齐）	int a=34; printf("a=%-4d\na=%4d",a,a);	a=34□□ a=□□34
+	对有符号的正数前显示"+"号	int a=34; printf("a=%-4d\na=%+4d",a,a);	a=34□□ a= +34
0	指定宽度左侧的空位用 0 填充	int a=34; printf("a=%04d\na=%+04d",a,a);	a=0034 a=+034
#	输出八进制数和十六进制数前显示 0 和 0x	int a=31; printf("a=%#o\na=%#x",a,a);	a=037 a=0x1f

注："□"表示一个空格。

2.5.3　输入/输出的安全问题

下面先通过一个简单的输入/输出程序，查看运行时的输入/输出结果。

【例 2-7】通过简单的输入/输出程序，查看运行结果。

程序代码：

```c
#include <stdio.h>
int main()
{
    int a;
    char s[4];      //定义一个能存储 3 个字符和结束标志\0 的字符串数组
    float x;
    scanf("%d%s%f",&a,s,&x);
    printf("a=%d,s=%s,x=%f\n",a,s,x);
    printf("a=%d,s=%s,x=%f\n",a,s);
    return 0;
}
```

运行结果：

```
12 abcdefg 3.14↵
a=6776421,s=abcdefg,x=3.140000
a=6776421,s=abcdefg,x=0.000000
```

程序分析：

运行结果中第 1 行为输入，第 2、3 行为输出。从运行结果中可以看出，这不是预期结果。原因主要是格式符"%s"能够接收不限长度的字符串，超出数组 s 的存储空间（数据溢出），覆盖了变量 a 原有的数据。第 2 个 printf()函数中格式符与输出项的个数不匹配，因此第 3 个数据是未知的数据。

通过例 2-7 可以看到，在使用格式化输入/输出函数时，攻击者能够通过完全或者部分控制格式字符串内容，使被攻击进程崩溃、查看栈的内容、查看内存内容或者写入任意内存位置，最终达到以被攻击进程的权限运行任意代码的目的。因此，在使用格式化输入/输出函数时，要注意：

1）输入/输出的内容与格式符是否匹配。

2）输入/输出字符串的有效长度。

3）缓冲区中剩余字符要及时处理（清理）。

学到这里，有的读者可能开始纠结是不是太难了，无法往下学习。作为初学者，不要急于探究如何解决安全问题，而是要先培养自己的安全思维、安全意识，为安全编程打下基础。

2.5.4　使用对象流实现输入和输出

在 C 语言中，使用 scanf()和 printf()函数进行输入/输出往往不能保证所输入/输出的数据是可靠的、安全的。例如：

```
scanf("%d",&i);       //i 为 int 型变量，正确，输入一个整数赋给 i
scanf("%d",i);        //i 为 int 型变量，但漏写了&
printf("%d",i);       //i 为 int 型变量，正确，输出 i 的值
printf("%d",f);       //f 为 float 型变量，输出 f 的整数部分
printf("%d","C++");   //输出字符串"C++"的起始地址
```

C 语言编译系统认为以上语句都是合法的，而不对数据类型的合法性进行检查，显然所得到的结果不是人们所期望的。

C++语言为了与 C 语言兼容，保留了用 scanf()和 printf()函数进行输入和输出的方法，以便使过去所编写的大量的 C 语言程序仍然可以在 C++语言的环境下运行。在 C++语言的输入/输出机制中，编译系统对数据类型进行严格的检查，凡是类型不正确的数据都不可能通过。因此，C++语言的输入/输出操作是类型安全（type safe）的。

输入和输出是数据传送的过程，数据如流水一样从一处流向另一处。C++语言形象地将此过程称为流（stream）。C++语言的输入/输出流是指由若干字节组成的字节序列，这些字节中的数据按顺序从一个对象传送到另一个对象。在输入操作时，字节流从输入设备（如键盘、磁盘）流向内存；在输出操作时，字节流从内存流向输出设备（如显示器、打印机、磁盘等）。

要使用对象流实现输入和输出，必须在程序中包含头文件"iostream.h"，其中 i 表示输入，o 表示输出，stream 表示流。

1. 标准输入流 cin

标准输入流是从标准输入设备（键盘）流向程序的数据。cin（console input）表示从标准输入设备（一般指键盘）获取数据，程序中的变量通过流提取符">>"从流中提取数据。流提取符">>"从流中提取数据时通常跳过输入流中的空格、Tab 键、换行符等空白字符。

注意：只有在输入完数据再按 Enter 键后，该行数据才被送入缓冲区，形成输入流，提取运算符">>"才能从中提取数据。

标准输入流的一般语法格式如下：

```
cin>>表达式 1>>表达式 2>>…>>表达式 n;
```

2. 标准输出流 cout

标准输出流是从内存流向标准输出设备（显示器）的流。cout（console output）表示在控制台（一般指显示器）上输出。cout 流中的数据是用流插入运算符"<<"顺序加入的，其一般语法格式如下：

```
cout<<表达式 1<<表达式 2<<…<<表达式 n;
```

例如：

```
int a=3;
cout<<"a="<<a<<endl;
```

运行时，按顺序将字符串"a="、变量 a 的值及 endl 插入 cout 流中，cout 将它们送到显示器，在显示器上输出"a=3"并换行。endl（end line）的功能是不论缓冲区是否已

满，都立即输出流中所有数据，然后插入一个换行符，并刷新流（清空缓冲区）。

注意：如果插入一个换行符'\n'（如 cout<<"a="<<a<<'\n'; ），则只输出"a=3"和换行，并不刷新 cout 流。

【例 2-8】将例 2-7 改为对象流输入/输出方式。

程序代码：

```
#include <iostream.h>
int main()
{
    int a;
    char s[4];
    float x;
    cin>>a>>s>>x;
    cout<<"a="<<a<<",s="<<s<<",x="<<x<<endl;
    return 0;
}
```

3. 格式输出

在输出数据时，为了方便，一般不指定输出格式，由系统根据数据的类型采用默认格式。但有时希望数据按指定格式输出，如要求以八进制或十六进制形式输出一个整数、浮点数保留两位小数等，其有两种方式可以实现：一是使用控制符，二是使用流对象的有关成员函数。

这里仅介绍控制符方式。控制符方式在使用时必须包含头文件"iomanip.h"。常用的格式控制符如表 2.14 所示。

表 2.14　常用的格式控制符

控制符	作用
dec	设置为十进制整数
hex	设置为十六进制整数
oct	设置为八进制整数
setbase(n)	设置整数为 n 进制（n 只能是 10、8、16 三者之一）
setfill(c)	设置填充字符 c，c 可以是字符常量或字符变量
setprecision(n)	设置实数的精度为 n 位。在以一般十进制小数形式输出时，n 代表有效数字
setw(n)	设置字段宽度为 n 位
setiosflags(ios::fixed)	设置浮点数以固定的小数位数显示
setiosflags(ios::scientific)	设置浮点数以科学记数法（指数形式）显示
setiosflags(ios::left)	输出数据左对齐
setiosflags(ios::right)	输出数据右对齐
setiosflags(ios::skipws)	忽略前导的空格
setiosflags(ios::uppercase)	输出字符大写形式，如科学记数法的 E 和十六进制的 X
setiosflags(ios::showpos)	输出正数时，给出"+"号
resetiosflags()	终止已设置的输出格式状态，在括号中应指定内容

【例 2-9】用控制符控制输出格式。

程序代码：

```
#include <iostream.h>
#include <iomanip.h>
int main()
{
    int a=31;
    char s[10]="China";
    double pi=22.0/7.0;
    cout<<"dec:"<<dec<<a<<endl;                  //以十进制形式输出整数
    cout<<setiosflags(ios::uppercase);           //科学记数法和十六进制字符大写
    cout<<"hex:"<<hex<<a<<endl;                   //以十六进制形式输出整数
    cout<<"oct:"<<oct<<a<<endl;                   //以八进制形式输出整数
    cout<<setw(10)<<s<<endl;                      //输出字符串，并设置宽度为10
    cout<<setw(10)<<setfill('*')<<s<<endl;        //设置宽度为10，填充为*
    cout<<setiosflags(ios::scientific);           //浮点数以科学记数法形式输出
    cout<<setprecision(8);                        //设置有效位数为8
    cout<<"pi="<<pi<<endl;                        //输出浮点数
    cout<<setprecision(4);                        //有效位数改为4
    cout<<"pi="<<pi<<endl;                        //输出浮点数
    cout<<setiosflags(ios::fixed);                //浮点数改为以小数形式输出
    cout<<"pi="<<pi<<endl;                        //输出浮点数
    return 0;
}
```

运行结果：

```
dec:31
hex:1F
oct:37
     China
*****China
pi=3.14285714E+000
pi=3.1429E+000
pi=3.143
```

程序分析：

从程序中可以看出，涉及格式输出对象流方式相对烦琐。由于 Visual C++全面兼容了 C 语言，因此在 Visual C++编程时，读者可以根据需要灵活使用输入/输出方式。

本 章 小 结

本章主要介绍了 C 语言的语言要素及可能引发的编程安全问题，具体如下。

1）数据类型决定了一个数据的存储形式、占用内存的大小、取值范围及可参与的运算方式。

2）数据类型主要有 4 类：基本类型、构造类型、指针类型和空类型。其中，基本类型包括整型、浮点型和字符型，构造类型包括数组、结构体、共用体和枚举型。

3）标识符用来标识程序中的实体对象。标识符只能由字母、数字和下划线 3 种字符组成，第 1 个字符必须为字母或下划线，不能与关键字同名，并且严格区分大小写。

4）常量是指程序运行过程中其值保持不变的量。常量可以分为直接常量和符号常量。

① 整型常量：八进制以 0 开头，十六进制以 0x 或 0X 开头。

② 浮点型常量：以小数形式或指数形式表示的实数。

③ 字符型常量：一对单撇号"'"括起来的单个字符，如'a''5''F''!'等。

④ 转义字符：以反斜杠"\"开头，将其后的字符转变成另外的含义，如'\n'。

⑤ 字符串常量：一对双撇号"" ""括起来的 0 个或多个字符序列，如"China"。字符串的结束标志是'\0'。

⑥ 符号常量：用编译预处理命令#define 定义的标识符。

5）变量是指在程序的执行过程中其值可以被改变的量。变量具有三要素：变量类型、变量名和变量值。变量要先定义后使用。在未赋值之前，变量的值是不确定的。

6）常变量是指在定义变量并初始化的同时加上关键字 const，则该变量的值在程序执行过程中是不能被改变的。

7）栈是一种受限的线性表。栈的操作有进栈和出栈，操作一端称为栈顶，另一端称为栈底。栈的操作特点是先进后出或后进先出。

8）缓冲区溢出：若给后面定义的变量赋一个超出其范围的数据，则可能覆盖前面定义的变量中的内容。

9）运算符和表达式：运算对象数目（单目、双目、三目）、结合性、优先级。

① 算术运算符：+、-、*、/、%。/两边均为整数时，进行整除；%两边为整数。

② 赋值运算符：=，注意与等于"=="的区别，复合赋值运算符：+=、-=、*=、/=、%=。

③ 自加和自减运算符：++、--。

④ 关系运算符：>、>=、<、<=、==、!=。结果为逻辑值：真为 1，假为 0。

⑤ 逻辑运算符：!、&&、||。运算对象：非 0 为真，0 为假。注意，短路现象。

⑥ 条件运算符：? : 。可代替简单的 if 语句。

⑦ 逗号运算符：,。最后一个表达式的值即为整个逗号表达式的值。

⑧ 求字节运算符：sizeof()求变量或类型占用的内存字节数。

⑨ 位运算符：~、<<、>>、&、|、^。对内存中的二进制位进行运算。

⑩ 数据类型转换：自动转换和强制转换。表达式运算中若有实数，结果为 double型。强制转换：（类型）（表达式）。

10）C 语句：控制语句、表达式语句（以分号";"结尾）、复合语句（花括号"{}"括起的语句块）、空语句（只有一个分号）。

11）输入和输出。标准输入/输出函数在使用前必须包含头文件"stdio.h"。

① 字符输入/输出：getchar()和 putchar()。

② 格式化输入/输出：scanf()和 printf()。

对象流输入/输出在使用前必须包含头文件"iostream.h"。

① 标准输入流：cin。

② 标准输出流：cout。

12）在编程过程中需要注意以下事项，否则可能引起安全问题。

① 在使用前声明标识符。

② 不要声明或定义保留标识符。

③ 不要依赖求值顺序，以避免副作用。

④ 不要读取未初始化的内容。

⑤ 不要修改常量对象。

⑥ 确保无符号整数运算不产生回绕。

⑦ 确保整数转换不会造成数据丢失或者错误解释。

⑧ 确保有符号整数的运算不会造成溢出。

⑨ 确保除法和余数运算不会造成 0 除数错误。

⑩ 不要用负数或者不小于操作数位数的位数对表达式进行移位。

⑪ 使用正确的整数精度。

⑫ 确保浮点数转换在新类型的范围内。

⑬ 从格式字符串中排除用户输入。

⑭ 使用有效格式字符串。

习　题

1. 下列哪些标识符是合法的？

(1) Int　　　(2) a123　　　(3) a_123　　　(4) _123　　　(5) #123　　　(6) int

(7) a@b　　　(8) 变量1　　　(9) If　　　(10) 456　　　(11) a b　　　(12) pi

2. 下列哪些常量是合法的？

(1) 123　　　(2) 0123　　　(3) 078　　　(4) 0xabc　　　(5) 'ab'　　　(6) '\189'

(7) '\101'　　　(8) "ab"　　　(9) 1.23　　　(10) 1e2.5　　　(11) e3　　　(12) 1e3

3. 分析下列表达式的类型、运算结果的数据类型和值、各变量的值。

(1) 'a'+5/2+10%3

(2) float a=5; a='\101'+a/2

(3) int a,b,c; c=(a=20)/(b=6)

(4) int a=3; a+=a*=a-=a+a

(5) short int a=32766; a+=2

(6) int i=3,j=4,x; x=i+++j++

(7) int a=3,b; b=-10<a<2

(8) int a=1,b=2,c,d; (c=a++>1) && (d=++b)

(9) int a=1,b=2,c,d; (c=++a>1) || (d=b++)

(10) int a=1; a=--a?++a:--a

(11) int a; char c='3'; a=c>='0' && c<='9'?c-'0':c

(12) int a,b,x; x=(a=3,b=4,a+b,a++,a*b)

(13) long int a=1; a=sizeof(++a)+sizeof(double)

(14) int a=-3,b=3,x; x=a^b

(15) unsigned int a=-16; int b; b=a>>3 & 0x000000FF

(16) double x=5.67,y,z; y=(int)x+0.6,z=(int)(x+0.6)

4. 分析下列程序，可能存在什么问题，为什么？应如何修改？

```c
#include <stdio.h>
int main()
{
    int r;
    float area;
    const float PI=3.14F;
    printf("\nPlease input radius r:");
    scanf("%d",r);
    area=PI*r*r;
    printf("area=%f\n",area);
    return 0;
}
```

5. 分析下列程序，可能存在什么问题，为什么？应如何完善？

```c
#include <stdio.h>
int main()
{
    int x,y,aver;
    printf("\nPlease input x,y:");
    scanf("%d%d",&x,&y);
    aver=(x+y)/2;
    printf("aver=%d\n",aver);
    return 0;
}
```

6. 分析下列程序，可能存在什么问题，为什么？应如何完善？

```c
#include <stdio.h>
int main()
{
    int f;
    float x,y;
    printf("\nPlease input x,y:");
    scanf("%f%f",&x,&y);
    f=x==y?1:0;
    printf("f=%d\n",f);
    return 0;
}
```

7. 有下列程序，要使 a=3，b=5，c1='A'，c2='a'，x=12.3，y=45.67，则应如何输入？

```
#include <stdio.h>
int main()
{
    int a,b;
    char c1,c2;
    float x,y;
    scanf("a=%d,b=%d",&a,&b);
    scanf("%c,%c",&c1,&c2);
    scanf("%f:%f",&x,&y);
    printf("a=%d,b=%d\n",a,b);
    printf("c1=%c,c2=%c\n",c1,c2);
    printf("x=%f,y=%e\n",x,y);
    return 0;
}
```

8. 编写程序，输出如下菱形图案。

```
   *
  ***
 *****
  ***
   *
```

9. 编写程序，输入两个整数 x 和 y，将其值交换后再输出它们的值。

10. 编写程序，输入一个 3 位整数，逆序输出，如输入 123，则输出 321。

11. 编写程序，求 $y = \dfrac{\sqrt{|x^3 - 5|}}{x + 3}$ 。其中，x 由键盘输入，计算后，输出 y 的值（小数保留两位）。

12. 编写程序，实现对字符串（长度为 4）进行加密。加密规律：用原来字母的后面第 3 个字母替换原来的字母（Z 字母的后面是 A），即 A（a）用 D（d）替换，B（b）用 E（e）替换，X（x）用 A（a）替换，Y（y）用 B（b）。例如，输入 Zero，则输出 Chur。输入/输出使用 getchar() 和 putchar() 函数。

13. 编写程序，输入一个整数（占 4 字节），从高字节到低字节顺序输出各字节的值（十六进制形式）。

第 3 章　程序的控制结构

在第 1 章中已经简要介绍了结构化程序设计方法，其是采用自顶向下、逐步细化以及单入口单出口模块化的程序设计思想，即把一个大问题逐步分解为一些小问题，直到不用分解为止，每个模块解决一个小问题。每个模块可以用顺序结构、选择结构和循环结构 3 种基本结构组合而成。

本章主要介绍顺序结构、选择结构和循环结构的控制语句及语法格式要求，以及在使用过程中可能存在的一些安全问题。

3.1　顺　序　结　构

顺序结构是一种最简单的程序结构，就是按照代码书写顺序执行的程序结构。编写程序解决一个问题，好比一台机器生产一个产品。生产产品的一般步骤如下：第 1 步，分析考虑需要用到哪些原料（数据），以及它们的存放形式和存放位置，即声明原料；第 2 步，向机器输送各种原料，即输入；第 3 步，对各种原料进行加工处理，即加工（计算）；第 4 步，打包产品，即输出。因此，编写顺序结构程序可以理解为以下 4 步。

第 1 步：声明变量或常量。认真分析问题，考虑程序中需要用到哪些类型的数据。

第 2 步：输入数据。初始化变量，或通过输入函数为各种类型变量赋值。

第 3 步：计算。通过赋值语句把各种表达式的运算结果（含中间结果）赋值给变量。

第 4 步：输出结果。通过输出函数把结果按指定格式输送到指定位置。

简单地说，顺序结构程序的内容一般包含声明部分、输入函数、赋值语句和输出函数。

【例 3-1】 输入三角形的三边长度，输出该三角形的面积。

解题分析：设三角形的三边边长为 a、b、c，假设 a、b、c 的值能构成三角形，根据数学知识，已知三边求三角形面积的公式为

$$area = \sqrt{s(s-a)(s-b)(s-c)}$$

式中，s=(a+b+c)/2。

按照顺序结构程序的内容，可先声明 5 个 float 型变量 a、b、c、s、area，接着输入 3 个浮点数赋值给 a、b、c，再通过两个赋值语句计算出面积，最后输出该三角形的面积。因程序中要用到平方根函数 sqrt()，因此程序的开头还需包含头文件 "math.h"。

程序代码：

```c
#include <stdio.h>
#include <math.h>                    //数学函数的头文件
int main()
{
    float a,b,c,s,area;              //声明 5 个变量
    printf("\nPlease input a,b,c: "); //输出提示信息
```

```
        scanf("%f%f%f",&a,&b,&c);              //输入 3 条边长
        s=(a+b+c)/2;
        area=sqrt(s*(s-a)*(s-b)*(s-c));        //计算面积
        printf("area=%.2f\n",area);            //输出面积，小数保留 2 位
        return 0;
    }
```

运行结果：

```
    Please input a,b,c: 3 4 5↵
    area=6.00
```

程序分析：

该程序为典型的顺序结构，程序执行时，首先要求输入 3 个数据，然后计算并输出结果。如果输入的 3 个数据不能满足构成三角形的条件（任意两边之和大于第三边），将得到错误的结果。因此，需要判断输入的数据是否满足构成三角形的条件，才能计算三角形的面积，这一功能必须由选择结构控制语句完成。

3.2 选 择 结 构

通过例 3-1 可以看出，顺序结构程序只能按照语句书写顺序从上往下一条一条地执行，不能根据某些条件有选择地执行某些语句。若要有选择地执行，则必须由选择结构控制语句实现。C 语言提供了两种类型的选择结构控制语句：if 语句和 switch 语句。

3.2.1 if 语句

if 语句的功能是根据给定条件的判定结果（真或假）选择执行某个分支的程序段。C 语言提供了 3 种形式的 if 语句：if 结构、if-else 结构和 if 语句嵌套结构。

1. if 结构

if 结构是一种单分支选择结构，其一般语法格式如下：

```
if(表达式)          ◄────── 这里无分号
    语句
```

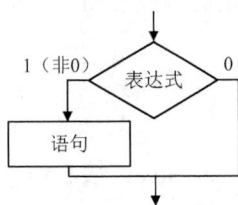

图 3.1 if 结构执行过程

其中，表达式可以为任意类型表达式（一般为关系表达式或逻辑表达式）。语句可以是任意类型语句，但只能是一个语句。若为多语句，则必须使用花括号 "{}" 括起变为复合语句。

功能如下：若表达式的值为 1（真）或非 0，则执行表达式后面的语句，否则直接执行后续语句。if 结构执行过程如图 3.1 所示。

【例 3-2】输入两个整数，按从小到大的顺序输出。

解题分析： 设整数为 x、y，如果 x 小于或等于 y，则其值保持不变，直接输出 x 和 y；如果 x 大于 y，则交换其值后再输出 x 和 y。交换两个数一般要借助一个临时变量 t，交换过程需要 3 个赋值语句，执行顺序如图 3.2 所示。

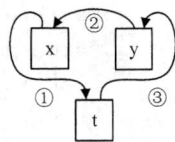

图 3.2 交换过程

程序代码：

```
#include <stdio.h>
int main()
{
    int x,y,t;
    printf("\nPlease input x,y: ");
    scanf("%d%d",&x,&y);
    if(x>y)
    {
        t=x;x=y;y=t;          //交换 x 和 y 的值
    }
    printf("Sorted: %d,%d\n",x,y);
    return 0;
}
```

运行结果：

```
第 1 次运行：
Please input x,y: 3 5↵
Sorted: 3,5
第 2 次运行：
Please input x,y: 5 3↵
Sorted: 3,5
```

程序分析：

该程序中，输入 scanf()函数中的格式字符串里含有普通字符","，因此在输入数据时必须原样输入。交换数据的 3 个赋值语句是一个整体，要么全部执行，要么都不执行，因此必须将其组成一个复合语句。若漏写了花括号"{}"，则 if 语句变为

```
if(x>y)
    t=x;x=y;y=t;
```

则执行结果为

```
Please input x,y: 3,5↵
Sorted: 5,-858993460 ◄──────── 不确定的值
```

这是因为 if 结构中仅包含一个语句，当 x>y 为真时，只执行"t=x;"，而"x=y;y=t;"这两个语句与 if 语句并列，即不论 x 是否大于 y，它们都要执行；当 x>y 为假时，"t=x;"不执行，"x=y;y=t;"却执行，因此 x 为 y 的值，y 为 t 的值，又因 t 未被赋值，所以 y 的值是不确定的。

2. if-else 结构

if-else 结构是一种双分支结构，其一般语法格式如下：

```
if(表达式)
    语句 1
else
    语句 2
```

功能如下：若表达式的值为 1（真）或非 0，则执行语句 1，否则执行语句 2。if-else

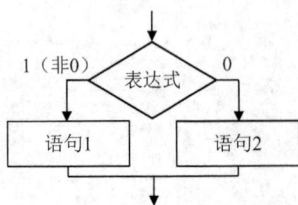

图 3.3　if-else 结构执行过程

结构执行过程如图 3.3 所示。不管表达式所限定的条件成立与否，语句 1 和语句 2 都会有一个并且只能有一个被执行。

【例 3-3】输入一个成绩，输出其是否及格信息。

解题分析：设成绩用 float 型变量 x 表示，输入 x 后，使用 if-else 双分支结构直接输出是否及格信息（pass 表示及格，fail 表示不及格）。

程序代码：

```
#include <stdio.h>
int main()
{
    float x;
    printf("\nPlease input x: ");
    scanf("%f",&x);
    if(x>=60)
        printf("%.1f is pass.\n",x);
    else
        printf("%.1f is fail.\n",x);
    return 0;
}
```

运行结果：

```
第 1 次运行：
Please input x: 78↵
78.0 is pass.
第 2 次运行：
Please input x: 55↵
55.0 is fail.
```

程序分析：

在程序中，通过判断条件 "x>=60" 的真假决定执行哪一条语句，若为真（1）则执行 "printf("%.1f is pass.\n",x);"，否则执行 "printf("%.1f is fail.\n",x);"。

值得注意的是，else 子句不能作为语句单独使用，其必须是 if 语句的一部分，与 if 语句配对使用。

3. if 语句嵌套结构

if 语句中的语句可以是任意类型语句，当然也可以是 if 语句本身，即一个 if 语句中又包含一个或多个 if 语句，称为 if 语句嵌套。if 结构和 if-else 结构可组合为图 3.4 所示 6 种嵌套形式。

图 3.4 中，实线框中的为外层 if 语句，虚线框中的为内嵌 if 语句。值得注意的是第（3）种形式，else 写在与第一个 if（外层 if）同一列上，看起来是与第一个 if 对应，但实际上是与第二个 if 配对，因为它们相距最近。也就是说，**else 总是与离其最近的且尚未配对的 if 配对**。

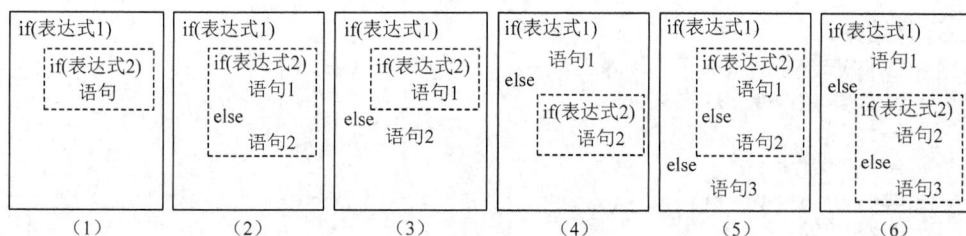

图 3.4　if 语句嵌套的 6 种形式

第（3）种形式中，若要真正实现 else 与第一个 if（外层 if）配对，必须对内嵌 if 加花括号来确定配对关系。例如：

```
if(表达式1)
    {
        if(表达式2)
            语句1
    }
else
    语句2
```

【例 3-4】有一分段函数：

$$y = \begin{cases} |x-5| & x<1 \\ x^2+1 & 1 \leqslant x < 10 \\ \sqrt{x+15} & x \geqslant 10 \end{cases}$$

写一程序，输入 x 的值，计算后输出 y 的值（小数保留 2 位）。

解题分析：因题目有 3 个条件，故可以写成 3 个单分支 if 语句。但为了提高执行效率，通常采用 if 语句嵌套结构。if 语句嵌套结构也有多种写法，可以写成（5）（6）两种形式。

程序代码：

```c
#include <stdio.h>
#include <math.h>
int main()
{
    float x,y;
    printf("\nPlease input x: ");
    scanf("%f",&x);
    if(x<1)
        y=fabs(x-5);        //fabs()为求浮点数绝对值函数
    else
        if(x<10)            //这里不用写为 x>=1，因为其已经是 x<1 的否定
            y=x*x+1;
        else
            y=sqrt(x+15);   //sqrt()为求平方根函数
    printf("y=%.2f\n",y);
    return 0;
}
```

运行结果：

```
第 1 次运行：
Please input x: -5↵
y=10.00
第 2 次运行：
Please input x: 5↵
y=26.00
第 3 次运行：
Please input x: 15↵
y=5.48
```

程序分析：

程序中采用了第（6）种形式编写 if 语句嵌套结构，当然也可以采用第（5）种形式编写，代码如下：

```
if(x<10)
    if(x<1)
        y=fabs(x-5);
    else
        y=x*x+1;
else
    y=sqrt(x+15);
```

对比以上两种写法，读者应该感觉到按照第（6）种形式编写更符合人们的认知习惯。因此，程序虽有多种写法，但最好按照人们的认知习惯编写。

此外，if 语句还可以多层嵌套，实现多分支选择结构，其一般形式可以规范写成：

```
if(表达式 1)
    语句 1
else if(表达式 2)
    语句 2
……
else if(表达式 n)
    语句 n
else
    语句 n+1
```

其执行过程如图 3.5 所示。

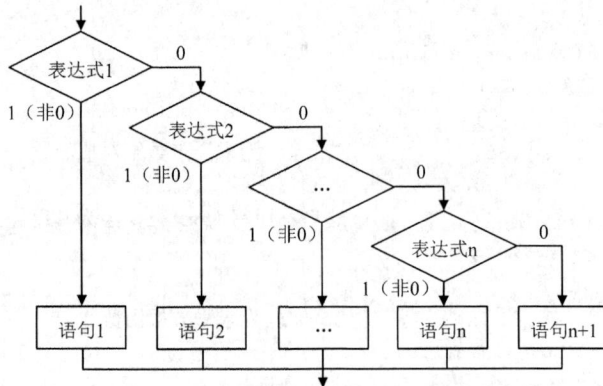

图 3.5 if 语句多层嵌套执行过程

【例 3-5】输入一个百分制成绩，输出它的成绩等级，即 90～100 分输出字母 A，80～89 分输出字母 B，70～79 分输出字母 C，60～69 分输出字母 D，0～59 分输出字母 E。

解题分析：首先，定义一个 float 型变量 score 表示成绩，再定义一个 char 型变量 grade 表示等级（A、B、C、D、E）；输入成绩 score 后，使用 if 多层嵌套语句判断成绩等级 grade；最后输出等级 grade。

程序代码：

```c
#include <stdio.h>
int main()
{
    float score;
    char grade;
    printf("\nPlease input score: ");
    scanf("%f",&score);
    if(score>=90)
        grade='A';
    else if(score>=80)
        grade='B';
    else if(score>=70)
        grade='C';
    else if(score>=60)
        grade='D';
    else
        grade='E';
    printf("%.1f grade is %c\n",score,grade);
    return 0;
}
```

运行结果：

```
第 1 次运行：
Please input score: 90↵
90.0 grade is A
第 2 次运行：
Please input score: 59↵
59.0 grade is E
```

程序分析：

程序中采用第（6）种形式多层嵌套 if 语句，实现了多分支选择结构。本程序也存在一些不足，如若输入小于 0 或者大于 100 的数据，即超出了百分制成绩的范围，输出结果是 E 或 A，这是错误的，应该给出相应的提示。请读者自行完善程序。

3.2.2　switch 语句

if 语句嵌套结构可以实现多分支选择结构，但当分支过多时，用 if 语句嵌套处理会比较复杂，容易出现 else 匹配错误，程序的可读性也会降低。因此，C 语言还提供了另一种多分支选择语句——switch 语句，其一般语法格式如下：

```
switch(表达式)
{
    case 常量表达式1:语句1
    case 常量表达式2:语句2
    …
    case 常量表达式n:语句n
    default:语句n+1
}
```

功能如下：先计算表达式的值，然后与常量表达式的值逐个比较。当表达式的值与某个常量表达式的值相等时，不再进行判断，直接执行该 case 后面的语句，并一直执行下去，直到 switch 语句结束或者遇到 break 语句，跳出 switch 语句；若表达式的值与所有 case 后面的常量表达式的值都不相等，则执行 default 后面的语句 n+1；若无 default 项，则直接退出 switch 语句，其执行过程如图 3.6 所示。

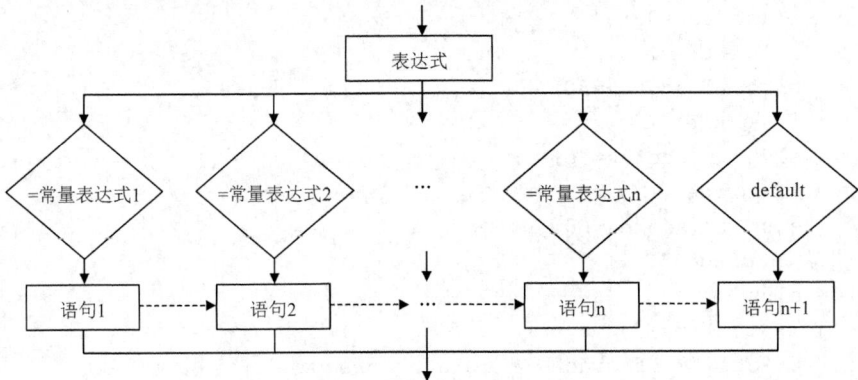

图 3.6 switch 语句执行过程

图 3.6 中的虚线箭头表示：当表达式的值与某一个常量表达式的值相等时，就不再判断，一直往下执行，直到执行语句 n+1 结束；除非遇到 break 语句，将终止执行 switch 语句。

【例 3-6】输入一个整数代表星期几，输出对应星期几的英文单词。

解题分析：可以用 1~7 对应一个星期的 7 天，如输入"1"，输出"Monday"；若输入 1~7 以外的数字，则输出"Input Error"。这是典型的多分支结构，可以采用 switch 语句实现。

程序代码：

```
#include <stdio.h>
int main()
{
    int n;
    printf("\nPlease input a number: ");
    scanf("%d",&n);
    switch(n)
```

```
        {
            case 1:printf("Monday\n");
            case 2:printf("Tuesday\n");
            case 3:printf("Wednesday\n");
            case 4:printf("Thursday\n");
            case 5:printf("Friday\n");
            case 6:printf("Saturday\n");
            case 7:printf("Sunday\n");
            default:printf("Input Error\n");
        }
        return 0;
    }
```

运行结果：

```
Please input a number: 5↵
Friday
Saturday
Sunday
Input Error
```

程序分析：

从运行结果可以看出，输入 5 之后，却执行了 case 5 及以后的所有语句，这不是希望的结果。之所以会出现这种情况，是因为在 switch 语句中，"case 常量表达式:" 相当于一个语句标号，当表达式的值与某标号相等时，则转向该标号执行，其相当于起到 "路标" 的作用，一旦进入便不再判断 "路标"，直到执行结束。

为了避免上述情况发生，C 语言提供了一个 break 语句，用于跳出 switch 语句。现将程序改为

```
    switch(n)
    {
        case 1:printf("Monday\n");break;
        case 2:printf("Tuesday\n"); break;
        case 3:printf("Wednesday\n"); break;
        case 4:printf("Thursday\n"); break;
        case 5:printf("Friday\n"); break;
        case 6:printf("Saturday\n"); break;
        case 7:printf("Sunday\n"); break;
        default:printf("Input Error\n");
    }
```

运行结果：

```
    Please input a number: 5↵
    Friday
```

下面对 switch 语句进行说明。

1）表达式和常量表达式的类型必须一致，且只能是整型或字符型。

2）case 之后的常量表达式可以是一个整数或整型常量表达式，也可以是字符常量表达式。但每一个常量表达式的值必须互不相同，否则会出现错误。

3）在 case 后允许有多个语句，并且可以不用花括号"{}"括起来，程序会自动按顺序执行该 case 后的所有可执行语句。

4）各 case 和 default 子句的先后顺序可以变动，不会影响程序执行结果。通常把 default 子句放在最后一项。

5）default 子句可以省略。当 switch 语句中没有 default 分支时，若所有 case 的匹配都失败，将不执行任何操作。

6）switch 语句中的 break 语句起着控制多分支结构的作用，即**在执行完某一分支的语句组之后，必须通过 break 语句才能退出 switch 语句**。如果被选择执行的某一分支的语句组后没有 break 语句，则在执行完该语句组之后，程序流程会继续执行下一个 case 的语句组，直到遇到一个 break 语句或后面所有的 case 语句均被执行完为止。

【例 3-7】用 switch 语句修改例 3-5 程序。输入一个百分制成绩，输出其成绩等级。

解题分析：百分制成绩 0~100 有 101 个整数，若直接采用实际成绩的整数，将使程序非常冗长。因此，将成绩的十位数（把成绩整除 10）作为判断选择条件，是该类型程序设计的最基本技巧。

程序代码：

```
#include <stdio.h>
int main()
{
    float score;
    char grade;
    printf("\nPlease input score: ");
    scanf("%f",&score);
    if(score<0 || score>100)
        printf("Input Error\n");
    else
    {
        switch((int)(score/10))
        {
            case 10:
            case 9:grade='A';break;
            case 8:grade='B';break;
            case 7:grade='C';break;
            case 6:grade='D';break;
            case 5: case 4:
            case 3: case 2:
            case 1: case 0:
                grade='E';break;
        }
        printf("%.1f grade is %c\n",score,grade);
    }
    return 0;
}
```

运行结果：

```
第 1 次运行：
Please input score: 200↵
Input Error
第 2 次运行：
Please input score: 45↵
45.0 grade is E
```

程序分析：

程序中，针对 switch 语句中表达式值较多的情形，首先通过数据的规律找出共性。例如，80～89，共性部分是十位数，那么可通过除 10 取整的方法得到，即(int)(score/10)。其次，根据 case 子句功能特点，对不同分数段可共用一组语句。例如，100 分（case 10:）和 90～99 分（case 9:）可以用一组语句，0～59 分也可以共用一组语句。

本程序中，if 语句中嵌入了 switch 语句。当然，switch 语句中的语句部分可以嵌入 if 语句，也可以嵌入 switch 语句，即 switch 语句嵌套。

3.2.3　选择结构应注意的问题

在使用选择结构语句过程中，必须注意以下一些问题，否则可能产生一些意想不到的问题，也可能引发一些安全问题。

1. if 语句

（1）空语句问题

初学时容易在 if()后加分号，如"if ();"。C 语言规定，分号就是一个完整的语句。因为 if 语句默认只能控制其接下来的第一条语句，所以空语句后的所有语句都与 if 语句无关。

（2）if 语句控制的范围问题

在 C 语言中，if 语句默认只能控制其接下来的第一条语句，如果想要控制多条语句，则必须将被包含的语句用花括号"{}"括起来，作为一个复合语句。例如：

```
#include <stdio.h>
int main()
{
    int x=3;
    if(x>1)
        printf("AA");
        printf("BB"); //无论 if 语句条件真假，都会输出，与 if 语句无关
    if(x>5)
        printf("CC");
        printf("DD"); //无论 if 语句条件真假，都会输出，与 if 语句无关
    return 0;
}
```

运行结果：

```
AABBDD
```

再如，改为如下程序：

```
int x=3;
if(x>1)
    printf("AA");
else if(x>5)
    printf("BB");
    printf("CC");        //无论 if 语句条件真假，都会输出，与 if 语句无关
else
    printf("DD");
```

程序编译出错，因为 else if 和 else 子句也是默认只能控制其接下来的第一条语句，这样就造成最后一个 else 子句无法与 if 配对。如果在中间插入多条语句，则需要用花括号"{}"括起来。

（3）等于号"=="错写成赋值号"="问题

例如，以下程序错把等于号"=="写成赋值号"="：

```
#include <stdio.h>
int main()
{
    char c;
    c=identify();        //identify()鉴定身份函数
    if(c='Y')
    {
        login();         //登录函数
        printf("Login succeeded!\n");
    }
    else
        printf("Illegal status,Login failed!\n");
    return 0;
}
```

程序分析：

假定程序中的 identify()函数的功能是对用户身份进行验证，若为合法用户则返回字符'Y'，否则返回'N'。if 语句中错把等于号"=="写成赋值号"="，这样会造成：无论 c 原来的结果是什么，现在被赋以'Y'值，即为非 0，则执行 login()登录函数，登录成功。

建议：若条件为变量与表达式比较是否相等，则写成"表达式==变量"如'Y'==c。这样，即使把等于号"=="错写成赋值号"="，编译也不会通过。

（4）浮点数的比较

在比较浮点数时，由于精度的问题，不能直接使用等于号"=="进行比较，应该使用两数差的绝对值小于或等于某个精度。例如，浮点数 x 和 y 精确到小数后两位，则 $|x-y| \leq 10^{-2}$，即 fabs(x-y)<=1e-2。粗略方法是可以先将浮点数转换为整数，然后进行比较。

2. switch 语句

（1）不要在 switch 语句第一个条件标签之前声明变量

如果程序开发人员声明变量，在第一个条件语句之前初始化它们，并尝试在任何条

件语句内部使用它们，那么这些变量的作用域在 switch 语句块中，但是不会被初始化，因此它们的值是不确定的。例如：

```
#include <stdio.h>
int main()
{
    int x=1;
    switch(x)
    {
        int y;          //不要在此声明变量
        y=3;            //此语句不被执行
        case 1:
            y++;
            x=x+y; break;
        default:
            y=y+2;
            x=x+y;
    }
    printf("x=%d\n",x);
    return 0;
}
```

运行结果：

```
x=-858993458    ←——————— 不确定的值
```

解决方法是将变量声明和初始化放在 switch 语句之前。

（2）default 子句

在编程过程中，若把 switch 语句中的 default 写成 defau1t，即把字母"l"写成数字"1"，则"defau1t:"会被当作标签，不再是所有常量表达式不符合时被执行的对象。

（3）不要漏写了必要的 break 语句

case 子句只是提供一个入口标号，如有匹配的入口标号，就从此标号开始执行下去，不再进行判断。如果漏写了必要的 break 语句，就会执行不该执行的语句，造成意想不到的结果。

3.3　循　环　结　构

在实际问题中，经常会遇到很多有规律的重复操作或运算，如输入全班学生的成绩、求平均成绩等，这在程序中需要重复执行某些语句，即需用循环结构进行控制。C 语言提供了 3 种循环结构：while 语句、do-while 语句和 for 语句。

3.3.1　while 语句

【引例】　求解 1+2+3+…+100 的值。

该题有多种求解方法，如可以使用等差数列求和公式，也可以使用逐个累加法。逐个累加法的求解过程如图 3.7 所示。可以写 100 行累加命令（s=s+1,s=s+2,…,s=s+100），但这种写法是不可取的。可以把等差数列的每个数看作 i，那么这 100 行命令即转换为 s=s+i，每执行一次后 i 自加 1，再回去判断 i 的值。当 i<=100 时，重复执行 s=s+i，i=i+1，这两个命令可看作循环体（重复体）；当 i>100 时，不再执行循环体，输出结果值 5050。计算机中通常采用这种方法。

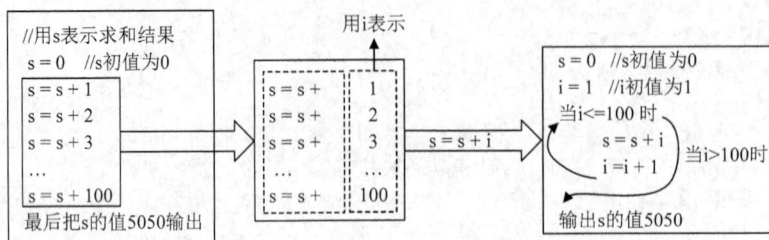

图 3.7　逐个累加法的求解过程

上例中，若把"当…时"用英文单词"while"表示，即是 while 语句。while 语句用来描述当型循环结构，其一般语法格式如下：

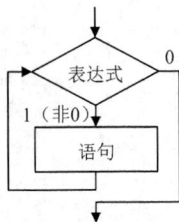

| while(表达式) | ←这里无分号 |
| 语句 | ←循环体 |

其中，表达式可以是任意类型的表达式，但通常是关系表达式或逻辑表达式；语句为循环体，通常是复合语句。

while 语句的功能如下：当表达式的值为 1（非 0）时，执行语句，否则执行其后续语句。while 语句执行过程如图 3.8 所示。

图 3.8　while 语句执行过程

【例 3-8】求 1+2+…+n 的值，其中 n（n>0）由键盘输入。

解题分析：程序中需要 3 个变量，即求和变量 s（初值为 0）、表示每个整数的变量 i（循环变量）和变量 n（表示终值）。该例使用逐个累加法实现，把引例中的 100 改为 n 即可。

程序代码：

```c
#include <stdio.h>
int main()
{
    int i,s,n;
    printf("\nPlease input n: ");
    scanf("%d",&n);
    s=0;            //初始化变量
    i=1;            //初始化变量
    while(i<=n)
    {
        s=s+i;
        i=i+1;      //可以写成"i++;"或"++i;"或"i+=1;"
    }
    printf("1+2+…+%d=%d\n",n,s);
    return 0;
}
```

运行结果：

```
Please input n: 1000↵
1+2+…+1000=500500
```

程序分析：

程序中，循环体有两个功能：一是求和（累加），二是修改循环变量的值。因此，循环体必须是一个复合语句。思考一下，若把 s=s+i 和 i=i+1 语句交换顺序，对结果有什么影响？应如何对程序做相应修改？

在运行过程中必须注意 n 的值，n 不宜过大，否则会使求和结果过大，造成整数溢出（回绕）。例如：

运行结果：

```
Please input n: 65536↵
1+2+…+65536=-2147450880
```

【例 3-9】 输出 1～100 能被 7 整除的偶数之和。

解题分析： 设 1～100 的每个整数用变量 i 表示。若整数能被 7 整除，则说明其余数为 0，即 i%7==0；若是偶数，则被 2 除的余数为 0，即 i%2==0；若要求被 7 整除的偶数之和，则在累加之前，必须使用 if 语句判断是否进行累加。

程序代码：

```c
#include <stdio.h>
int main()
{
    int i,s;
    s=0;
    i=1;
    while(i<=100)
    {
        if(i%7==0 && i%2==0)
            s=s+i;
        i=i+1;
    }
    printf("s=%d\n",s);
    return 0;
}
```

运行结果：

```
s=392
```

程序分析：

在 while 语句中嵌入 if 语句，可实现有条件数据的累加。

注意： 程序中的等于号 "==" 不要写成赋值号 "="，程序要写成缩进方式，提高可读性。

3.3.2　do-while 语句

do-while 语句用来描述直到型循环结构，但与其他语言（until 语句）有所不同，其一般语法格式如下：

```
do
    语句  ◄──────────── 循环体
while(表达式);  ◄──────── 这里有分号
```

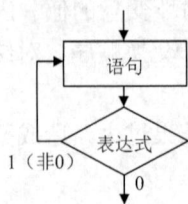

图 3.9　do-while 语句执行过程

其中，语句（循环体）若是多个语句，必须用花括号"{}"括起来；表达式可以是任意类型表达式，但通常是关系表达式或逻辑表达式。

do-while 语句的功能如下：先执行语句（循环体），再判断表达式。若表达式的值为 1（或非 0），则返回重新执行语句，如此反复，直到表达式的值为 0 时循环结束，其执行过程如图 3.9 所示。

使用 do-while 语句改写例 3-8 的程序，程序如下：

```
while(i<=n)  ◄──── 这里无分号        do
{                                    {
    s=s+i;                               s=s+i;
    i=i+1;                               i=i+1;
}                                    }while(i<=n);  ◄── 这里有分号
```

do-while 语句和 **while** 语句的区别在于：do-while 语句是先执行后判断，因此至少要执行一次循环体；而 while 语句是先判断后执行，若条件一开始就不满足，则循环体语句一次也不执行。

一般情况下，用 while 语句和 do-while 语句处理同一个问题时，两者的循环体是一样的，运行结果也是一样的。若有特殊要求，如循环体至少执行一次，那么必须选用 do-while 语句。

【例 3-10】输入两个正整数 x 和 y，输出它们的最大公约数 gcd（greatest common divisor）。

解题分析：可以采用公元前 300 年左右数学家欧几里得提出的辗转相除算法，其算法描述如下。

第 1 步：使 x>y。

第 2 步：求余数。

　　　　t=x%y;

　　　　x=y;

　　　　y=t;

第 3 步：若 t!=0，跳转到第 2 步，直到 t=0，执行第 4 步。

第 4 步：gcd=x，输出最大公约数。

程序代码：

```
#include <stdio.h>
int main()
{
    int x,y,t,gcd;
    printf("\nPlease input x,y:");
```

```
        scanf("%d%d",&x,&y);
        if(x<y)                //使 x 为较大者，y 为较小者
        {
            t=x;x=y;y=t;
        }
        do{
            t=x%y;
            x=y;
            y=t;
        }while(t!=0);
        gcd=x;
        printf("gcd=%d\n",gcd);
        return 0;
    }
```

运行结果：

```
Please input x,y:48 64↵
gcd=16
```

程序分析：

辗转相除算法要求 x≥y，因此输入数据以后，必须先对它们按从大到小进行排序，然后采用直到型循环结构实现辗转相除算法，求得最大公约数。

3.3.3 for 语句

在 C 语言中，for 语句是书写最为灵活、功能最强的语句，其完全可以替代 while 语句。通常也称 for 语句为计数循环语句，其一般语法格式如下：

```
for(表达式 1;表达式 2;表达式 3)
    语句  ◄─────── 循环体
```

其中，语句为循环体，若多个语句构成循环体，必须用花括号 "{}" 括起来。3 个表达式可以是任意类型表达式。但通常情况下，表达式 1 为赋值表达式，用于初始化循环控制变量；表达式 2 为关系表达式或逻辑表达式，作为循环条件；表达式 3 为赋值表达式，用于修改循环控制变量，改变循环条件的值。

功能是先计算表达式 1，再计算表达式 2，若表达式 2 的值为 1（或非 0），则执行语句（循环体），否则退出 for 语句；循环体执行完成以后，计算表达式 3，然后回去计算表达式 2。如此反复，直到表达式 2 的值为 0，才退出 for 语句，其执行过程如图 3.10 所示。

图 3.10 for 语句执行过程

for 语句的一般形式可以等价于如下形式的 while 语句：

```
表达式 1;
while(表达式 2)
    {
```

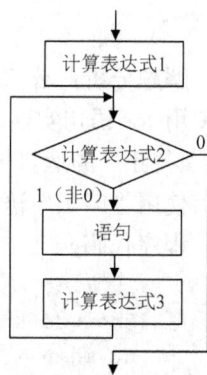

```
        语句
        表达式3；
    }
```

【例 3-11】使用 for 语句改写例 3-8，即求 1+2+···+n 的值，其中 n（n>0）由键盘输入。

程序代码：

```
#include <stdio.h>
int main()
{
    int i,s,n;
    printf("\nPlease input n: ");
    scanf("%d",&n);
    s=0;              //初始化变量
    for(i=1;i<=n;i++)
        s=s+i;
    printf("1+2+…+%d=%d\n",n,s);
    return 0;
}
```

运行结果：

```
Please input n: 100↵
1+2+···+100=5050
```

程序分析：

使用 for 语句解决一些数列问题，相对于 while 语句更加简洁。for 语句把循环变量的初始化和修改均放在 for 语句括号中，使得循环体更简单，只有一个语句，不用加花括号。

【例 3-12】用以下公式求圆周率 π 的近似值，计算到某一项的绝对值小于 10^{-6} 为止。

$$\frac{\pi}{4} \approx 1 - \frac{1}{3} + \frac{1}{5} - \frac{1}{7} + \frac{1}{9} - \cdots$$

解题分析：公式右侧是一个等差数列（1、3、5、7、9、···）的倒数之和，因此可以使用 for 语句实现。但是，每一项的正负号交替出现，为了解决这一问题，可以借助"负负得正"的运算规则。设一个符号变量 f，初始值为 1，用 f 乘以每一项后再累加，然后使用 "f=-f;" 语句改变符号，进入下一次循环。

程序代码：

```
#include <stdio.h>
#include <math.h>
int main()
{
    int i,f;
    double pi,t;          //pi 表示 π，t 表示每一项
    pi=0;                 //初始化变量
    f=1;                  //初始化变量
    t=1;                  //初始化变量
    for(i=1;fabs(t)>=1e-6;i+=2)
```

```
    {
        t=1.0/i;
        t=t*f;          //给每一项乘以符号
        pi+=t;          //使用了复合赋值运算符
        f=-f;           //修改符号
    }
    pi=pi*4;
    printf("pi≈%lf\n",pi);
    return 0;
}
```

运行结果：

```
    pi≈3.141595
```

程序分析：

程序中引用了一个实数绝对值函数 fabs()。求每一项 1/i 时要注意，因为 1 和 i 均是整数，1/i 为整除，因此要使用 1.0/i，即 t=1.0/i；或使用类型强制转换，即 t=(double)1/i。

下面对 for 语句作一些说明。

1）for 语句一般形式中的表达式 1（循环变量初始化）、表达式 2（循环条件）、表达式 3（修改循环变量）均是可选项，均可省略；但**两个分号是必需项，缺一不可**。

2）省略表达式 1，则必须在 for 语句之前给循环变量赋一个初值。例如：

```
    i=1;
    for(;i<=n;i++)
        s=s+i;
```

3）省略表达式 2，即不判断循环条件，循环将无终止地进行下去，通常称为**死循环**。例如：

```
    for(i=1;;i++)
        s=s+i;
```

相当于：

```
    i=1;
    while(1)
    {
        s=s+i;i++;
    }
```

4）省略表达式 3，这时应在循环体中加入修改循环控制变量的语句。例如：

```
    for(i=1;i<=n;)
        {s=s+i;i++;}
```

相当于：

```
    i=1;
    while(i<=n)
    {
        s=s+i;i++;
    }
```

5）同时省略表达式 1 和表达式 3，但两个分号不能省略。例如：

```
    i=1;
```

```
for(;i<=n;)
    {s=s+i;i++;}
```

相当于：

```
i=1;
while(i<=n)
{
    s=s+i;i++;
}
```

6）表达式 1 和表达式 3 可以是简单的表达式，也可以是逗号表达式。例如：

```
for(i=1,s=0;i<=n;s+=i,i++);
```

即使循环体的内容以表达式形态放入表达式 3 的位置，但循环体也不能省略，因此用空语句表示循环体。

3.3.4 循环结构应注意的问题

在使用循环结构语句过程中，必须注意以下一些问题，否则可能产生一些意想不到的结果，也可能引发一些安全问题。

1. 循环条件表达式

不要在循环条件中使用赋值表达式，初学者容易将等于号"=="误写为赋值号"="。例如：

```
while(x=y)
{ … }
```

2. 循环控制变量

在循环结构执行过程中要使循环条件能够转变为假，否则循环将永远执行下去，即死循环。例如，漏写了修改循环控制变量值的语句：

```
i=1;
while(i<=n)
{
    s=s+i;
}
```

3. 不要使用浮点变量作为循环计数器

因为浮点数代表实数，所以往往会有人错误地认为它们能够精确地表示任何简分数。浮点数和整数一样有表示的局限，二进制浮点数无法精确地表示所有实数，即使这些实际可以用少数十进制数字表示。

此外，因为浮点数可以表示大的数值，所以往往会有人错误地认为它们能够表示这些值的所有有效数字。为了获得大的动态范围，浮点数保持固定的精确位数（也称为有效位数）和一个指数，这限制了它们所能表示的有效数字。

不同的 C 语言实现有不同的精度限制，为了保持代码的可移植性，不应该将浮点变量用作循环计数器。例如：

```
float i;
for(i=0.1f;i<=1.0f;i+=0.1f)
{ ... }
```

十进制数 0.1 在二进制中是循环小数，无法精确地表示为二进制浮点数。不同的 C 语言编译系统，该循环可能执行 9 次或者 10 次。

4. 循环体

若多个语句构成循环体，必须使用花括号"{}"括起来。即使没有语句，也必须用一个空语句";"作为循环体。

3.4　循环的嵌套

循环的嵌套是指一个循环体内又包含另一个完整的循环结构。C 语言中，内嵌的循环中还可以嵌套循环，这就是多层循环。各种语言中关于循环的嵌套的概念都是一样的。3 种循环控制语句（while 语句、do-while 语句和 for 语句）可以相互嵌套，图 3.11 所示均是合法的形式。

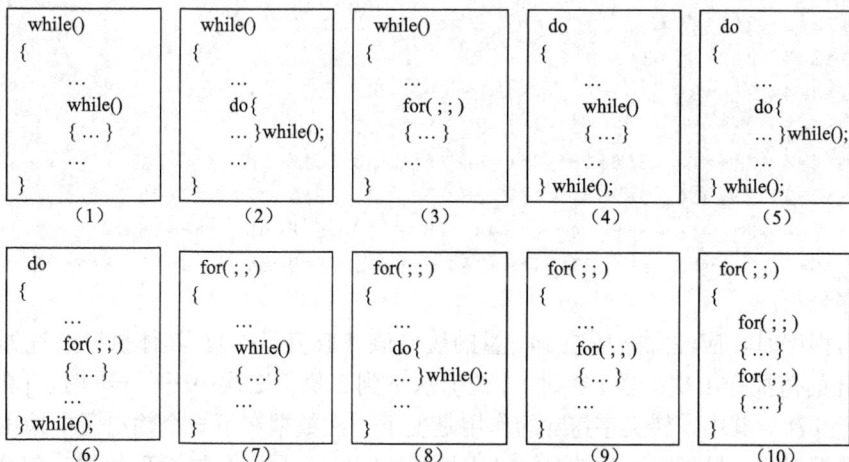

图 3.11　循环控制语句的不同嵌套形式

3 种循环控制语句可以组成多重循环，循环之间可以并列但不能交叉。可用转移语句（break 语句、goto 语句）把流程转向循环体外，但不能从外面转向循环体内。多层循环嵌套中内外层不能使用相同的循环控制变量，以免出现冲突；但并列循环可以用相同的循环控制变量。

循环嵌套的执行过程如下：外层循环每执行一次，都要等到内层循环执行结束，才能执行下一次外层循环。若外层循环执行 n 次，内层循环执行 m 次，那么内层循环的循环体共执行 n×m 次。

【例 3-13】输出九九乘法表。

解题分析：九九乘法表共有 81 个数据，以 9 行 9 列形式输出，可用一个整型变量 i（1≤i≤9）表示行，用另一个整型变量 j 表示列。由于每一行的列数刚好等于行的序号，因此 j 的取值范围为 1≤j≤i。为了输出 9 行 9 列的九九乘法表，可用循环嵌套的方法来实现，外层循环（循环变量 i）控制行，内层循环（循环变量 j）控制列。

程序代码：

```c
#include <stdio.h>
int main()
{
    int i,j;
    for(i=1;i<=9;i++)            //外层循环控制行
    {
        for(j=1;j<=i;j++)         //内层循环控制列
            printf("%d*%d=%d\t",j,i,i*j);
        printf("\n");             //换行
    }
    return 0;
}
```

运行结果：

```
1*1=1
1*2=2   2*2=4
1*3=3   2*3=6   3*3=9
1*4=4   2*4=8   3*4=12   4*4=16
1*5=5   2*5=10  3*5=15   4*5=20   5*5=25
1*6=6   2*6=12  3*6=18   4*6=24   5*6=30   6*6=36
1*7=7   2*7=14  3*7=21   4*7=28   5*7=35   6*7=42   7*7=49
1*8=8   2*8=16  3*8=24   4*8=32   5*8=40   6*8=48   7*8=56   8*8=64
1*9=9   2*9=18  3*9=27   4*9=36   5*9=45   6*9=54   7*9=63   8*9=72   9*9=81
```

程序分析：

编写程序时，应注意循环控制变量的边界值（取值范围）。具体执行过程如下：当 i=1 时，j 的值执行 1 次；当 i=2 时，j 的值从 1 到 2 执行 2 次……当 i=9 时，j 的值从 1 到 9 执行 9 次。其中，转义字符'\t'的作用是使下一次数据在下一个输出区中输出，以便上下行数据对齐。另外需注意的是，输出换行符'\n'语句属于外层循环体的一部分，即内层循环结束后才能输出换行符，即输出一行后才换行。

【例 3-14】求 1!+2!+…+7!的值。

解题分析：若先不考虑阶乘符号"!"，那么就可利用例 3-8 中的累加求和方法。但每一项又是阶乘（i! =1×2×…×i），此时也可以用类似累加求和方法，只是把累加改为累乘。因此，该例可利用循环嵌套实现，外层循环求累加，内层循环求累乘。

程序代码：

```c
#include <stdio.h>
int main()
{
    int i,j,s,t;                 //s表示求和结果，t表示每一项阶乘
```

```
        s=0;
        i=1;
        while(i<=7)                    //外层循环控制项数，并求和
        {
            t=1;                       //每一个阶乘的初值为 1，该语句不能省略
            for(j=1;j<=i;j++)          //内层循环求阶乘
                t=t*j;
            s=s+t;
            i=i+1;
        }
        printf("1!+2!+…+7!=%d\n",s);
        return 0;
    }
```

运行结果：

```
1!+2!+…+7!=5913
```

程序分析：

内外层循环控制语句可以使用 while 语句、do-while 语句和 for 语句中的任意一种，具体使用哪一种取决于个人编程习惯。内循环求阶乘时要注意，阶乘的初始值为 1，而且赋初值语句必须放在内循环之前，而不是外循环之前，即每一项阶乘的初始值都是 1。

对于程序的优劣，不仅要评价运行结果是否正确，而且要评价运行效率高低。本例中，读者看到的是不同项数据的累加，每一项又是求阶乘，因此，初学者很容易想到使用循环嵌套（外层循环求累加，内层循环求阶乘）。但是，本例中使用循环嵌套，内层循环的循环体"t=t*j;"执行次数为 28 次（28=1+2+3+4+5+6+7）。通过观察题目可知，每一项的阶乘都是上一项阶乘的结果再乘以外层循环的循环控制变量，如 4!=4×3!。因此，可以充分利用上一次阶乘结果作为这一次的初值，这样总循环次数就降为 7 次，大大提高了执行效率。程序代码修改如下：

```
#include <stdio.h>
int main()
{
    int i,s,t;              //s 表示求和结果，t 表示每一项阶乘
    s=0;
    t=1;                    //阶乘初始化
    for(i=1;i<=7;i++)
    {
        t=t*i;              //求阶乘
        s=s+t;              //求累加
    }
    printf("1!+2!+…+7!=%d\n",s);
    return 0;
}
```

3.5　其他控制语句

C 语言中还提供了其他控制语句，用于改变程序的正常流向，如 goto 语句、break 语句和 continue 语句等。

3.5.1　goto 语句

goto 语句也称为无条件转移语句，其一般语法格式如下：

```
goto 语句标号;
```

其中，语句标号要用合法的标识符表示。

goto 语句的功能是无条件转移到语句标号标注的位置。语句标号通过在其后面加上一个冒号来标注位置。例如：

```
label:
```

一般来说，goto 语句有以下两种用途。

1）与 if 语句一起构成循环结构。

2）从循环体内跳转到循环体外。

【例 3-15】用 goto 语句和 if 语句构成循环结构，求 1+2+…+n 的值。

程序代码：

```
#include <stdio.h>
int main()
{
    int i,s,n;
    printf("\nPlease input n: ");
    scanf("%d",&n);
    s=0;
    i=1;
label:              //语句标号位置
        s=s+i;
        i=i+1;
    if(i<=n) goto label;
    printf("1+2+…+%d=%d\n",n,s);
    return 0;
}
```

运行结果：

```
Please input n: 100↵
1+2+…+100=5050
```

程序分析：

程序中使用直到型循环结构，当满足"i<=n"时跳转到语句标号处；当不满足"i<=n"时直接向下执行，即退出循环。

结构化程序设计方法不主张使用 goto 语句，因为滥用 goto 语句将使程序流程无规律，可读性差。因此，通常只有在不得已时才使用 goto 语句，如在多层循环中从最内层跳到最外层。

3.5.2　break 语句

3.2.2 节中已经介绍过用 break 语句可以跳出 switch 语句，继续执行 switch 语句之后的语句。实际上，break 语句还可以用来跳出循环体，即提前结束循环语句，接着执行循环语句下面的语句。

【例 3-16】输入一个正整数 x，判断其是否为素数。素数（质数）是指只能被 1 和本身整除的正整数。

解题分析：根据素数的定义，可以使用穷举法（或称反证法），只要列举 2～(x-1)中有一个数能把 x 整除，就能证明 x 不是素数。为了提高执行效率，实际上只要列举到 $\sqrt{x}$ 就能判断 x 是不是素数，其程序流程如图 3.12 所示。

程序代码：

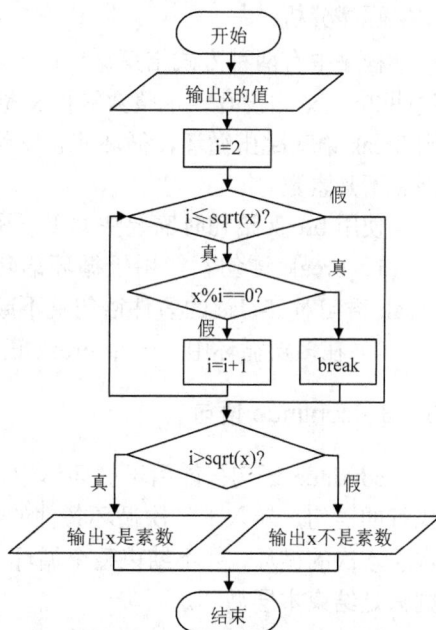

图 3.12　判断一个数是否素数的程序流程

```c
#include <stdio.h>
#include <math.h>
int main()
{
    int i,x;
    printf("\nInput x: ");
    scanf("%d",&x);
    i=2;
    while(i<=sqrt(x))
        if(x%i==0)
            break;
        else
            i=i+1;
    if(i>sqrt(x))
        printf("%d is prime.\n",x);
    else
        printf("%d is not prime.\n",x);
    return 0;
}
```

运行结果：

```
Input x: 97↵
97 is prime.
Input x: 98↵
98 is not prime.
```

程序分析：

程序中有两种方式结束循环：一是当循环条件为假时，即 i>sqrt(x)，循环正常结束，说明 2～$\sqrt{x}$ 中没有一个整数能把 x 整除，则 x 是素数；二是若 x%i==0 值为真（为 1），则 break 语句跳出循环，循环非正常结束，说明 2～$\sqrt{x}$ 中至少有一个整数能把 x 整除，则 x 不是素数。

使用 break 语句时需要注意以下两点。

1）break 语句不能用于循环语句和 switch 语句之外的任何其他语句中。例如，break 语句对 if-else 的条件语句就不起作用。

2）在多层循环中，一个 break 语句只能向外跳一层。

3.5.3 continue 语句

continue 语句只能用于循环体中，其作用是结束本次循环，即跳过循环体下面尚未执行的语句，转入下一次循环条件的判断与执行。应该注意的是，continue 语句只结束本层本次的循环，并不结束整个循环；而 break 语句则是结束整个循环，若是多层循环，则只是结束本层循环。

【例 3-17】求 1～100 中不能被 3 整除的所有整数之和。

程序代码：

```c
#include <stdio.h>
int main()
{
    int i,s;
    s=0;
    for(i=1;i<=100;i++)
    {
        if(i%3==0)
            continue;
        s=s+i;
    }
    printf("s=%d\n",s);
    return 0;
}
```

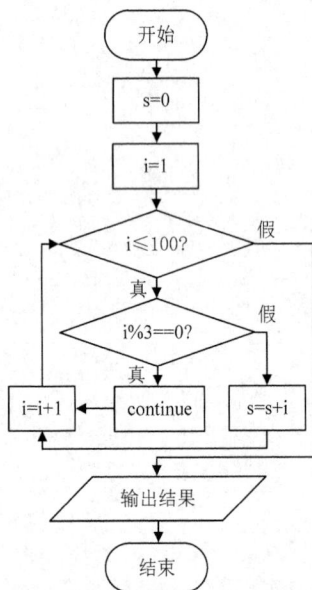

图 3.13 continue 在 for 语句中执行过程

运行结果：

```
s=3367
```

程序分析：

程序执行时，若 i 能被 3 整除，即 i%3==0 为真，则执行 continue 语句，结束本次循环，跳过求和语句，进入下一次循环，其执行过程如图 3.13 所示。

3.6 程 序 举 例

下面再给出几个示例，以使读者进一步理解选择结构语句和循环结构语句的使用。

【例 3-18】 输出 100~200 的所有素数。

解题分析：在例 3-16 的基础上，再加上一个外层循环（for 语句），把 x（100≤x≤200）作为循环控制变量即可实现。

程序代码：

```
#include <stdio.h>
#include <math.h>
int main()
{
    int i,x;
    for(x=100;x<=200;x++)
    {
        i=2;
        while(i<=sqrt(x))
            if(x%i==0)
                break;
            else
                i=i+1;
        if(i>sqrt(x))
            printf("%d ",x);
    }
    return 0;
}
```

运行结果：

```
 101 103 107 109 113 127 131 137 139 149 151 157 163 167 173 179 181
191 193 197 199
```

程序分析：

程序中，外层循环表示逐个判断 100~200 这 101 个数是否为素数，若是，则输出；否则，判断下一个数。注意，为了输出每个素数时各素数不紧挨在一起，在每输出一个数后多输出一个空格，即在格式字符%d 后面加一个空格。

【例 3-19】 输出 Fibonacci 数列前 20 个数。Fibonacci 数列的特点如下：第 1、2 个数均为 1，从第 3 个数开始，该数是其前面两个数之和（1,1,2,3,5,8,13,21,…），即

$$F(n)=\begin{cases}1, & n=1,2 \\ F(n-1)+F(n-2), & n\geqslant 3\end{cases}$$

解题分析：设变量 f1 和 f2 表示两个数，赋初值为 1，并先输出第 1、2 个数。设 fn 为后续新数，其值为 f1+f2，通过循环输出后续的 18 个数。每输出一个数，f1 和 f2 向后移一个数，即取其后面的数。

程序代码：

```
#include <stdio.h>
int main()
{
    int f1,f2,fn,i;
    f1=1;f2=1;
```

```
        printf("%8d%8d",f1,f2);
        for(i=3;i<=20;i++)
        {
            fn=f1+f2;                //计算新数
            printf("%8d",fn);
            f1=f2;                   //后移一个数
            f2=fn;                   //后移一个数
            if(i%5==0)               //输出 5 个数后换行
                printf("\n");
        }
        return 0;
    }
```

运行结果：

1	1	2	3	5
8	13	21	34	55
89	144	233	377	610
987	1597	2584	4181	6765

程序分析：

程序中，通过循环控制变量 i 的值决定是否换行，以便控制每行输出的个数。循环语句 for 中每次输出一个新数。为了提高执行效率，for 语句中每次可输出两个数（f1 和 f2），读者可自行修改实现。

【例 3-20】 编写程序，实现整型数据的加解密。

加密方法：对给定 6 位正整数 x，每一位数字均加上一个密钥 k（1≤k≤9），若加密后某位数字大于 9，则取其被 10 除的余数。例如，输入 123456，密钥为 6，则加密后为 789012。

解密方法：逆运算，对给定的每一位数字均减去同一个密钥，若小于 0，则取其加上 10 后被 10 除的余数。例如，输入 789012，密钥同样为 6，则解密后为 123456。

运行时，输入 3 个数：6 位正整数、1 密钥和加解密选择（1 为加密、2 为解密），输出加解密后的数据。

解题分析： 可使用循环方式对给定 6 位正整数一位一位地加解密。每次循环都是对右侧个位数字进行加解密，加解密后的数字均放在已处理数据的左侧，重新组成一个新数据。对原有数据缩小 10 倍，重复执行 6 次。

程序代码：

```
#include <stdio.h>
int main()
{
    int x,y,k,c,i,d,t,n;
    printf("\nPlease input data:");
    scanf("%d",&x);              //x 为 6 位原数据
    printf("Please input key:");
    scanf("%d",&k);              //k 为密钥
```

```c
        printf("Please input way:");
        scanf("%d",&c);                 //c 为加解密选择，1 为加密，2 为解密
        y=0;                            //y 为加解密后的数据
        t=x;                            //t 为临时变量
        n=1;                            //n 为新数字转换系数
        for(i=1;i<=6;i++)               //循环 6 次，对每一位数字加解密
        {
            d=t%10;                     //获取个位数
            if(c==1)                    //加密
                d=(d+k)%10;             //对每一位数字加密
            else                        //解密
                d=(d-k+10)%10;          //对每一位数字解密
            y=d*n+y;                    //重新组合成 6 位数
            t=t/10;                     //临时变量缩小 10 倍
            n=n*10;                     //新数字扩大 10 倍
        }
        if(c==1)
            printf("Encryption: %06d->%06d\n",x,y);        //输出加密数据
        else
            printf("Decryption: %06d->%06d\n",x,y);        //输出解密数据
        return 0;
}
```

运行结果：

```
Please input data:123456↵
Please input key:6↵
Please input way:1↵
Encryption: 123456->789012
Please input data:789012↵
Please input key:6↵
Please input way:2↵
Decryption: 789012->123456
Please input data:333333↵
Please input key:7↵
Please input way:1↵
Encryption: 333333->000000
Please input data:000123↵
Please input key:4↵
Please input way:2↵
Decryption: 000123->666789
```

程序分析：

为了保留原有数据 x 的值，先把其赋值给临时变量 t，在循环中把 t 作为处理对象。循环共执行 6 次，每一次先通过除 10 取余方法获得个位数；然后通过求余回绕法进行加解密处理，处理后的数字放在新数据的高位；最后把临时变量缩小 10 倍，返回继续处理新的个位数。

本例中只涉及整数的加解密处理。第 4 章学习了字符数组以后，还可应用于字符的加解密处理。

本 章 小 结

本章主要介绍了 3 种基本结构的控制语句及应该注意的问题，具体如下。

1）顺序结构：按照代码书写顺序执行的程序结构，基本步骤是输入、处理和输出。

2）选择结构控制语句：if 语句、if-else 语句和 switch 语句，它们可以相互嵌套。值得注意的是，else 总是与离其最近的且尚未配对的 if 语句配对；case 只是提供一个入口，要退出 switch 语句，必须使用 break 语句。

3）循环结构控制语句：while 语句、do-while 语句和 for 语句，它们可以相互嵌套，但不能交叉。一般情况下，这 3 个语句是等价的，可以任意使用一种语句实现循环结构。循环体若是多条语句，必须用复合语句。

while 语句和 do-while 语句的区别：while 语句先判断循环条件再执行循环体，若循环条件一开始为假，则循环体一次也不执行；do-while 语句先执行循环体再判断循环条件，不论循环条件一开始是真是假，循环体至少执行一次。

for 语句一般用于计数循环，与 while 语句和 do-while 语句相比更简洁。

使用循环结构控制语句时需要注意，必须适时修改循环条件的值，以免造成死循环。常见的死循环结构如下：

```
while(1)
{ … }
for(;;)
{ … }
```

4）其他控制语句。

① goto 语句：无条件转移语句，尽量少用，甚至不用。

② break 语句：用于 switch 语句和循环语句，功能是退出 switch 语句和循环语句，执行其后续的语句。若是多层嵌套，则 break 语句只能退出本层循环语句。

③ continue 语句：只能用于循环语句，功能是结束本层本次循环，不执行其后续循环体中的语句，而是进入下一次循环。

break 语句和 continue 语句在循环语句中的区别：break 语句是结束整个循环，而 continue 语句只是结束本次循环。

习　　题

1. 分析以下程序段，写出运行结果，并说明原因。若要输出预期结果，应如何修改？

```
int x=3,y=5;
if(x=y)
    printf("%d 等于%d",x,y);
else
```

```
        printf("%d不等于%d",x,y);
```

2. 分析以下程序段，使用条件运算符写出功能等价的条件表达式。

```
if(x>=0)
    if(x>0)
        y=1;
    else
        y=0;
else
    y=-1;
```

3. 分析以下程序段，写出运行结果，并说明原因。

```
int x=1,y=2,n=0;
switch(x)
{
    case 1:
        switch(y)
        {
            case 1:++n;break;
            case 2:++n;break;
            default:++n;
        }
    case 2:++n;break;
}
printf("n=%d",n);
```

4. 分析以下程序段，写出运行结果，并说明原因。

```
int i=1,n=0;
while(i++<5)
    n++;
printf("i=%d,n=%d",i,n);
```

5. 分析以下程序段，是否是死循环？若是，则说明原因；若不是，则写出运行结果。

```
int i=1;
while(i>0)
    i++;
printf("i=%d",i);
```

6. 设 E 为整型变量，则与逻辑表达式"!E"等价的关系表达式是_____。

7. 编写程序，输入 3 个整数 a、b、c，输出其中最大的数。

8. 编写程序，输入 4 个整数 a、b、c、d，要求按从小到大的顺序输出。

9. 编写程序，输入 3 个整数 a、b、c，作为三角形的边，判断它们能否构成三角形。若能构成三角形，则输出三角形的类型（等腰、等边或一般三角形）。

10. 编写程序，输入一个日期（年、月、日），输出该日期是该年的第几天。

11. 编写一个简单的计算器程序，输入两个操作数和运算符（+、-、*、/），输出运算结果。例如，输入"3+2"，输出"3+2=5"。

12. 编写程序，输出所有的"水仙花数"。"水仙花数"是一个 3 位正整数，其各位数字的立方和等于该数本身。例如，153 是一个水仙花数，因为 $153=1^3+5^3+3^3$。

13. 编写程序，输入一个正整数，分别实现以下功能。

（1）输出该数的位数。例如，输入 123456，输出 6。

（2）输出该数的各位数字之和。例如，输入 123456，输出 21。

（3）逆序输出该数。例如，输入 123456，输出 654321。

（4）判断该数是否为回文数，回文数即是对称数。例如，输入 12321，输出 Yes；输入 12331，输出 No。

14. 编写程序，求 a+aa+aaa+⋯+aa⋯a 的值，其中最后一项的位数为 n，n 与 a 的值由键盘输入。例如，输入 5 和 2，即 2+22+222+2222+22222，输出 24690。

15. 编写程序，求两个正整数的最大公约数和最小公倍数。

16. 编写程序，计算并输出下列级数之和：

$$e^x = 1 + x + \frac{x^2}{2!} + \frac{x^3}{3!} + \cdots + \frac{x^n}{n!}$$

其中，n 与 x 的值从键盘输入。例如，输入 10 和 1，输出 2.718282。

17. 编写程序，将一张面值为 100 元的人民币兑换成 5 元、1 元和 5 角的零钞，要求零钞每种至少 1 张，共 100 张，输出每一种组合。

18. 编写程序，验证哥德巴赫猜想（任意不小于 6 的偶数都可分解为两个素数之和），并验证[6,100]间的偶数。

19. 编写程序，输出如下等腰三角形图案（n=4），其中行数 n 由键盘输入。

```
   *
  ***
 *****
*******
```

20. 编写程序，输出如下菱形图案（n=3），其中上半部行数 n 由键盘输入。

```
  A
 ABA
ABCBA
 ABA
  A
```

第4章　数组和指针

第2章介绍了变量的概念和运用。程序在编译时会给每个变量分配相应的存储单元，每个存储单元占用 1 字节，每个存储单元都有一个编号，该编号即是"**地址**"，其相当于宿舍的房间号或教室的编号。可以理解为该编号"指向"这个存储单元，就像一个房间号"指向"一个房间。因此，一个"地址"可以理解为一个"**指针**"（表示指向）。

前面章节中的程序涉及的数据量（或变量）较少，若要处理某一个班（≥50 人）某一门或多门课的成绩，只使用前面介绍的知识会比较吃力，因定义变量太多，不切实际。这就需要用到数组。**数组**是指一组相同类型数据的有序集合，其也可以理解为一组相同类型变量的有序集合。数组用一个统一的数组名标识，而用下标指示数组中元素的序号。编译时，系统将根据数组的类型分配一段连续的内存空间给这一组数据。每个元素都对应一个地址（指针），数组名对应第一个元素的内存空间地址，其他元素的地址可由数组名和该元素的序号表示。

本章主要介绍指针、数组（一维、二维）的概念及使用，以及在使用过程中可能存在的一些安全问题，如缓冲区溢出。

4.1　指针和指针变量

指针是 C 语言中的一个重要概念和重要特色，也是 C 语言的精华。若能正确、灵活地运用指针，就可以有效地表示复杂的数据结构、动态分配内存，甚至能直接处理内存地址，这对设计系统软件是很有必要的。程序中正确地使用指针，可以使程序简洁、灵活、高效；但如果误用指针，程序执行将出现意想不到的结果或错误。因此，每一个学习和使用 C 语言的人，都应当深入地学习、理解和掌握指针。

4.1.1　指针的概念

为了解释清楚什么是指针，必须弄清楚数据在内存中是如何存储和读取的。

如果在程序中定义了一个变量，在编译时系统将根据变量的类型为该变量分配一定长度的且连续的存储单元，这段存储单元的首地址即作为该变量的地址，也称为**变量的指针**。例如，程序中定义"int x;"，编译时系统将为 x 分配 4 个存储单元，假设这 4 个存储单元的地址为 0X19FF2C、0X19FF2D、0X19FF2E、0X19FF2F，则地址 0X19FF2C就是变量 x 的指针。变量的值和变量的地址是不同的概念，变量的值是该变量在存储单元中的数据。例如：

```
int x;
x=3;
```

变量名、地址（指针）和值的关系如图 4.1 所示。其中，变量名是存储单元的映射，

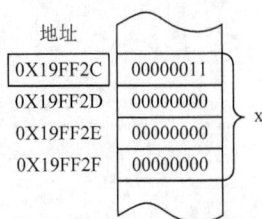

图 4.1 变量名、地址和值的关系

便于人们记忆和使用，在程序中一般通过变量名对存储单元进行存取操作，这种存取方式称为直接访问；变量的首地址作为变量的指针，那么接下来的多少个字节数据才是变量的值则是由变量的类型决定的；变量的值由变量的指针指向的字节开始的连续几个（具体由类型决定）字节组成，地址值大的为高字节，地址值小的为低字节。

C 语言中，可以定义一种特殊的变量，用于存放其他变量的地址，这种变量称为指针变量。指针变量存放的值本质上也是一个整型数据，其与普通整数的区别在于只能存放某个存储单元的地址值。假设定义了一个指针变量 p，通过以下语句把变量 x 的地址存放其中，则它们的关系如图 4.2 所示。

```
p=&x;                          //&为取地址运算符
```

现在有两种方式可以对变量进行存取操作。

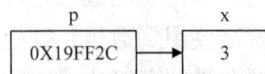

图 4.2 变量与指针变量的关系

1）使用变量名 x 直接存取数据，这种存取变量值的方式称为**直接访问**。

2）首先通过指针变量 p 里的地址找到所"指向"的存储单元，然后存取数据。这种存取变量值的方式称为**间接访问**，也称为**指针法**。

4.1.2 指针变量的定义

定义指针变量的一般语法格式如下：

```
类型 *指针变量名
```

例如：

```
int *p_i;                      //定义一个指向整型的指针变量 p_i
float *p_f;                    //定义一个指向单精度型的指针变量 p_f
char *p_c;                     //定义一个指向字符型的指针变量 p_c
```

在定义指针变量时要注意以下两点。

1）指针变量名前面的"*"号表示该变量的类型为指针型。指针变量名是 p_i、p_f、p_c，而不是*p_i、*p_f、*p_c。这与第 2 章介绍的定义变量形式有所不同。

2）在定义指针变量时必须指定类型。有的读者会认为，指针变量只是存放一个地址，地址不是一样的吗？为什么还要指定类型呢？这是因为每种数据类型所占用存储单元的字节数是不一样的，如 float 型占用 4 字节，char 型占用 1 字节。若通过指针变量间接访问数据，则是根据类型来决定访问多少个字节。另外，在后面将介绍的指针的移动和指针的运算（加、减），如"使指针向后移动 1 个位置"或"使指针值加 1"，这个 1 代表什么呢？这也需要根据指针变量指向的类型决定，例如，执行"++p_f;"语句，则指针变量 p_f 的地址值加 4；执行"++p_c;"语句，则指针变量 p_c 的地址值加 1。因此，指针变量必须规定所指向的变量的类型，而且一个指针变量只能指向同一类型的变量。

4.1.3 指针变量的引用

值得注意的是，指针变量中只能存放地址（指针），千万不要将一个整型量（或任何其他非地址类型的数据）赋值一个指针变量。例如，下面的赋值语句是非法的：

```
p_i=123;              //p_i 为指向整型的指针变量，123 为整数
```

与指针变量引用有关的运算符如下。

1）&：取地址运算符。例如，&a 为变量 a 的地址。

2）*：指针运算符。例如，*p 为指针变量 p 所指向的存储单元。

下面通过一个例子来了解这两个运算符的用法。

【例 4-1】指针变量的定义与引用。

程序代码：

```
#include <stdio.h>
int main()
{
    int a,*p_a=&a;      //定义一个指向整型的指针变量 p_a，并初始化为变量 a 的地址
    float x,*p_x;       //定义一个指向单精度型的指针变量 p_x
    p_x=&x;             //把 x 的地址赋值给指针变量 p_x
    a=10;               //给变量 a 赋值 10
    *p_x=12.3;          //给指针变量 p_x 指向的变量 x 赋值 12.3
    printf("a=%d,x=%.2f\n",a,x);  //使用直接访问方式输出数据
    printf("*p_a=%d,*p_x=%.2f\n",*p_a,*p_x);//使用间接访问方式输出数据
    return 0;
}
```

运行结果：

```
a=10,x=12.30
*p_a=10,*p_x=12.30
```

程序分析：

1）程序中定义了两个指针变量 p_a 和 p_x，并分别使用初始化和赋值方式使指针变量指向同类型的变量，如图 4.3 所示。注意，以下给指针变量赋值的方式是错误的（注意 p_a 与*p_a 的区别）：

```
*p_a=&a;       //错误的赋值方式
```

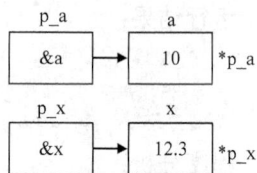

图 4.3 变量与指针变量的关系

2）指针变量和变量间有了指向关系，则 a 和*p_a 等价，x 和*p_x 等价，即

```
a=10;          //等价于*p_a=10;
x=12.3         //等价于*p_x=12.3;
```

3）程序中"*"号出现在不同位置，它们的含义也不同。在声明部分中，表示"*"号后面的变量为指针变量；在执行部分中，"*"号表示指针运算符，*p_a 和*p_x 则代表变量，即与 p_a 和 p_x 所指向的变量等价。

下面对"&"和"*"运算符进行补充说明。

1）"&"和"*"均是单目运算符，优先级为 2，结合性为自右向左。

2）如果已执行了"p_a=&a;"语句，则&*p_a 与&a、p_a 等价。因为"&"和"*"的优先级别相同，按自右向左结合，先进行*p_a 运算，即变量 a；再进行"&"运算，即&a 又因 p_a=&a，因此&*p_a==&a== p_a。同理，*&a 与*p_a、a 等价，即*&a==*p_a==a。

也可以这么理解：指针变量前面的"&*"可相互抵消，普通变量前面的"*&"也可相互抵消。

3)（*p_a)++与 a++等价（注意，括号是必需的）。这是因为"*"和"++"的优先级别相同，都是自右向左结合，若没有括号，就相当于*(p_a++)，其执行过程是先取指针变量 p_a 所指向的值，再使指针变量 p_a 的值加 1（指向下一个存储单元），而不是使所指向的变量 a 的值加 1。

下面再通过一个例子加深对指针变量的理解。

【例 4-2】输入两个整数 a 和 b，按从小到大的顺序输出。

程序代码：

```c
#include <stdio.h>
int main()
{
    int a,b,*p_a,*p_b;                    //分别定义两个普通变量和指针变量
    int *p;                               //定义一个临时指针变量，用于变换地址
    p_a=&a;p_b=&b;                        //分别给两个指针变量赋值一个地址
    scanf("%d%d",p_a,p_b);                //等价于：scanf("%d%d",&a,&b);
    if(a>b)                               //等价于：if(*p_a>*p_b)
    {
        p=p_a;p_a=p_b;p_b=p;              //交换两个地址
    }
    printf("a=%d,b=%d\n",a,b);            //输出 a 和 b 的值
    printf("*p_a=%d,*p_b=%d\n",*p_a,*p_b);   //使用指针变量输出数据
    return 0;
}
```

运行结果：

```
5 3↵
a=5,b=3
*p_a=3,*p_b=5
```

程序分析：

程序中，定义了两个指针变量 p_a 和 p_b，并分别指向 a 和 b，如图 4.4（a）所示。若第 1 个数 a 的值大于第 2 个数 b 的值，则交换两个指针变量的值，如图 4.4（b）所示。

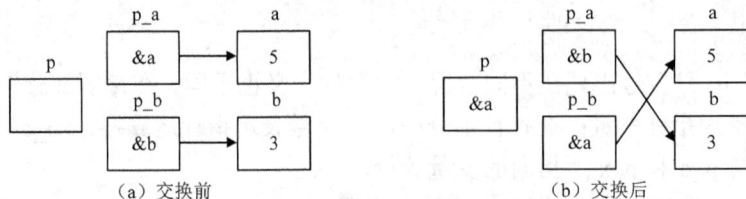

图 4.4　指针变量交换

从图 4.4 中可以看出，程序执行后，两个指针变量的值发生了变化，p_a 的原值为 &a，后来变成&b；p_b 的原值为&b，后来变成&a；但 a 和 b 的值并未改变，仍然保持原值。因此，输出 a 和 b 是原值，输出*p_a 和*p_b 是交换后的值（按从小到大的顺序

输出）。

总之，在使用指针变量的过程中，要特别注意实际改变的是指针变量的值（地址）还是指针变量所指向的值（数据）。

4.2 一维数组和指针

一维数组是指数组中的每个元素只有一个下标。一维数组通常用于存储一组数据或一串字符，如一个数列中的数据、某一门课的成绩、一个字符串等都可以用一维数组来表示。

4.2.1 一维数组的定义

C 语言中，定义一维数组的方法与定义简单变量的方法类似，只是比普通变量多一个用于指定元素个数的下标整型常量表达式，其一般语法格式如下：

数据类型 数组名[整型常量表达式]

例如：

```
int a[10];
```

表示定义了一个包含 10 个 int 类型的数组元素，数组名为 a，每一个数组元素分别用 a[0]～a[9]表示。

下面对一维数组的定义作一些说明。

1）数据类型可以是基本类型，也可以是构造类型。

2）数组名必须为合法的标识符。

3）数组名后面是用方括号括起来的整型常量表达式，不能用圆括号。

4）整型常量表达式表示数组元素的个数（数组的长度），可以包含整型常量和符号常量，但不能含有变量。例如，在 a[10]中，10 表示数组 a 中有 10 个元素，**下标从 0 开始**，这 10 个元素分别是 a[0]、a[1]、a[2]、a[3]、a[4]、a[5]、a[6]、a[7]、a[8]、a[9]。注意，不能使用数组元素 a[10]。

5）一次可以定义多个数组，也可以在定义普通变量的同时定义数组。例如：

```
int x,y,a[10],b[100];
```

6）编译时，系统将为数组开辟一段连续的存储单元，每个数组元素按下标从小到大连续排列，每个元素占用相同的字节数。**数组名代表数组的首地址，是一个常量**，即该连续存储单元的首地址，与数组的第 1 个元素地址相等。例如，在 a[10]中，数组名 a 与 a[0]的地址（&a[0]）相等，a+1 与 a[1]的地址相等，a+i 与&a[i]相等。数组元素的地址如图 4.5 所示。

4.2.2 一维数组的初始化

数组初始化是指在定义数组时给数组元素赋以初值。对数组元素的初始化可以用以下方法实现。

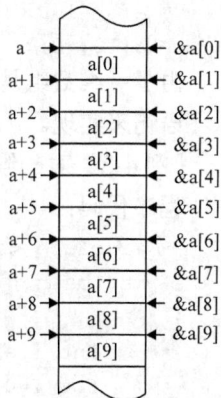

图 4.5 数组元素的地址

1）在定义数组时对数组元素赋初值。例如：

```
int a[10]={1,2,3,4,5,6,7,8,9,10};
```

在"{}"中的各数据值即为各元素的初值，各值之间用"，"间隔。经过上面的定义和初始化之后，相当于 a[0]=1，a[1]=2，a[2]=3，a[3]=4，a[4]=5，a[5]=6，a[6]=7，a[7]=8，a[8]=9，a[9]=10。

2）可以只给一部分元素赋值。例如：

```
int a[10]={1,2,3,4};
```

定义的数组 a 有 10 个元素，但"{}"内只提供 4 个初值，这表示只给前面 4 个元素赋初值，即 a[0]=1，a[1]=2，a[2]=3，a[3]=4，后 6 个元素自动赋初值为 0。

3）如果想使一个数组中的全部元素值为 0，则可以写为

```
int a[10]={0,0,0,0,0,0,0,0,0,0};
```

或

```
int a[10]={0};
```

4）若给全部数组元素赋初值，则在数组定义中可以不给出数组元素的个数。例如：

```
int a[4]={1,2,3,4};
```

相当于

```
int a[]={1,2,3,4};
```

在第二种写法中，"{}"中有 4 个数，系统会根据此自动定义数组 a 的长度为 4。若被定义的数组长度与提供初值的个数不相同，则数组长度不能省略。

4.2.3 一维数组的引用

数组必须先定义后使用，数组的引用就是使用数组元素。C 语言规定，**只能逐个引用数组元素，而不能一次引用整个数组**。这是因为数组名是首地址，并不代表整组数据；而且首地址是一个常量，不能被赋值。

数组元素的表示形式如下：

```
数组名[下标]
```

其中，**下标的下界为 0，下标的上界为该数组长度减 1**。

例如，在 a[10]中，下标必须在[0,9]区间内：

```
a[5]=100;           //有效引用
a[10]=0;            //错误引用，下标超界，不在有效范围内
```

由于一维数组是指一组相同类型数据的集合，因此对整个一维数组的引用必须使用循环语句来实现。

【例 4-3】 对一维数组中的元素赋值，并逆序输出各数组元素。

程序代码：

```
#include <stdio.h>
int main()
{
    int i,a[10];
    for(i=0;i<10;i++)
        a[i]=i+1;
```

```
        for(i=9;i>=0;i--)
            printf("%d ",a[i]);
        return 0;
    }
```

运行结果：

```
10 9 8 7 6 5 4 3 2 1
```

程序分析：

程序中，第 1 个 for 语句使 a[0]～a[9]的值为 1～10，第 2 个 for 语句按逆序输出 a[9]～a[0]的值。

4.2.4　一维数组的指针

一个变量有地址，可以使用指针间接访问。一个数组包含若干元素，每个数组元素相当于一个变量，在内存中都占用存储单元，同样都有相应的地址（指针）。因此，引用数组元素可以用**下标法**（如 a[2]），也可以用**指针法**，即通过指向数组元素的指针找到所需的元素。使用指针法能使目标程序质量更高（占用内存少，运行速度快）。

1. 指向数组元素的指针变量

定义一个指向数组元素的指针变量的方法，与定义指向普通变量的指针变量的方法相同。例如：

```
int a[10];          //定义 a 为包含 10 个整型数据的数组
int *p;             //定义 p 为指向整型变量的指针变量
```

注意：如果数组为 int 型，则指针变量也应该指向 int 型。

C 语言规定数组名代表数组中第一个元素（下标为 0 的元素）的地址，即数组首地址。因此，下面两个对该指针变量赋值的语句是等价的。

```
p=&a[0];
p=a;
```

注意：数组名 a 并不代表整个数组。上述 "p=a;" 的作用是 "把数组 a 的首地址赋值给指针变量 p"，而不是 "把数组 a 各元素的值赋值给指针变量 p"。

在定义指针变量时，可以对其赋以初值：

```
int a[10],*p=a;
```

或者

```
int a[10],*p=&a[0];
```

2. 数组元素的表示方法

C 语言规定，如果指针变量 p 已指向数组中的一个元素，则 p+1 指向同一数组中的下一个元素（而不是将 p 值简单地加 1）。例如，数组元素是整型，每个元素占 4 字节，则 p+1 是 p 的值加 4 字节（下一个元素的地址），目的是使 p 指向下一个元素。p+1 代表的地址实际上 p+1×d，d 是一个数组元素所占用的字节数。例如：

```
int a[10],*p=a;
```

则

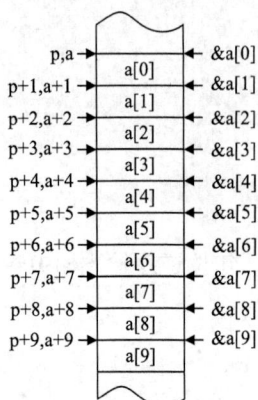

图 4.6　数组元素的指针

1）p+i 和 a+i 就是 a[i]元素的地址，即它们指向数组 a 的第 i 个元素，如图 4.6 所示。

2）*(p+i)和*(a+i)就是 p+i 和 a+i 所指向的数组元素，即 a[i]。由于方括号 "[]" 是下标运算符，因此在编译时，对数组元素 a[i]会处理成*(a+i)，即按数组首地址加上相对位移量得到要找到的元素地址，并找出该单元中的内容。

3）指向数组的指针变量也可以带下标，如 p[i]与*(p+i)。

因此，引用一个数组元素，可以使用：

1）下标法：如 a[i]、p[i]。

2）指针法：如*(a+i)、*(p+i)。

也就是说，a[i]、p[i]、*(a+i)、*(p+i) 4 个引用等价，但前提是 p=a。

【例 4-4】输入 10 个整数后输出这 10 个数（每个数间用一个空格隔开）。

可以使用以下方法实现。

方法 1：下标法。

程序代码：

```c
#include <stdio.h>
int main()
{
    int i,a[10],*p=a;
    for(i=0;i<10;i++)
        scanf("%d",&a[i]);
    for(i=0;i<10;i++)
        printf("%d ",p[i]);
    return 0;
}
```

方法 2：指针法。

程序代码：

```c
#include <stdio.h>
int main()
{
    int i,a[10],*p=a;
    for(i=0;i<10;i++)
        scanf("%d",p+i);
    for(i=0;i<10;i++)
        printf("%d ",*(p+i));
    return 0;
}
```

方法 3：使用指针变量引用数组元素。

程序代码：

```c
#include <stdio.h>
int main()
```

```
{
    int i,a[10],*p=a;
    for(i=0;i<10;i++)
        scanf("%d",p++);
    p=a;  //指针变量p重新指向数组的首地址,否则再引用会超出数组的范围
    for(i=0;i<10;i++)
        printf("%d ",*p++);
    return 0;
}
```

3 种方法的运行结果均如下：

```
1 2 3 4 5 6 7 8 9 10↵
1 2 3 4 5 6 7 8 9 10
```

程序分析：

1) 方法 1 和方法 2 执行效率相同。C 语言编译系统是将 p[i]转换为*(p+i)进行处理的，即先计算元素地址，再通过指针运算符指向数组元素。因此，使用方法 1 和方法 2 找数组元素比较费时。

2) 方法 3 与方法 1 和 2 相比，用指针变量直接指向数组元素，不必每次都重新计算地址，而且使用 p++这种有规律地改变地址值能大大提高执行效率。

3) 使用下标法（方法 1）比较直观，能直接知道是第几个元素。例如，p[3]或 a[3]是数组中下标序号为 3（注意下标序号从 0 开始）的数组元素，即第 4 个数组元素；使用指针法（方法 3）不直观，难以判断当前处于第几个数组元素，要仔细分析指针变量 p 的当前指向，才能判断当前输出的是第几个数组元素。

4) 注意数组名 a 和指针变量 p 的区别。虽然 p=a，但是数组 a 代表数组的首地址，是一个地址常量，不能进行自加或自减运算；而指针变量 p 是一个变量，可以进行自加或自减运算。因此，使用指针变量引用数组元素时，要注意指针变量的当前值。例如，方法 3 中的第 1 个循环语句，每输入一个数据后 p++，指针变量 p 自加后移一个元素，当输入 10 个数据后，p 指向了 a[9]之后的存储单元，超出了数组的范围，如图 4.7 所示。因此，在第 2 个循环语句之前，必须使指针变量 p 重新指向数组的首地址（p=a）这样，第 2 个循环语句才能正常输出数组元素。

5) 因为"++"和"*"的优先级相同，结合方向均为自右向左，因此方法 3 中的输出函数里的*p++等价于*(p++)。作用是先得到 p 指向的变量的值（*p），再使 p 值加 1，指向下一个元素。若理解为(*p)++，则表示 p 所指向的元素值加 1（注意，是元素值加 1，而不是指针值加 1）。

6) *(p++)和*(++p)的作用不同，前者是先取*p 值，再使 p 加 1；后者是先使 p 加 1，再取*p 的值。若 p 的初值为 a（&a[0]），则使用*(p++)输出 a[0]的值，使用*(++p)输出 a[1]的值。

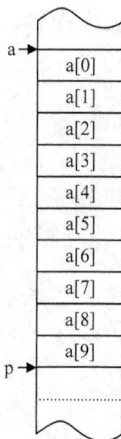

图 4.7 指针超出数组范围

7) 若通过指针变量进行下标法引用，要注意指针变量的当前值。例如：

```
int a[10],*p=&a[3];
p[4]=10;
```

相当于把 10 赋值给了 a[7]。这是因为 p[4]等价于*(p+4)，p 的当前值又为 a[3]的地址，再往下加 4，*(p+4)即是 a[7]。

4.2.5　一维数组的应用举例

下面通过一些例子来加深对一组数组的理解。

【例 4-5】使用数组处理例 3-19 中的 Fibonacci 数列，输出前 20 个数。
程序代码：

```
#include <stdio.h>
int main()
{
    int i,a[20]={1,1};                //初始化前两个数
    for(i=2;i<20;i++)
        a[i]=a[i-1]+a[i-2];
    for(i=0;i<20;i++)
    {
        if(i%5==0)printf("\n");       //每输出 5 个数据换行
        printf("%8d",a[i]);
    }
    return 0;
}
```

运行结果：

1	1	2	3	5
8	13	21	34	55
89	144	233	377	610
987	1597	2584	4181	6765

【例 4-6】输入 10 个数，输出其中的最大数和平均值（小数保留 2 位）。
程序代码：

```
#include <stdio.h>
int main()
{
    float a[10],max,aver;
    int i;
    for(i=0;i<10;i++)                 //输入 10 个数据
        scanf("%f",&a[i]);
    aver=a[0];                        //初始化为第 1 个元素
    max=a[0];                         //默认第 1 个元素为最大数
    for(i=1;i<10;i++)
    {
        aver=aver+a[i];               //每个数据累加
        if(max<a[i])                  //更新最大数
            max=a[i];
    }
```

```
        aver/=10;                          //求平均值
        printf("average:%.2f\n",aver);     //输出平均值
        printf("max:%.2f\n",max);          //输出最大数
        return 0;
    }
```

运行结果：

```
3 1 9 2 4 10 5 8 7 6↵
average:5.50
max:10.00
```

【例 4-7】冒泡排序。输入 10 个数，按从小到大排序后输出。

解题分析：排序是指将数组中的各个元素的值按从小到大（或从大到小）的顺序重新排列。排序过程一般通过元素值的比较和交换来实现，常用的排序方法有冒泡排序、选择排序、插入排序、希尔排序、快速排序等。本例采用冒泡排序的方法来实现。具体排序步骤如下：

1）对数组中两两相邻的元素进行比较，首先从第 1 个元素开始，a[0]与 a[1]进行比较，若 a[0]大于 a[1]，则 a[0]与 a[1]的值交换，否则不变；然后 a[1]与 a[2]进行比较，…，直到 a[n-2]与 a[n-1]进行比较。这样完成一趟比较,把一个最大数右移到最后一个元素 a[n-1]中，而较小的数左移一个位置，如同一块石头落到水里往下沉，而较轻的气泡往上浮。

2）进行第 2 趟比较，对余下的 a[0]～a[n-2]的 n-1 个数按上述方法进行比较，经过 n-2 次比较，得到次大的数放在 a[n-2]中。如此进行下去，可以推知，对 n 个数要比较 n-1 趟，才能使 n 个数按从小到大的顺序排列。例如，若 n=10，则排序过程如图 4.8 所示，其中有底纹的数据表示已排序。

趟序	a[0]	a[1]	a[2]	a[3]	a[4]	a[5]	a[6]	a[7]	a[8]	a[9]
初始状态	4	2	10	1	9	3	6	8	5	7
第 1 趟	2	4	1	9	3	6	8	5	7	10
第 2 趟	2	1	4	3	6	8	5	7	9	10
第 3 趟	1	2	3	4	6	5	7	8	9	10
第 4 趟	1	2	3	4	6	5	7	8	9	10
第 5 趟	1	2	3	4	5	6	7	8	9	10
第 6 趟	1	2	3	4	5	6	7	8	9	10
第 7 趟	1	2	3	4	5	6	7	8	9	10
第 8 趟	1	2	3	4	5	6	7	8	9	10
第 9 趟	1	2	3	4	5	6	7	8	9	10

图 4.8　冒泡排序过程

算法描述： 如果有 n 个数，则要进行 n-1 趟比较。在第 1 趟比较中要进行 n-1 次两两比较，在第 i 趟比较中要进行 n-i 次两两比较，据此绘制出 N-S 流程图，如图 4.9 所示。

根据 N-S 流程图编写程序（设 n=10），由于 C 语句中数组的下标从 0 开始，因此本例定义数组长度为 11，a[0]不用，只用 a[1]～a[10]，以符合人们的习惯。

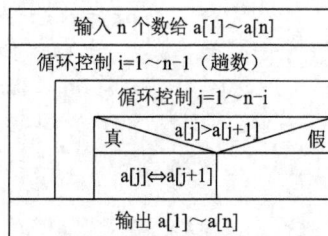

图 4.9　冒泡排序算法 N-S 流程图

程序代码：

```c
#include <stdio.h>
int main()
{
    int a[11],t;
    int i,j;
    for(i=1;i<=10;i++)                          //输入 10 个数据
        scanf("%d",&a[i]);
    for(i=1;i<=9;i++)                           //控制排序趟数
        for(j=1;j<=10-i;j++)                    //控制每一趟的数据
            if(a[j]>a[j+1])                     //比较相邻的两个数
            {
                t=a[j];a[j]=a[j+1];a[j+1]=t;    //交换两个数
            }
    for(i=1;i<=10;i++)                          //输出 10 个数据
        printf("%d ",a[i]);                     //每个数间用 1 个空格隔开
    return 0;
}
```

运行结果：

```
4 2 10 1 9 3 6 8 5 7↵
1 2 3 4 5 6 7 8 9 10
```

程序分析：

若输入数据的初始状态已经有序，或排序排到第 i 趟就有序（例如，图 4.8 中第 4 趟开始就有序），那么就没必要继续排序，可提前结束排序，以提高程序执行效率。为了提前结束排序，可增加一个标志变量 flag，来标识是否交换数据。若一趟下来没有交换数据，说明数据已经有序，可提前结束循环。改进的程序如下：

```c
#include <stdio.h>
int main()
{
    int a[11],t;
    int i,j,flag=1;                             //标识是否交换数据
    for(i=1;i<=10;i++)                          //输入 10 个数据
        scanf("%d",&a[i]);
    for(i=1;i<=9&&flag==1;i++)                  //控制排序趟数及是否提前结束
    {
        flag=0;                                 //每一趟默认没有交换数据
        for(j=1;j<=10-i;j++)                    //控制每一趟的数据
            if(a[j]>a[j+1])                     //比较相邻的两个数
            {
                flag=1;                         //有交换数据
                t=a[j];a[j]=a[j+1];a[j+1]=t;    //交换两个数
            }
    }
    for(i=1;i<=10;i++)                          //输出 10 个数据
```

```
        printf("%d ",a[i]);                    //每个数间用1个空格隔开
    return 0;
}
```

4.2.6 一维数组的安全问题

C 语言程序在运行过程中，**系统并不自动检验数组元素的下标是否越界**。例如，例 4-4 方法 3 中第 1 循环结束后，p 指向了 a[9]之后的存储单元，如图 4.7 所示。C 语言编译程序并不认为这是非法的，系统将其当作*(a+10)处理，若对其进行数据覆盖，就会造成系统异常。

【例 4-8】 给数组各元素赋初值 0。

```
#include <stdio.h>
int main()
{
    int i;
    int a[5];
    for(i=0;i<=5;i++)
    {
        a[i]=0;
    }
    return 0;
}
```

运行结果：

程序进入死循环

程序分析：

C 语言编译系统在栈区分配内存时，变量 i 正好紧跟在数组 a 后面，即 a[5]的位置，如图 4.10 所示。程序执行过程中，当 i=5 时，a[i]=0，即 a[5]=0，正好把 i 的原值 5 覆盖为 0。进入下一次循环 i++，i=1，满足循环条件，重新一轮循环，如此反复，进入死循环。

本程序因为引用数组元素超出数组范围，导致死循环，有的甚至破坏程序代码或操作系统。因此，在编写 C 语言程序时，**应该检验元素下标的范围，特别注意要保证数组下标不超界**。

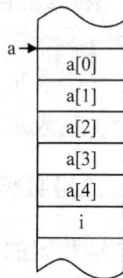

图 4.10 变量内存空间

4.3 二维数组和指针

二维数组中的每个元素都有两个下标，分别是行下标和列下标。二维数组对应的指针也有两种，分别是**行指针**（地址）和**列指针**（地址）。二维数组通常用于表示矩阵、表格等二维数据。

4.3.1 二维数组的定义

C 语言中，二维数组的定义类似于一维数组，其一般语法格式如下：

数据类型 数组名[整型常量表达式1] [整型常量表达式2]

例如：

```
int a[3][4];
float score[50][6];
```

定义了一个 3 行 4 列的数组元素为整型的数组 a 和一个 50 行 6 列的数组元素为单精度型的数组 score，每个下标序号从 0 开始。例如，数组 a 的各个数组元素如下：

a[0][0]	a[0][1]	a[0][2]	a[0][3]
a[1][0]	a[1][1]	a[1][2]	a[1][3]
a[2][0]	a[2][1]	a[2][2]	a[2][3]

在 C 语言中，可以把二维数组看作一种特殊的一维数组，它的元素又是一个一维数组。例如，可以把数组 a 看作一个一维数组，其有 3 个元素：a[0]、a[1]、a[2]，a 为数组名；每个元素又是一个包含 4 个元素的一维数组，此时把 a[0]、a[1]、a[2]看作 3 个一维数组的数组名。

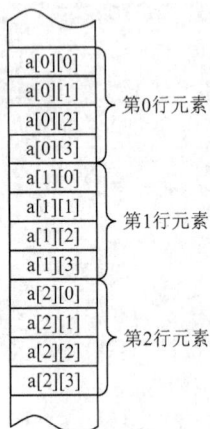

由于实际的内部存储器是连续编址的，即存储单元是按一维线性排列的。因此，在一维存储单元中存放二维数组时有两种方式：一种是行优先排列，即先存放第 1 行的元素，紧接着存放第 2 行的元素，以此类推；另一种是列优先排列，即先存放第 1 列的元素，紧接着存放第 2 列的元素，以此类推。

在 C 语言中，二维数组是按行优先排列的，即先存放第 0 行的元素，再存放第 1 行的元素，以此类推，如图 4.11 所示。

图 4.11 数组 a 的存储空间

在 C 语言中还可以定义和使用多维数组。例如：

```
int b[3][4][5];
```

定义了一个 3 页 4 行 5 列的数组元素为整型的数组 b，共有 3×4×5 个数组元素。若下标为 4 个，就表示定义了四维数组，以此类推。

4.3.2 二维数组的初始化

二维数组的初始化就是在定义数组时给各个元素赋以初值。二维数组的初始化有以下几种方法。

1. 对全部元素赋初值

1）分行给二维数组赋初值。例如：

```
int a[3][4]={{1,2,3,4},{5,6,7,8},{9,10,11,12}};
```

这种赋初值方法比较直观，把第 1 个花括号内的数据赋给第 0 行的元素，把第 2 个花括号内的数据赋给第 1 行的元素，把第 3 个花括号内的数据赋给第 2 行的元素。

2）按顺序给二维数组赋初值，即把所有数据写在一个花括号内，按排列顺序给各元素赋初值。例如：

```
int a[3][4]={1,2,3,4,5,6,7,8,9,10,11,12};
```

这种方法与方法 1）的结果相同，但不直观，如数据多，容易遗漏，不易检查。

3）若对全部元素赋初值，则定义时可以省略第 1 维的长度，但第 2 维的长度不能省略。例如：

```
int a[][4]={{1,2,3,4},{5,6,7,8},{9,10,11,12}};
```

或者

```
int a[][4]={1,2,3,4,5,6,7,8,9,10,11,12};
```

这两种方法与方法 1）和 2）的结果相同，系统将根据数据的总个数和第 2 维的长度确定第 1 维的长度，即行数=总个数/列数。

2. 对部分元素赋初值

1）分行给二维数组部分元素赋初值。例如：

```
int a[3][4]={{1,2},{3},{4,5}};
```

或者

```
int a[][4]={{1,2},{3},{4,5}};
```

这两种赋初值方法结果相同，都是对每一行前面几个元素赋初值，后面元素系统自动赋初值为 0。赋初值后数组各元素为

```
1 2 0 0
3 0 0 0
4 5 0 0
```

2）按顺序给二维数组赋初值，即按数据的排列顺序给各元素赋初值，后面元素系统自动赋初值为 0。例如：

```
int a[3][4]={1,2,3,4,5};
```

赋初值后数组各元素为

```
1 2 3 4
5 0 0 0
0 0 0 0
```

利用这一特点，若给全部元素赋初值为 0，可用如下定义形式：

```
int a[3][4]={0};
```

3）按顺序给二维数组的部分元素赋初值，但第 1 维的长度省略。例如：

```
int a[][4]={1,2,3,4,5};
```

赋初值后数组各元素为

```
1 2 3 4
5 0 0 0
```

特别注意，给二维数组赋初值时，第 1 维的长度可以省略，但第 2 维的长度不能省略。

4.3.3　二维数组的引用

定义二维数组后即可引用，引用二维数组元素的一般语法格式如下：

```
数组名[行下标][列下标]
```

例如，a[1][2]表示引用二维数组 a 中第 1 行第 2 列的元素。

引用二维数组元素时要注意以下几个问题。

1）引用二维数组时，每个下标必须分别用方括号括起来，不能写成 a[1,2]形式。

2）下标必须为整型表达式。

3）引用数组元素时必须注意，**每一维的下标都不能超出定义时的范围**（不要超出上下界）。例如，对于已经定义的"int a[3][4];"二维数组来说，引用元素 a[3][4]不会出现编译错误，但引用的元素已超出了数组的范围，是非法的，若对其进行修改，可能出现意想不到的结果。

【例 4-9】 通过键盘输入 3 行 4 列二维数组的数据，并以矩阵形式输出该数组。

解题分析： 对于二维数组的输入/输出，一般采用双重循环实现，外循环控制行下标 i 的变化，内循环控制列下标 j 的变化。

程序代码：

```c
#include <stdio.h>
#define N 3              //定义行数
#define M 4              //定义列数
int main()
{
    int a[N][M],i,j;       //定义N×M的二维数组
    printf("Input 3*4 data for the array:\n");
    for(i=0;i<N;i++)
        for(j=0;j<M;j++)
            scanf("%d",&a[i][j]);
    printf("Output the array:\n");
    for(i=0;i<N;i++)
    {
        for(j=0;j<M;j++)
            printf("%5d",a[i][j]);
        printf("\n");        //每输完一行后换行
    }
    return 0;
}
```

运行结果：

```
Input 3*4 data for the array:
1 2 3 4 5 6 7 8 9 10 11 12↵
Output the array:
    1    2    3    4
    5    6    7    8
    9   10   11   12
```

程序分析：

程序中定义了两个符号常量 N 和 M，分别用于定义二维数组的行数和列数，这样便于调试程序。调试阶段可将 N 和 M 设置较小的值，输入少量数据测试程序，若程序正确，再将 N 和 M 设置为合适的值。为了输出矩阵形式，在内循环执行完毕后，通过"printf("\n");"语句实现换行。

4.3.4 二维数组的指针

用指针变量可以指向一维数组中的元素，也可以指向二维数组中的元素。但在概念和使用上，二维数组的指针比一维数组的指针更复杂。

1. 二维数组的地址

回顾二维数组的定义和特点，设有如下定义：

```
int a[3][4]={{1,2,3,4},{5,6,7,8},{9,10,11,12}};
```

可以先把二维数组看作一个特殊的一维数组 a[3]，a 是数组名，也是首地址，其包含 3 个元素：a[0]、a[1]、a[2]。而每一个元素又是一个一维数组，其包含 4 个元素。例如，a[0]所代表的一维数组又包含 4 个元素：a[0][0]、a[0][1]、a[0][2]、a[0][3]，a[0]为该数组的数组名，也是首地址；同理，a[1]、a[2]分别是第 2 组、第 3 组数据的数组名，也分别是该数组的首地址，如图 4.12 所示。可以这么认为，二维数组是"数组的数组"，即数组 a 是由 3 个一维数组组成的。

从二维数组的角度来看，a 代表二维数组首元素的地址，现在的首元素不是一个整型变量，而是由 4 个整型元素组成的一维数组，因此 a 代表首行（第 0 行）的首地址，a+1 代表第 1 行的首地址，a+2 代表第 2 行的首地址。如果二维数组 a 首行的首地址为 0X2001，则 a+1 为 0X2011，因为第 0 行有 4 个整型数据，每个整型数据占 4 字节。因此，a+1 代表 a[1]的地址，其值为 a+4×4=0X2011，a+2 代表 a[2]的地址，其值是 0X2021，如图 4.13 所示。从图 4.13 中可以看出，首地址 a 每加 1，就跳到下一行，因此把 a、a+1、a+2 称为**行地址**。

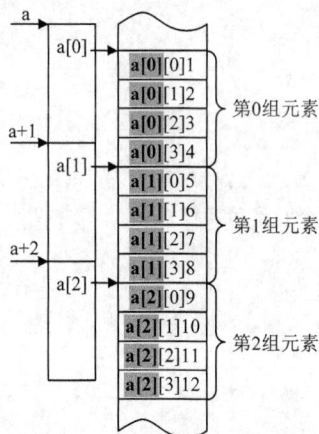

图 4.12　特殊一维数组 a 的地址

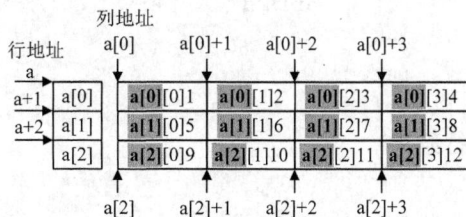

图 4.13　二维数组 a 的行列地址

a[0]、a[1]、a[2]既然是一维数组的数组名，而 C 语言又规定数组名代表该数组的首地址，因此 a[0]即是首元素 a[0][0]的地址，a[0]+1 即是第 1 元素 a[0][1]的地址，a[0]+2 即是第 2 元素 a[0][2]的地址，a[0]+3 即是第 3 元素 a[0][3]的地址。同理，a[1]+2 是 a[1][2] 元素的地址，a[2]+3 是 a[2][3]元素的地址。从图 4.13 中也可以看出，a[0]、a[1]、a[2]代表每一行的首地址，每加一个 1，是下一个元素的地址，即跳入下一列，因此称**列地址**。

从以上分析可知，a、a[0]、a[0]+1、&a[1]、&a[1][2]都是地址，而且 a 和 a[0]均是首元素的地址，虽然地址值相同，但含义不一样：a 是行地址，每加 1 下一行；而 a[0] 是列地址，每加 1 下一列，即下一个元素。数组元素和地址的含义如表 4.1 所示。

表 4.1　数组元素和地址的含义

表示形式	含义	地址类型
a	二维数组名、首地址、第 0 行首地址、首元素地址	行地址
a+1,　&a[1]	第 1 行首地址	行地址
a[0], *(a+0), *a, &a[0][0]	第 0 行首地址、第 0 行第 0 列元素的地址	列地址
a[1]+2, *(a+1)+2, &a[1][2]	第 1 行第 2 列元素 a[1][2]的地址	列地址
*(a[1]+2), *(*(a+1)+2), a[1][2]	第 1 行第 2 列元素 a[1][2]的值	元素值为 7

2. 指向二维数组元素的指针变量

既然可以把二维数组看作一个特殊的一维数组，而且在内存单元中也是按一维形式存放的，那么就可以定义一个同数据类型的指针变量（列指针），用来存取二维数组的各个元素。

【例 4-10】用指针变量输出二维数组元素的值。

程序代码：

```
#include <stdio.h>
int main()
{
    int a[3][4]={{1,2,3,4},{5,6,7,8},{9,10,11,12}};
    int i,*p;
    p=&a[0][0];             //或者 p=a[0]
    for(i=1;i<=3*4;i++)     //控制输出个数
    {
        printf("%5d",*p++);     //输出元素
        if(i%4==0)
            printf("\n");       //每输出 4 个元素后换行
    }
    return 0;
}
```

运行结果：

```
1    2    3    4
5    6    7    8
9   10   11   12
```

程序分析：

把二维数组看作一个特殊的一维数组，定义一个指针变量 p 指向首元素（p=&a[0][0]），即列指针，如图 4.14 所示，每加个 1，下一个元素，就可按照一维数组方式输出数据。但为了输出二维形式，在程序中增加了每输出 4 个元素后换行的判断语句。

当然，也可以像二维数组那样，使用双循环形式输出数组元素，其输出语句如下：

```
for(i=0;i<3;i++)
{
    for(j=0;j<4;j++)
        printf("%5d",p[i*4+j]);
    printf("\n");        //每输完一行后换行
}
```

此段代码仍然是按一维数组的形式输出数组元素，只是元素下标按照双循环的循环变量 i 和 j 计算得出。

3. 指向由 m 个元素组成的一维数组的指针变量

二维数组的地址可分为行地址和列地址，即对应有行指针和列指针。前面已经介绍了列指针，这里介绍行指针。**行指针**是指可以指向由 m 个元素组成的一维数组的指针，其值每加 1 将跳过 m 个元素，即进入下一行。定义行指针的一般语法格式如下：

图 4.14　数组 a 的一维数组形式

数据类型　(*行指针变量) [一维数组的长度]

例如：

```
int (*p)[4];
```

注意：***p 两侧的圆括号不能省略**。圆括号运算符优先级最高，因此*和 p 先结合，说明 p 是一个指针变量；然后(*p)与右边的[4]结合，说明指针变量 p 指向"包含 4 个整型元素的一维数组"，即定义了一个行指针变量 p。如果写成"int *p[4];"，由于方括号[]运算符优先级更高，因此 p 与[]先结合，是一个数组；然后与前面的*结合，*p[4]是指针数组，p 是数组名，即定义了包含 4 个元素的数组，每个元素是指向整型的指针变量（详见 4.5 节）。

假设有如下定义：

```
int a[3][4],(*p)[4]=a;
```

注意：二维数组的第 2 维长度必须与指针变量所指向的一维数组长度相同才能赋值。例如，数组 a 的第 2 维长度为 4，指针变量 p 指向的一维数组长度也是 4，p=a 才合法，数组名 a 和指针变量 p 才能等价，不同的是 a 是地址常量，p 是指针变量。

【例 4-11】用行指针输出二维数组元素的值。

程序代码：

```
#include <stdio.h>
int main()
{
    int a[3][4]={{1,2,3,4},{5,6,7,8},{9,10,11,12}};
    int i,j,(*p)[4];
    p=a;
    for(i=0;i<3;i++)
    {
        for(j=0;j<4;j++)
            printf("%5d",p[i][j]);
```

```
        printf("\n");        //每输完一行后换行
    }
    return 0;
}
```

运行结果：

```
1    2    3    4
5    6    7    8
9   10   11   12
```

程序分析：

按照地址对应关系，二维数组 a 中的任一元素 a[i][j]均可用下述表达式之一来等价表示。

```
p[i][j]==*(p[i]+j)==*(*(p+i)+j)==*(p+i)[j]==*(*(a+i)+j)==a[i][j]
```

4.3.5 二维数组的应用举例

【例4-12】矩阵转置。输入 3 行 4 列的矩阵 a（二维数组），将矩阵 a 转置为矩阵 b，并输出矩阵 b。

解题分析：矩阵转置就是将一个二维数组的行和列互换，即把二维数组 a 中的第 i 行第 j 列元素赋给二维数组 b 中的第 j 行第 i 列元素，如把 a[1][2]赋给 b[2][1]。

程序代码：

```
#include <stdio.h>
int main()
{
    int a[3][4],b[4][3],i,j;
    printf("\nInput 3*4 matrix a:\n");
    for(i=0;i<3;i++)            //输入矩阵 a
        for(j=0;j<4;j++)
            scanf("%d",&a[i][j]);
    for(i=0;i<3;i++)            //矩阵转置
        for(j=0;j<4;j++)
            b[j][i]=a[i][j];
    printf("The matrix b:\n");
    for(i=0;i<4;i++)            //输出转置矩阵 b
    {
        for(j=0;j<3;j++)
            printf("%4d",b[i][j]);
        printf("\n");
    }
    return 0;
}
```

运行结果：

```
Input 3*4 matrix a:
1 2 3 4↵
5 6 7 8↵
```

```
9 10 11 12↵
The matrix b:
    1   5   9
    2   6  10
    3   7  11
    4   8  12
```

程序分析：

在程序中，通过双重 for 循环实现矩阵转置，用外循环控制行，用内循环控制列，语句 "b[j][i]=a[i][j];" 将二维数组 a 中的第 i 行第 j 列元素赋给二维数组 b 中的第 j 行第 i 列元素。

【**例 4-13**】设有 n（n≤100）个学生，每个学生有 4 门课程。要求：由键盘输入 n 和每个学生的 4 门课程成绩，输出每个学生的平均成绩。

解题分析： 定义一个足够大的符号常量 N（如 N=100）；一个二维数组 a[N][4]，用于存放 n 个学生的 4 门课程成绩；一个一维数组 aver[N]，用于存放 n 个平均成绩。

程序代码：

```c
#include <stdio.h>
#define N 100
int main()
{
    float a[N][4],aver[N]={0};
    int n,i,j;
    printf("\nInput n:");
    scanf("%d",&n);
    printf("Input score:\n");
    for(i=0;i<n;i++)
        for(j=0;j<4;j++)
        {
            scanf("%f",&a[i][j]);        //输入成绩
            aver[i]+=a[i][j];            //求总成绩
        }
    for(i=0;i<n;i++)
        aver[i]=aver[i]/4;               //求平均成绩
    for(i=0;i<n;i++)
        printf("No.%d average score:%.1f\n",i+1,aver[i]);
    return 0;
}
```

运行结果：

```
Input n:3↵
Input score:
87 90 76 80↵
67 86 75 70↵
90 87 78 80↵
No.1 average score:83.3
```

```
No.2 average score:74.5
No.3 average score:83.8
```

程序分析：

由于定义数组时其长度必须为整型常量，因此在程序中定义了足够大的符号常量 N，实际长度由变量 n 决定。这样便于灵活运用，但缺点是定义大了浪费空间，定义小了不够用。

程序中定义了一个一维数组 aver[N]，用于存放平均成绩；当然也可以不定义，直接在二维数组的第 2 维加一个元素，用于存放平均成绩。例如，定义 a[N][5]，前 4 个元素存放课程成绩，第 5 个元素存放平均成绩。请读者自行修改实现。

在引用数组元素时，可以使用下标法，比较直观；也可以使用指针法，执行效率高。但编程时应根据实际情况而定，指针法通常用于函数参数及函数中的数组引用，详见第 5 章。

4.4 字符数组和指针

C 语言中虽然没有提供字符串类型，但可以通过字符数组处理字符串。**字符数组**是指用来存放字符数据的数组，即数据类型为 char 的一维数组，每一个元素存放一个字符。

4.4.1 字符数组的定义

字符数组的定义方法与一维数组和二维数组的类似，只是类型为 char。例如：

```
char c[10];
```

表示定义了一个字符数组 c，包含 10 个元素，每个元素存放一个字符。

同样，可以定义多维字符数组。例如：

```
char c[5][10];
```

表示定义了一个 5 行 10 列的二维数组，共可存放 50 个字符，存储单元中的存放方式同图 4.11。

由于字符型与整型是相互通用的，因此也可以使用以下定义表示字符数组：

```
int c[10];
```

这种方法虽然合法，但不建议。因为一个 int 型元素需占用 4 字节，浪费存储空间，而且不具备字符串的特点，不便于处理。

4.4.2 字符数组的初始化

允许在定义字符数组时对其进行初始化。字符数组的初始化有以下两种形式。

1. 用字符常量逐个赋初值

类似于整型数组，把字符常量序列放在"{}"中分别赋给各个数组元素。例如：

```
char c[10]={'C',' ','P','r','o','g','r','a','m','!'};
```

把 10 个字符分别赋值给 c[0]~c[9]10 个元素。如果初值个数刚好等于数组长度，则数组长度可以省略。因此，以上定义可写为

```
char c[]={'C',' ','P','r','o','g','r','a','m','!'};
```

如果"{}"中提供的初值个数（字符个数）大于数组长度，则编译出错；如果初值个数小于数组长度，则只将这些字符赋值给前面的数组元素，**后面的数组元素自动赋值为'\0'**。例如：

```
char c[10]={'C','h','i','n','a'};
```

则数组 c 的初始状态如图 4.15 所示。

```
c[0] c[1] c[2] c[3] c[4] c[5] c[6] c[7] c[8] c[9]
 C    h    i    n    a   \0   \0   \0   \0   \0
```

图 4.15　数组 c 的初始状态

4.2.2 节介绍的方法同样适合二维字符数组的初始化，即可以定义并初始化一个二维字符数组。例如：

```
char c[5][5]={{' ',' ','*'},{' ','*','*','*'},
              {'*','*','*','*','*'},
              {' ','*','*','*'},{' ',' ','*'}};
```

或者

```
char c[][5]={{' ',' ','*'},{' ','*','*','*'},
             {'*','*','*','*','*'},{' ','*','*','*'},
             {' ',' ','*'}};
```

```
  *
 ***
*****
 ***
  *
```

用双循环输出该二维字符数组，可得到图 4.16 所示的菱形图案。　图 4.16　菱形图案

2. 用字符串常量直接赋初值

C 语言中，**字符串**是用双撇号括起的、以字符'\0'作为结束标志的一个字符序列。字符串在内存中占用一块连续的存储空间，可以将字符串作为字符数组处理。因此，可以直接将字符串常量作为字符数组的初值。例如：

```
char c[10]={"China"};
```

由于双撇号本身也是一对定界符，因此花括号"{}"也可以省略，直接写为

```
char c[10]="China";
```

赋初值结果如图 4.15 所示。

使用字符串常量给字符数组初始化时，**系统会在末尾自动加上结束标志'\0'**。例如，"C Program!"共有 10 个字符，但在存储单元中需占用 11 字节。因此，以下初始化是错误的：

```
char c[10]="C Program!"; //错误，数组长度小于字符串占用的字节数
```

应改为

```
char c[11]="C Program!";
```

或者

```
char c[]="C Program!";
```

同样，对于二维字符数组，也可以采用如下形式初始化：

```
char c[3][10]={"China","America","Japan"};
char c[][10]={"China","America","Japan"};
```

4.4.3 字符数组的引用

1. 逐个引用数组元素

字符数组中元素的引用与其他类型数组元素的引用相同，可以使用循环方式引用字符数组中的一个元素，即一次循环引用一个字符。

【例 4-14】输出 5 行 5 列的菱形图案。

程序代码：

```c
#include <stdio.h>
int main()
{
    int i,j;
    char c[5][5]={{' ',' ','*'},{' ','*','*','*'},
                  {'*','*','*','*','*'},
                  {' ','*','*','*'},{' ',' ','*'}};
    for(i=0;i<5;i++)
    {
        for(j=0;j<5;j++)
            printf("%c",c[i][j]);
        printf("\n");
    }
    return 0;
}
```

运行结果如图 4.16 所示。

2. 以字符串的形式整体引用

字符串本身是一个整体，以第 1 个字符开始，以第 1 个'\0'字符结束。因此，其可以整体输入/输出。

【例 4-15】输出国家名称。

程序代码：

```c
#include <stdio.h>
int main()
{
    int i;
    char c[3][10]={"China","America","Japan"};
    for(i=0;i<3;i++)
        printf("%s\n",c[i]);
    return 0;
}
```

运行结果：

```
China
America
Japan
```

程序分析：

程序中，使用格式字符"%s"输出字符串，是按字符数组名找到其数组的起始地址，并逐个输出其中的字符，直到遇到'\0'为止。二维字符数组 c 的每一行首地址是 c[i]（c[0]、c[1]和 c[2]），正是每个字符串的起始地址（首地址）。

4.4.4　字符数组的指针

1. 指向字符数组的指针

由于字符数组本身也是一维数组，因此指向字符数组的指针同前面介绍的一维数组的指针一样，可以使用指针引用字符数组元素。

【例 4-16】使用指针输出字符数组。

程序代码：

```c
#include <stdio.h>
int main()
{
    int i;
    char c[10]="China",*p=c;
    for(i=0;p[i]!='\0';i++)
        printf("%c",p[i]);
    printf("\n");
    for(i=0;*(p+i)!='\0';i++)
        printf("%c",*(p+i));
    printf("\n");
    for(;*p!='\0';p++)
        printf("%c",*p);
    return 0;
}
```

运行结果：

```
China
China
China
```

程序分析：

程序中，定义了指向 char 的指针变量 p，并初始化为字符数组的首地址 c，则 c[i]、*(c+i)、p[i]、*(p+i)等价，均表示一个字符，可使用格式字符"%c"输出。由于字符串的结束标志是'\0'，因此"!= '\0'"可作为循环条件，即只要未遇到'\0'就继续输出，否则结束循环。

2. 指向字符串的指针

可以使用指针指向一个字符数组，也可以直接指向字符串。例如：

```c
char *str="C Program!";
```

或者

```
char *str;
str="C Program!";
```

字符串在存储单元中是连续存放的。以上初始化或赋值只是把字符串中的第 1 字符的地址（字符串的首地址）赋值给同类型的指针变量 str。

【例 4-17】使用指针输出字符串。

程序代码：

```
#include <stdio.h>
int main()
{
    char *str="C Program!";
    printf("%s\n",str);
    return 0;
}
```

运行结果：

```
C Program!
```

4.4.5　字符指针变量和字符数组的区别

虽然用字符数组和字符指针变量都能实现字符串的存储和运算，但它们之间是有区别的，主要包括以下几个方面。

1. 存储内容不同

字符数组由若干个元素组成，每个元素存放一个字符；字符指针变量存放的是地址（第 1 个字符的地址），而不是把字符串的所有字符存放到字符指针变量中。

2. 赋值方式不同

字符数组只能逐个给数组元素赋值。不能使用以下方式给字符数组赋值：

```
char c[100];
c="C Program!";        //错误赋值方式
```

这是因为数组名为首地址，是地址常量，不能被赋值，需要使用字符串复制函数 strcpy()。

字符指针变量可以使用以下方式赋值：

```
char *c;
c="C Program!";        //正常赋值，因为 c 是指针变量
```

3. 初始化的含义不同

例如：

```
char c[20]="I love China!";
char *p="I love China!";
```

编译时，系统为字符数组分配 20 字节的存储单元，同时把字符串的各个字符按顺序存放在数组中，多出的存储单元存放空字符'\0'；而系统只为字符指针变量分配 4 字节，用于存放字符串的第 1 个字符的地址。

4. 输入的要求不同

例如：

```
char c[20];
scanf("%s",c);      //数组名已是首地址，不要再加取地址运算符&
```

对于字符数组，这种输入方式是可以的。但常有人使用下面的方法：

```
char *p;
scanf("%s",p);
```

目的是输入一个字符串。虽然一般情况下也能运行，但这种方法是危险的，不建议使用。因为编译时虽然给指针变量 p 分配了存储单元，但 p 的值并未指定，是一个不确定的值。有可能指向空白的（未用的）的存储单元，这种情况可以正常运行；也有可能指向已存放数据或指令的存储单元，这就会影响程序的运行，甚至破坏系统，造成严重的后果。在程序规模小时，由于空白的存储单元多，往往可以正常运行；但当程序规模大时，出现异常的可能性就会变大。应该这样：

```
char *p,str[100];
p=str;
scanf("%s",p);
```

先使 p 有一个确定的值（数组首地址），即指向一个数组的首元素；然后输入一个字符串，把它存放在以该地址开始的存储单元中。

4.4.6　字符数组的输入/输出

1. 使用格式化函数 scanf()和 printf()输入/输出

字符数组的输入/输出可以使用以下两种方法。

1）逐个字符输入/输出。使用格式字符"%c"输入/输出一个字符，如例 4-14 和例 4-16。

2）将整个字符串一次输入/输出。使用格式字符"%s"输入/输出一个字符串，如例 4-15 和例 4-17。

使用格式化输入/输出时要注意以下几点。

1）使用格式字符"%c"时，必须使用循环语句逐个字符输入/输出。

2）使用"%s"格式化输出时，printf()函数中的输出项是字符数组名或地址（指针），而不是数组元素。遇到'\0'结束输出，不论后面是否还有字符，但不包括结束符'\0'。

3）使用"%s"格式化输入时，scanf()函数中的输入项是必须已定义的字符数组名或有确认值的指针变量。输入的字符串长度应该短于字符数组的长度。

4）使用"%s"格式化输入时，遇到空格符、<Tab>符和回车符结束输入，并自动加一个'\0'结束符。例如：

```
char str[100];
scanf("%s",str);
printf("%s",str);
```

从键盘输入：

```
How are you↵
```

运行结果：

```
How
```

因遇空格结束输入，故字符数组中只包含"How"3 个字符，并在"w"字符后自动加上'\0'结束符。

2. 使用 gets()和 puts()函数输入/输出

（1）字符串输入函数 gets()
一般语法格式如下：

```
gets(字符数组名)
```

功能是从标准输入设备（键盘）上输入一个字符串。当**遇到回车符时结束输入**，即字符串中可包含空格符，但输入的字符串长度要小于字符数组的长度。gets()函数执行成功时，返回值为该字符数组的首地址。

（2）字符串输出函数 puts()
一般语法格式如下：

```
puts(字符数组名)
```

功能是将字符数组中的字符串输出到显示器，即在屏幕上显示该字符串。同样，当**遇到第 1 个'\0'时结束输出**。

【例 4-18】从键盘上输入一个字符串，在显示器上输出该字符串。
程序代码：

```c
#include <stdio.h>
int main()
{
    char str[100];
    gets(str);
    puts(str);
    return 0;
}
```

运行结果：

```
How are you↵
How are you
```

4.4.7 字符串处理函数

C 语言的函数库中提供了丰富的字符串处理函数，在使用前应包含头文件"string.h"。下面介绍几个常用的字符串处理函数。

1. 计算字符串长度函数 strlen()

strlen 是 **string length**（字符串长度）的缩写，strlen()函数的一般语法格式如下：

```
strlen(字符串)
```

功能是计算字符串的实际长度，即从第 1 个字符开始到第 1 个'\0'的字符个数，不包含'\0'在内。例如：

```
char s[20]="C Program";
printf("%d %d",sizeof(s),strlen(s));
```

输出 20 和 9，表示字符数组占用 20 字节存储单元，字符串实际长度为 9 个字符。

再如，字符串"abcd\041\087ef"的实际长度为 5，因为转义字符"\041"对应的字符为字母 A，而数字 8 不是八进制，因此转义字符"\0"作为字符串的结束符。

2. 字符串复制函数 strcpy()

strcpy 是 **string copy**（字符串复制）的缩写，strcpy()函数的一般语法格式如下：

```
strcpy(字符数组 1,字符串 2)
```

功能是将字符串 2 复制到字符数组 1 中，字符串的结束字符'\0'也一同复制。字符串 2 也可以是字符数组名。要求：字符数组 1 必须定义得足够大，以便容纳被复制的字符串。例如：

```
char s1[20];
strcpy(s1,"C Program");        // "s1="C Program";"是错误的，不能直接赋值
```

3. 字符串连接函数 strcat()

strcat 是 **string cat**enate（字符串连接）的缩写，strcat()函数的一般语法格式如下：

```
strcat(字符数组 1,字符数组 2)
```

功能是连接两个字符数组中的字符串，把字符串 2 连接到字符串 1 的后面，把得到的结果放在字符数组 1 中。要求：字符数组 1 必须定义得足够大，以便容纳连接后的字符串。例如：

```
char s1[20]="I love ",s2[20]="C Language";
strcat(s1,s2);
puts(s1);                       //输出结果：I love C Language
```

4. 字符串比较函数 strcmp()

strcmp 是 **string comp**are（字符串比较）的缩写，strcmp()函数的一般语法格式如下：

```
strcmp(字符串 1,字符串 2)
```

功能是将两个字符串从左向右按照 ASCII 码值逐个进行比较，直到出现不同的字符或遇到'\0'为止。如全部字符相同，则认为相等；若出现不相同的字符，则以第一个不相同的字符的比较结果为准。

strcmp()函数的返回值即是比较结果：

1）如果返回值为 0，则字符串 1==字符串 2。

2）如果返回值为一正整数，则字符串 1>字符串 2。

3）如果返回值为一负整数，则字符串 1<字符串 2

例如：

```
strcmp("abcd","abcd");          // strcmp("abcd","abcd")==0
```

```
strcmp("abcd","Abcd");          // strcmp("abcd","Abcd")>0
strcmp("abcd","abcde");         // strcmp("abcd","abcde")<0
```

5. 大写字母转换为小写字母函数 strlwr()

strlwr 是 **string lowercase**（字符串小写）的缩写，strlwr()函数的一般语法格式如下：

```
strlwr(字符串)
```

功能是将字符串中的大写字母转换为小写字母。例如：

```
strlwr("Abcd")                  //结果为"abcd"
```

6. 小写字母转换为大写字母函数 strupr()

strupr 是 **string upprcase**（字符串大写）的缩写，strupr()函数的一般语法格式如下：

```
strupr(字符串)
```

功能是将字符串中的小写字母转换为大写字母。例如：

```
strupr("Abcd")                  //结果为"ABCD"
```

4.4.8 字符数组的应用举例

【例 4-19】统计字符个数。从键盘上输入一行字符，统计其中字母字符、数字字符和其他字符的个数。

解题分析：将输入的一行字符存放在一维字符数组中，通过循环逐个判断每一个字符是否为字母字符、数字字符或其他字符，并分别进行计数。

程序代码：

```
#include <stdio.h>
#include <string.h>
#define N 100
int main()
{
    char s[N];
    int i,let_n=0,dig_n=0,oth_n=0;
    printf("Input a strinf:\n");
    gets(s);
    for(i=0;i<strlen(s);i++)
        if(s[i]>='A' && s[i]<='Z' || s[i]>='a' && s[i]<='z')
            let_n++;            //统计字母字符个数
        else if(s[i]>='0' && s[i]<='9')
            dig_n++;            //统计数字字符个数
        else
            oth_n++;            //统计其他字符个数
    printf("Letter:%d,Digit:%d,Other:%d\n",let_n,dig_n,oth_n);
    return 0;
}
```

运行结果：

```
abcdAB 12345 $%&*↵
```

```
Letter:6,Digit:5,Other:6
```

程序分析：

程序中，引用 strlen()函数计算字符串长度 n，并作为循环条件，因此在程序中必须包含"string.h"头文件。另外，注意判断字母有大写字母和小写字母之分，因此判断条件也要分为大写字母和小写字母。

【例 4-20】 统计单词个数。从键盘上输入一行字符，统计其中有多少个单词，单词之间用空格隔开。

解题分析： 单词的个数可通过空格出现的次数来统计（连续空格视为出现一次）。如果出现某一个字符为非空格，而且其前面的字符是空格，则表示新的单词开始，此时计数变量 n 累加 1；如果当前字符为非空格而且其前面的字符也是非空格，则表示是当前单词的延续，计数变量 n 保持不变。为了判别是否为新单词的开始，增加一个标识变量 f，如果未出现单词（空格），则 f=0；如果出现新单词，则 f=1。

程序代码：

```c
#include<stdio.h>
int main()
{
    char str[100];
    int i,n=0,f=0;
    printf("Input a string:\n");
    gets(str);
    for(i=0;str[i]!='\0';i++)
        if(str[i]==' ')
            f=0;
        else if(f==0)        //新单词开始
        {
            n++;
            f=1;
        }
    printf("Number of words:%d\n",n);
    return 0;
}
```

运行结果：

```
Input a string:
I am a student↵
Number of words:4
```

程序分析：

程序中可以使用"str[i]!='\0'"或"*(str+i)!='\0'"作为循环条件，判断字符是否为字符串结束符'\0'。当然，也可将其简写为"str[i]"或"*(str+i)"。

【例 4-21】 选择法排序。输入 n 个国家名称，并按从小到大排列后输出。

解题分析： 选择法排序的基本步骤如下。

1）使用比较法，从 a[0]到 a[n-1]中找出最小数的下标 k，将下标为 k 的最小数 a[k]

与第 1 个数 a[0]进行交换，这样交换后 a[0]就是 a[0]到 a[n-1]中的最小元素。

2）从 a[1]到 a[n-1]中找出最小数的下标 k，将下标为 k 的最小数 a[k]与第 2 个数 a[1]进行交换，这样交换后 a[1]就是 a[1]到 a[n-1]中的最小元素。

3）如此反复，继续查找剩余数中最小数的下标，并与其对应位置的数据交换。经过 n-1 趟的选择交换，完成从小到大排序。

本例采用二维字符数组存放 n 个国家名称，同时把二维字符数组看作一个特殊的一维数组，其中每一个元素为一个字符串（国家名称），并使用选择法对该一维数组进行升序排序。

程序代码：

```c
#include<stdio.h>
#include<string.h>
#define N 100
int main()
{
    char country[N][20],(*p)[20]=country;
    char t[20];                    //作为交换的临时字符数组
    int i,j,k,n;
    printf("Input n:");
    scanf("%d",&n);
    printf("Input country name:\n");
    for(i=0;i<n;i++)               //输入 n 个国家名称
        scanf("%s",p[i]);
    for(i=0;i<n-1;i++)             //控制趟数
    {
        k=i;                       //默认 i 是最小数的下标
        for(j=i+1;j<n;j++)         //查找最小数的下标 k
            if(strcmp(p[k],p[j])>0)          //比较两个字符串
                k=j;
        if(k!=i)       //如果最小数的下标不是原默认的 i，那么交换两个字符串
        {
            strcpy(t,p[k]);
            strcpy(p[k],p[i]);
            strcpy(p[i],t);
        }
    }
    printf("Sorted country name:\n");
    for(i=0;i<n;i++)          //输出排序后的 n 个国家名称
        printf("%s ",p[i]);
    return 0;
}
```

运行结果：

```
Input n:5↵
Input country name:
```

```
China France Britain Russia America↵
Sorted country name:
America Britain China France Russia
```

程序分析:

程序中,定义了一个指向一维字符数组的指针变量 p,并初始化为二维字符数组的数组名 country,因此 p 等价于 country。必须注意的是,字符串不能直接比较和赋值,因此引用字符串处理函数 strcmp()和 strcpy()进行比较和赋值。

4.5　多级指针和指针数组

由于指针变量在编译时也被分配存储单元,也有对应的地址,因此可以定义专门用来存放指针变量的地址的指针变量和数组,即多级指针和指针数组。

4.5.1　多级指针

1. 多级指针的概念

首先回顾 4.1 节中指针的定义,可以定义一个指针变量用来存放普通变量的地址,然后通过指针变量存取变量的值,这种存取方式称为间接存取或间接访问。例如:

```
int x,*p=&x;
*p=10;          //间接地给变量 x 赋值为 10
```

其中,语句"*p=10;"是先通过指针变量 p 找到变量 x 的地址,再给变量 x 赋值,即只要通过一次间接存取就能存取变量的值,这种指针称为一级指针,如图 4.17(a)所示。

如果再把指针变量 p 的地址存放在另一个指针变量 q 中,那么可以通过指针变量 q 找到指针变量 p 的地址,再通过指针变量 p 找到变量 x 的地址,这样通过两次间接存取才能存取变量的值,这种指针称为二级指针,也称为指向指针的指针,如图 4.17(b)所示。如果再把指针变量 q 的地址存放在另一个指针变量中,就构成多级间接存取,即多级指针,如图 4.17(c)所示。通常只用到二级指针,因为级数越多,存取速度越慢,也越不容易理解其存取机制。

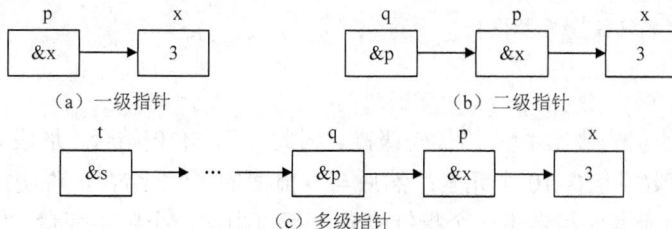

图 4.17　通过指针变量存取普通变量

2. 多级指针变量的定义

定义多级指针变量,即在定义时在指针变量前加多个指针变量说明符"*"。加一个"*"为一级指针变量,加两个"*"为二级指针变量,以此类推,加多个"*"即为多级指针变量。例如：

```
int x;           //定义一个普通变量
int *p;          //定义一个一级指针变量，用于存放 int 型变量的地址
int **q;         //定义一个二级指针变量，用于存放指向 int 型指针变量的地址
int ***t;        //定义一个三级指针变量，用于存放指向 int 型指针变量的地址
p=&x;            //使指针变量 p 指向 int 型变量 x
q=&p;            //使指针变量 q 指向存放 int 型变量地址的指针变量 p
t=&q;            //使指针变量 t 指向存放 int 型指针变量地址的指针变量 q
```

以上定义及赋值后的指针变量之间的关系如图 4.18 所示。

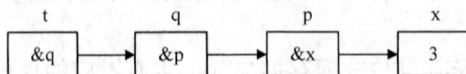

图 4.18　指针变量间的关系

3. 多级指针变量的引用

引用多级指针变量，即是引用时在指针变量前加多个指针运算符 "*"。加一个 "*" 为一级指针变量引用，加两个 "*" 为二级指针变量引用，以此类推，加多个 "*" 即为多级指针变量引用。例如：

```
x=10;
*p=10;
**q=10;
***t=10;
```

以上 4 个赋值语句的运行结果是一样的，都是给变量 x 赋值 10。由于指针运算符 "*" 的结合性是自右向左，因此 "**q" 等价于 "*(*q)"，要经过二次间接存取后才能存取到变量 x 的值。

4.5.2　指针数组

指针数组是指一个数组中的元素均为指针类型数据，即指针数组中的每一个元素都相当于一个指针变量。定义一维指针数组的语法格式如下：

类型名 *数组名[数组长度];

例如：

```
int *p[10];
```

由于 "[]" 的优先级比 "*" 的优先级高，因此 p 先与[10]结合，形成 p[10]数组形式，p 是数组名，该数组包含 10 个元素；然后与 p 前面的 "*" 结合，说明此数组是指针类型，即每个数组元素（相当于一个指针变量）都可指向一个整型变量。

注意：不要写成 "int (*p)[10];"，这是指向一维数组的指针变量。

指针数组比较适合用来指向若干个字符串，使字符串处理更加方便灵活。例如，在例 4-21 中，用二维字符数组可以存放若干个字符串，但在排序时要交换两个字符串比较费时。若用指针数组保存每一个字符串的首地址，则针对指针数组排序，而字符串的位置不变，只要交换字符串的首地址即可，可以大大提高排序效率。指针数组排序前后

对比如图 4.19 所示。

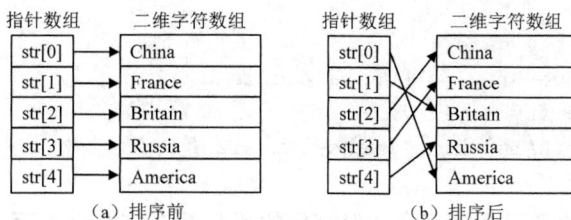

图 4.19　指针数组排序前后对比

【例 4-22】选择法排序。输入 n 个国家名称，并按从小到大排列后输出。使用指针数组修改例 4-21 的程序代码。

程序代码：

```c
#include<stdio.h>
#include<string.h>
#define N 100
int main()
{
    char country[N][20],*p[N];
    char *t;                      //作为交换的临时指针变量
    int i,j,k,n;
    for(i=0;i<N;i++)              //为指针数组赋初值,每个元素指向一个字符串
        p[i]=country[i];
    printf("Input n:");
    scanf("%d",&n);
    printf("Input country name:\n");
    for(i=0;i<n;i++)              //输入 n 个国家名称
        scanf("%s",p[i]);
    for(i=0;i<n-1;i++)           //控制趟数
    {
        k=i;                      //默认 i 是最小数的下标
        for(j=i+1;j<n;j++)       //查找最小数的下标 k
            if(strcmp(p[k],p[j])>0)      //比较两个字符串
                k=j;
        if(k!=i)                  //如果最小数的下标不是原默认的 i,那么交换两个地址
        {
            t=p[k];
            p[k]=p[i];
            p[i]=t;
        }
    }
    printf("Sorted country name:\n");
    for(i=0;i<n;i++)        //输出排序后的 n 个国家名称
        printf("%s ",p[i]);
    return 0;
}
```

运行结果：

```
Input n:5↵
Input country name:
China France Britain Russia America↵
Sorted country name:
America Britain China France Russia
```

程序分析：

程序中，比较的是两个字符串，但交换的不是两个字符串，而是两个字符串的首地址，这样大大提高了交换效率。

4.6 数组应用的安全问题

在 C 语言中，系统对数组元素下标的引用并不自动检验是否越界，若数组元素下标越界引用或输入的字符串长度超出字符数组的长度，可能造成程序运行异常，甚至系统崩溃，还有可能被攻击者利用。

4.6.1 缓冲区溢出漏洞

在操作系统中，**缓冲区**是指用来存放程序运行时所产生的临时数据、内存地址连续且大小有限的内存区域。根据程序中内存的分配方式和使用目的，一般可将缓冲区分为栈缓冲区和堆缓冲区。**栈缓冲区**是指由编译系统分配释放的内存区域，用来存放局部变量、函数参数等数据；**堆缓冲区**是指由用户动态分配（运用 malloc、realloc 或 new 实现）释放（运用 free 或 delete 实现）的内存区域。本节主要介绍栈缓冲区溢出问题，堆缓冲区溢出将在第 6 章中介绍。

程序在处理用户数据时，若未能对其大小或字符串长度进行适当的限制，在进行赋值、复制、填充时没有对这些数据限定边界，则有可能导致实际处理的数据大小或长度超出内存中目标缓冲区的区域，使得内存中的一些关键数据被覆盖；或者说当向为某特定数据分配的内存区域以外写入数据时，就会发生**缓冲区溢出**。

如果攻击者通过精心设计的数据进行溢出覆盖，则就有机会利用缓冲区溢出漏洞修改内存中的数据，改变程序执行流程，劫持进程，执行恶意代码，最终获得主机控制权。

自从 1988 年的莫里斯蠕虫病毒事件以来，缓冲区溢出漏洞攻击一直是最普遍的、危害最大的攻击手段。因此，在编程过程中要注意防范缓冲区溢出漏洞的发生，以免遭受攻击。

4.6.2 栈缓冲区溢出原理

在程序设计中，**栈**是指一种先进后出或后进先出的数据结构。入栈（PUSH）和出栈（POP）是栈常用的两种操作。栈包括栈顶（TOP）和栈底（BASE）两个栈指针，分别用 ESP（extended stack pointer，栈指针寄存器）和 EBP（extended base pointer，基址指针寄存器）表示，其中 ESP 用于存放当前栈帧的栈顶指针，EBP 用于存放当前栈帧的栈底指针，如图 4.20 所示。

由于 C 语言是函数式（函数将在第 5 章详细介绍）语言，因此 C 语言程序在编译运行时，系统为每个函数调用都分配了一个称为栈帧的内存空间。每个栈帧都是一个独立的栈结构。通常把所有函数调用栈帧的集合称为系统栈。

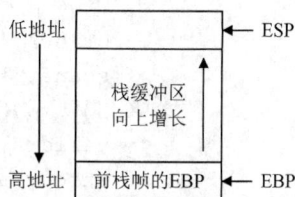

图 4.20 栈缓冲区

栈帧的生长方向一般是从高地址向低地址增长，如图 4.20 所示。而一个局部数组的空间是从低地址向高地址增长，如有定义"int a[10];"，数组元素 a[0] 的地址小于数组元素 a[9] 的地址。由于栈帧的空间有限，如果将数据（特别是字符串）复制到局部数组缓冲区中，就有可能超出缓冲区区域，导致高地址部分的其他数据被覆盖。根据被覆盖的数据不同，可能会产生以下情况。

1）覆盖其他的局部变量。如果被覆盖的局部变量是条件变量，那么可能会改变程序原本的执行流程（如例 4-8）。

2）覆盖上一栈帧的 EBP 值。修改了函数执行结束后要恢复的栈指针，将会导致栈帧失去平衡。

3）覆盖返回地址。通过覆盖方式修改函数的返回地址，使程序代码执行"意外"的流程。

4）覆盖参数变量。修改函数的参数变量也可能改变当前函数的执行结果和流程。

5）覆盖上级函数的栈帧，且能正常返回上级函数，则影响上一级函数的执行结果和流程。

如果被复制的数据内包含一系列指令的二进制代码，一旦栈缓冲区溢出修改了函数的返回地址，并将该地址指向这段二进制代码的真实位置，那么就完成了基本的溢出攻击行为。但实际上这种攻击行为比较难实现，因为操作系统每次加载可执行文件到进程空间的位置是无法预测的，所以栈的位置实际上是不固定的，通过硬编码覆盖新返回地址的形式并不可靠。为了能准确定位 shellcode（泛指希望植入进程的代码）的地址，需要借助一些额外的操作，其中最经典的是借助跳板的栈溢出形式（读者可自行查阅相关资料）。

4.6.3 栈溢出举例

下面通过一个小程序来理解栈缓冲区溢出漏洞。

【例 4-23】程序功能如下：校验用户输入的密码是否与预设密码（1234567）相同，若相同，则显示"Login Succeeded!"；否则显示"Login Failed!"，并要求继续输入密码，直到校验成功。程序的运行环境：32 位 Visual C++ 6.0。

程序代码：

```
#include<stdio.h>
#include<string.h>
int main() {
    char password[20];          //保存输入的密码
    int valid_flag;             //保存验证结果，失败为 0，成功为 1
    char buffer[8];
```

```
        while (1) {
            printf("Please input password:");
            scanf("%s", password);          //输入密码
            //以下为校验密码，设系统密码为 1234567
            valid_flag = strcmp(password, "1234567");
            strcpy(buffer, password);        //暂存密码
            //以下为判断校验结果，若为 0 则成功，即密码相同，否则失败
            if (valid_flag==0)
            {
                printf("Login Succeeded!\n");
                break;
            }
            else
                printf("Login Failed!\n");
        }
        return 0;
    }
```

运行结果：

```
    Please input password:11111111↵
    Login Failed!
    Please input password:22222222↵
    Login Succeeded!
```

程序分析：

程序中，变量和数组存储空间均属于栈缓冲区，根据 2.2.4 小节所述可知，它们的分布情况如图 4.21 所示。整型变量 valid_flag 占 4 字节，其缓冲区紧挨在数组 buffer 之后，若越界引用数组元素 buffer[8]~buffer[11]这 4 个字符，则正好是变量 valid_flag 中 4 字节的值。

当输入的密码字符串（如 11111111）小于 1234567 时，变量 valid_flag 的值为-1，-1 转为二进制（补码）存入缓冲区，即 buffer[8]、buffer[9]、buffer[10]、buffer[11]这 4 字节分别存入 11111111 11111111 11111111 11111111。执行 strcpy()函数后，8 位密码复制到数组 buffer 中，刚好把字符串结束标志"\0"存入 buffer[8]，即 buffer[8]、buffer[9]、buffer[10]、buffer[11] 内 存 的 值 为 00000000 11111111 11111111 11111111。因为整数的低位在前，高位在后，所以变量 valid_flag 的值-1 的补码为 11111111 11111111 11111111 00000000。把-1 的补码转为原码为 10000000 00000000 00000001 00000000，其对应十进制为-256。因此，变量 valid_flag 的值为非 0，if 语句条件为假，显示"Login Failed!"，要求重新输入密码。当输入的密码字符串（如 22222222）大于 1234567 时，变量 valid_flag 的值为 1，转

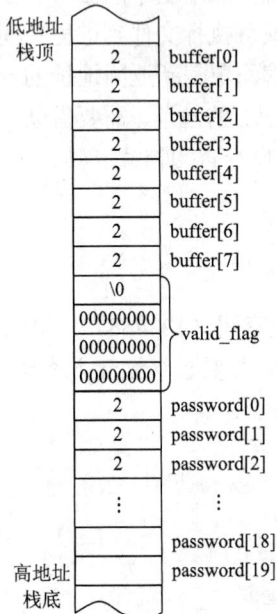

图 4.21　变量分布情况

为二进制（补码）存入缓冲区。由于整数低位在前，高位在后，因此在 buffer[8]、buffer[9]、buffer[10]、buffer[11]这 4 字节分别存入 00000001 00000000 00000000 00000000。执行 strcpy()函数后，8 位密码复制到 buffer 时，刚好把结束标志"\0"存入 buffer[8]，即 buffer[8]、buffer[9]、buffer[10]、buffer[11]缓冲区的值分别为 00000000 00000000 00000000 00000000，如图 4.21 所示。所以，变量 valid_flag 的值为 0，if 语句条件为真，显示"Login Succeeded!"，并结束循环退出输入。因此，即使输入错误密码，但只要输入大于预设密码的 8 位字符串，都会显示"Login Succeeded!"，并结束程序。

4.6.4　数组安全问题的防范

1. 指定和检查数组元素下标的上下边界

为了提高运行效率，给程序开发员更大的空间，为指针操作带来更多的方便，C 语言内部本身不检查数组元素下标表达式的取值是否在合法范围内，也不检查指向数组元素的指针是不是移出了数组的合法区域。因此，在编程中使用数组时就必须格外谨慎，在定义数组时必须指定足够大的数组长度，在对数组进行读写操作时都应当进行相应的检查，以免对数组的操作超出数组的上下边界，从而发生缓冲区溢出漏洞。例如，在写处理数组的函数时，一般应该有一个下标范围参数，并声明参数为 size_t 类型（定义在 stddef.h 头文件中，用来记录数据大小无符号整型），防止传递负数；在处理字符串时总检查是否遇到空字符'\0'，以及字符总长度是否超出数组的长度。

2. 使用安全函数

为了避免潜在的安全漏洞和攻击，新标准的 C 语言提供了一些安全函数。

（1）strcpy_s()函数

strcpy_s()函数用于将一个字符串复制到另一个字符串中，并且自动添加字符串结束符'\0'。与 strcpy()函数不同的是，strcpy_s()函数在编译时会进行参数检查，确保目标字符串的大小足够大，避免缓冲区溢出风险。

（2）strncpy_s()函数

strncpy_s()函数与 strcpy_s()函数类似，但是其只复制指定长度的字符串，避免了缓冲区溢出的问题。开发者需要注意的是，在使用 strncpy_s()函数时，需要手动添加字符串结束符'\0'，以确保字符串正确结束。

（3）strcat_s()函数

strcat_s()函数用于将一个字符串连接到另一个字符串的末尾，并自动添加字符串结束符'\0'。该函数在编译时会进行参数检查，确保目标字符串的大小足够大，避免缓冲区溢出风险。

（4）strncat_s()函数

strncat_s()函数与 strcat_s()函数类似，但是其只追加指定长度的字符串。同样需要注意，在使用 strncat_s()函数时，需要手动添加字符串结束符'\0'，以确保字符串正确结束。

（5）sprintf_s()函数

sprintf_s()函数用于格式化字符串输出。该函数可以将格式化的字符串写入一个字符数组中，并且在编译时进行参数检查，确保目标字符串的大小足够大，避免缓冲区溢出风险。

（6）scanf_s()函数

scanf_s()函数用于从标准输入中读取格式化的数据。该函数在编译时会进行参数检查，确保输入数据的大小符合要求，避免缓冲区溢出风险。

（7）fopen_s()函数

fopen_s()函数用于打开一个文件，并返回一个文件指针。该函数在编译时会进行参数检查，确保文件打开操作的安全性。同时，fopen_s()函数还可以指定文件打开的模式，如只读、写入、追加等。

（8）gets_s()函数

gets_s()函数用于从标准输入中读取一行字符串，并自动添加字符串结束符'\0'。与gets()函数不同的是，gets_s()函数在编译时会进行参数检查，确保目标字符串的大小足够大，避免缓冲区溢出风险。

（9）memcpy_s()函数

memcpy_s()函数用于将一个内存块的内容复制到另一个内存块中。该函数在编译时会进行参数检查，确保目标内存块的大小足够大，避免缓冲区溢出风险。

（10）memmove_s()函数

memmove_s()函数与memcpy_s()函数类似，但其可以处理内存块的重叠情况。在进行内存块复制时，memmove_s()函数会先将源内存块的内容复制到一个临时缓冲区中，再将缓冲区的内容复制到目标内存块中，确保数据的正确性。

（11）secure_getenv()函数

secure_getenv()函数用于获取环境变量的值。该函数在获取环境变量时，会进行安全检查，避免恶意程序通过修改环境变量进行攻击。

C语言还提供了一些其他的安全函数，如memset_s()、memcmp_s()、strtok_s()等函数。这些函数在处理字符串、内存和文件等操作时，都能够确保程序的安全性，避免潜在的安全漏洞和攻击。开发人员在编写C语言程序时，应该充分利用这些安全函数，以提高程序的安全性和可靠性。

本 章 小 结

本章主要介绍了指针和数组的概念及应用，以及数组在应用过程中可能出现的安全问题，具体如下。

1）指针实质上就是存储单元的地址，而用于存放地址的变量称为指针变量。与指针相关的两个运算符为&和*。在程序设计过程中，正确运用指针，不仅可以提高程序执行的整体效率，还能有效地处理复杂的数据结构。

2）数组是指同一类型数据的集合。数组中的数组元素都拥有共同的名字，每个元素都用下标确定其自身在数组中的位置，数组的下标从 0 开始编号。数组是由一段连续的存储单元构成的，数组名代表该段存储单元的首地址，即下标为 0 元素的地址。

3）数组可以是一维或多维数组（常用是二维数组）。二维数组的数组元素在内存中的存放顺序是按行存储。

4）在程序中处理数组的数据时，是以数组中数组元素为处理对象，逐一进行操作的，不能对数组进行整体操作。

5）指针与数组的关系。针对一维数组，可定义指向数组元素的指针变量；针对二维数组，可定义指向数组元素的指针变量（列指针）和指向一维数组的指针变量（行指针）。因此，对数组元素的引用方法有下标法和指针法。

6）字符数组的每一个数组元素中只能存放一个字符。二维字符数组中的每一行可以看作一个一维字符数组（字符串）。

7）字符串用一维字符数组来存储和处理。字符串以空字符\0 作为结束标志。字符串可以整体输入、输出和处理。

8）二级指针就是指向指针的指针，如果再把指向指针的指针变量地址存放在另一个指针变量中，就构成多级间接存取，即多级指针。

9）指针数组指一个数组中的元素均为指针类型数据，即每一个元素都相当于一个指针变量。指针数组通常用于处理二维字符数组。

10）C 语言编译系统对数组元素下标的引用并不自动检验是否越界，若数组元素下标越界引用或输入的字符串长度超出字符数组的长度，可能产生缓冲区溢出漏洞，造成程序运行异常，甚至系统崩溃，还有可能被攻击者利用。建议使用安全函数处理字符串。

习　　题

1. 指针和指针变量分别指什么？

2. 输入 3 个整数，按从小到大的顺序输出。要求用指针方法处理。

3. 运用筛选法输出 100 以内的所有素数（质数）。

4. 运用选择法将输入的 10 个整数按从小到大的顺序输出。

5. 已有一个按从小到大排好序的数组，编写程序，实现输入一个数，插入该数组中，并保持有序（从小到大）。

6. 输入 n 个数，输出它们的平均值（小数保留 1 位），其中 n 由键盘输入。

7. 编写一个程序，功能如下：首先输入 10 个数；然后将其中最小的数与第一个数交换位置，最大的数与最后一个数交换位置；最后使用指针法输出这 10 个数。

8. 将一个数组的数据逆序重新存放。例如：

原来的数据顺序：1 3 5 7 9

逆序的数据顺序：9 7 5 3 1

9. 有 n 个整数，将其向右移 m 个位置，被移出的 m 个数变成前面的 m 个数，并使用指针法输出这 n 个整数。例如：

设 n 为 10，m 为 4。

原来的数据顺序：1 2 3 4 5 6 7 8 9 10

移动后的数据顺序：7 8 9 10 1 2 3 5 6

10. 猴子选大王。选举方法：设有 n 只猴子，围成一圈，顺序排号（1、…、n）。从第 1 只猴子开始报数（从 1 到 m 循环报数），凡是报到 m 的猴子退出圈子，最后留下的一只猴子就是大王。

11. 输入两个大正整数（位数不超过 100），求这两个大正整数之和。

12. 将一个 4 行 5 列的矩阵转置后输出。

13. 输出以下杨辉三角形（要求输出前 10 行）。

```
              1
           1     1
        1     2     1
     1     3     3     1
  1     4     6     4     1
```

14. 输出奇数魔方阵。奇数魔方阵是指将 $1 \sim n^2$（n 为奇数）的数字排列成的 n×n 方阵，使得各行、各列与各对角线的和均相等。例如，当 n=5 时，奇数魔方阵如下：

```
11  10   4  23  17
18  12   6   5  24
25  19  13   7   1
 2  21  20  14   8
 9   3  22  16  15
```

15. 找出一个二维数组中的鞍点，即该位置上的数组元素值在该行上最大，在该列上最小。该二维数组也有可能没有鞍点。

16. 输入一个 n×n 方阵，判断该方阵是否以主对角线对称。

17. 输入一个 n×m 矩阵，输出下三角（含主对角线）的所有数之和。

18. 设有 n 个学生，每个学生有 4 门课程成绩，要求对每一门课程成绩按从高到低排序，并分别用指向数组元素的指针和指向一维数组的指针输出排序后的所有成绩。

19. 输入一个字符串，统计其中大写字母、小写字母、数字字符和其他字符个数。

20. 输入一个字符串，判断其是否为回文，即对称字符串。如 abcdcba。

21. 输入一个字符串，删除其中的数字字符。

22. 输入一个字符串，输出该字符串的长度。要求不能使用 strlen() 函数。

23. 统计单词个数。从键盘上输入一行字符，统计其中有多少个单词，单词之间用空格隔开（可能有多个空格）。

24. 输入一个含数字字符的字符串，输出所有数字之和。例如，输入 a12b3d4ef56，输出 21。

25. 输入一个字符串，将其中所有大写字母改为对应的小写字母，所有小写字母改为对应的大写字母。

26. 输入 n 个国家英文名称，使用冒泡法排序，按从小到大的顺序输出，输出时每个名称间用一个空格隔开，其中 n 由键盘输入。要求使用指针数组实现排序，使用指向指针的指针输出 n 个国家名称。

27. 设有定义"int *p[10];"和"int (*p)[10];"，它们之间有什么区别？
28. 使用数组过程中，可能出现哪些安全问题？应该如何防范？
29. 什么是缓冲区溢出漏洞？
30. 处理字符串的过程中，可能出现什么问题？应该如何防范？

第5章 函数和指针

通过前几章的学习，相信读者可以编写一些比较简单的 C 语言程序，而且这些程序代码都编写在主函数 main() 中，并存放在同一个源文件（.c/.cpp）。如果待解决的问题比较复杂，功能也比较多，将程序代码全部集中在主函数 main() 中，就会使得主函数 main() 变长，程序结构复杂，可读性差，不便维护。特别是有些功能需重复使用，代码就必须重复编写，造成代码冗长。因此，程序设计通常采用"自顶向下、逐步细化、模块化"的思想，每个模块只实现一个特定功能，最后像搭积木一样进行组装，一些模块也可重复使用。这样，每个模块功能单一，代码简单，容易编写，整体结构清晰，易于维护和功能扩充。

在 C 语言中，功能模块用函数实现，一个函数就是一个功能模块。C 语言函数分为库函数和用户自定义函数，其中库函数由系统定义或其他厂商提供，用户自定义函数由用户根据特定问题的要求编写。

本章主要介绍函数的定义与调用、函数参数的传递、嵌套调用和递归调用、变量的作用域与生存期、函数的指针、文件包含等内容。

5.1　函　数　概　述

函数是 C 语言程序的基本单位，一个 C 语言源程序可以由一个主函数 main() 和其他自定义函数组成。

5.1.1　函数的概念

函数（function）是用来完成某个特定功能的程序段，是构成 C 语言源程序的基本单位。下面先举一个例子，分析在编写 C 语言程序时引入函数的必要性。

【例 5-1】编写一个程序，计算组合数 $C_n^m = \dfrac{n!}{m!(n-m)!}$ 的值。

程序代码：

```
#include<stdio.h>
int main() {
    int n,m,i;
    int c,c1,c2,c3;
    printf("Please input n and m:");
    scanf("%d%d",&n,&m);
    c1=1;
    for(i=1;i<=n;i++)          //计算 n!
        c1=c1*i;
```

```
        c2=1;
        for(i=1;i<=m;i++)              //计算m!
            c2=c2*i;
        c3=1;
        for(i=1;i<=n-m;i++)            //计算(n-m)!
            c3=c3*i;
        c=c1/(c2*c3);
        printf("Combinatorial Numbers is %d.\n",c);
        return 0;
    }
```

运行结果：

```
Please input n and m:6 4↵
Combinatorial Numbers is 15.
```

程序分析：

程序中，主要是计算 n!、m! 和(n-m)!，其核心代码是一样的，只是条件值不同，导致计算阶乘代码重复出现 3 次。若能把计算阶乘代码独立成一个自定义函数，在主函数 main()中调用 3 次，传递不同的参数，分别计算不同的阶乘，这样代码就可重复利用，而且使程序变得更加简单。现将程序代码修改如下：

```
#include<stdio.h>
int main() {
    int n,m;
    int c;
    int fact(int n);                     //函数声明
    printf("Please input n and m:");
    scanf("%d%d",&n,&m);
    c=fact(n)/(fact(m)*fact(n-m));       //调用 3 次计算阶乘函数 fact()
    printf("Combinatorial Numbers is %d.\n",c);
    return 0;
}
int fact(int n)                          //计算阶乘函数
{
    int c,i;
    c=1;
    for(i=1;i<=n;i++)                    //计算 n!
        c=c*i;
    return c;
}
```

从修改后的程序可以看到，定义专门用来计算阶乘的函数 fact()，在主函数 main()中通过 "fact(n)/(fact(m)*fact(n-m))" 对函数 fact()进行 3 次调用来计算组合数。这种使用自定义函数的模块化编程思想，能使程序结构变得清晰简洁，代码可重复利用。若在程序设计中善于利用函数，可以减少程序开发人员重复编写代码的工作量，有利于方便实现模块化程序设计，也有利于程序的调试、维护和扩展。

通常，一个 C 语言程序的结构如图 5.1 所示。

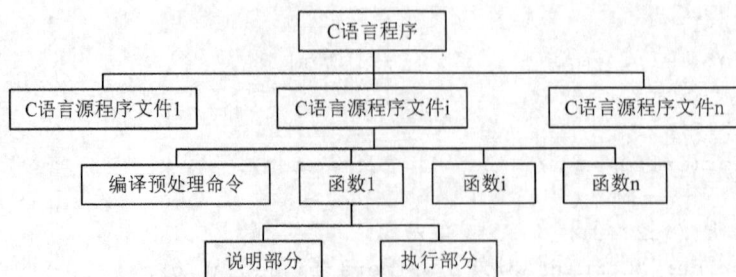

图 5.1　C 语言程序的结构

1）一个 C 语言程序由一个或多个源程序文件组成。通常对于较大的程序，不希望把所有程序代码放在一个文件中，而是将函数或其他内容（如宏定义）分别放在若干个源程序文件中，再由若干个源程序文件组成一个 C 语言程序。这样，可以多人分别编写，分开编译，提高编程效率。一个源程序文件也可以为多个 C 语言程序共享使用。

2）一个源程序文件由一个或多个函数组成。一个源程序文件是一个编译单位，可以单独编译。

3）C 语言程序中有且仅有一个主函数 main()，而且总是从主函数 main()开始执行，调用其他函数后返回到主函数 main()，在主函数 main()中结束整个程序的执行。主函数 main()是由系统调用的。

4）所有函数都是平行的，相互独立的，一个函数不能包含另一个函数，即函数不能嵌套定义。函数间可以相互调用、嵌套调用、递归调用，但不能调用主函数 main()。

5.1.2　函数的分类

从用户的使用角度来看，函数可分为以下两类。

1）标准函数：即库函数，由系统提供，用户不必自己定义，通过包含头文件后可以直接使用这些函数。需要说明的是，不同的 C 语言系统提供的库函数的功能和数量有所不同，当然一些基本的函数是相同的。

2）用户自定义函数：用户根据需要，专门编写的实现某个特定功能的函数。

从函数的形式上来看，函数可分为以下 3 类。

1）无参函数：没有形参的函数。在调用无参函数时，主调用函数不需要将数据传递给被调用函数。无参函数一般用于执行特定的一组操作。无参函数可以有返回值，也可以没有返回值。

2）有参函数：含有形参的函数。在调用有参函数时，主调用函数必须将数据（实参）传递给被调用函数的形参，实参和形参的个数和对应类型要一致。也就是说，主调用函数可以将数据传递给被调用函数使用，被调用函数中的数据也可以带回来供主调用函数使用。

3）空函数。空函数的一般形式如下：

```
类型说明符 函数名()
{ }
```

例如：

```
void empty(){}
```

调用此函数时，什么也不执行。在将来准备扩展功能的地方写上一个空函数，可以先占一个位置，以后用一个编写好的函数替换它。这样，程序结构清晰，可读性好，以后扩展新功能方便，对程序结构影响不大。需要说明的是，函数首必须与将来采用的函数一致。

5.2　函数的定义与调用

用户自定义函数必须先定义才能调用。函数的定义是指根据特定问题给出完整的函数描述（包括函数首和函数体）。函数的调用是指使用该函数的功能。

5.2.1　函数的定义

C 语言中函数与变量一样，必须"**先定义，后使用**"。函数定义的一般语法格式如下：

```
[存储类别] 类型标识符 函数名([形式参数表列])
{
     声明部分（定义所需变量）
     执行部分（各种语句）
}
```

其中：

1）定义的首行称为函数首，通常包含类型、函数名、圆括号和形参。

2）存储类别是指函数的作用范围。根据函数能否被其他源程序文件调用，将函数分为内部函数（static）和外部函数（extern）。**内部函数**只能被本文件中的其他函数调用，定义时在函数名和类型标识符的前面加 static；**外部函数**则能被其他文件中的函数调用，定义时省略存储类别将默认为外部函数，或定义时在函数首的最左侧加 extern。

3）类型标识符用于指定函数返回值的类型。如果省略类型标识符，系统默认返回值类型为 int 型；如果函数无返回值，则应用空类型 void 定义函数的类型。

4）函数名是用户给函数起的名字，必须是一个合法的标识符，而且在同一个程序中必须唯一。

5）形式参数表列可以省略，表示**无参函数**，但函数名后的**圆括号不能省略**。形参表列可以由一个或多个形参变量的定义组成，多个变量间用英文逗号隔开，其一般语法格式如下：

```
类型标识符 形参名1,类型标识符 形参名2,…,类型标识符 形参名n
```

6）由花括号"{}"括起来的复合语句称为函数体，主要包含函数体中需要使用的变量定义及完成函数功能的语句。函数体中不能定义另一个函数，即**函数不能嵌套**定义。

【例 5-2】定义一个无参无返回值的菜单函数 menu()，用于显示用户可选项。

程序代码：

```
void menu()
{
     printf("*****Select Menu*********\n");
```

```
printf("*     1.Input Data        *\n");
printf("*     2.Sort Data         *\n");
printf("*     3.Output Data       *\n");
printf("*     0.Exit              *\n");
printf("**************************\n");
printf("Please select(0~3):");
}
```

程序分析：

由于函数的主要功能是输出，无须返回数据，也无传入数据，因此函数的类型需用 void 说明，无须指定函数的形参，但圆括号不能省略。

【例 5-3】定义一个函数 max()，其功能是返回两个数中的较大数。

程序代码：

```
int max(float x,float y )
{
    float max;
    max=x>y?x:y;
    return max;
}
```

程序分析：

程序中，第 1 行说明 max()函数是一个整型，其返回值是一个整数；形参 x 和 y 为单精度类型，其值是由主调用函数在调用时传递过来的。由"{}"括起的是函数体，首先说明函数在执行过程中所需的变量，接着执行相应功能的语句，最后 return 语句将执行结果（较大数）返回给主调用函数。在有返回值的函数中至少应包含一个 return 语句。

5.2.2　函数的返回值

通过函数调用使主调用函数得到的一个确定的值就是函数的返回值。函数的返回值必须由 return 语句带回到主调用函数。

return 语句的语法格式有以下 3 种：

```
return 表达式;
return (表达式);
return;
```

下面对 return 语句作一些说明。

1）前 2 种形式等价，都是把表达式的值带回到主调用函数；第 3 种形式只是强行返回主调用函数，并不带回任何值，一般用于 void 类型函数。若 void 类型函数没有 return 语句，则执行到该函数最后一个右花括号"}"结束。

2）一个函数中可以有一个以上的 return 语句，执行到哪一个 return 语句，哪一个 return 语句就起作用。

3）函数应当指定类型，如果函数的类型和 return 语句中表达式的值类型不一致，则以函数类型为准。对数值型数据可以自动转换，即函数类型决定返回值的类型。例如，在例 5-3 中，函数类型为 int 型，返回值（变量 max）为 float 型，函数调用结束，返回值被自动转换为 int 型，并带回到主调用函数。

4）为使程序减少出错，保证正确调用，对于不要求带回函数值的函数，应用 void 定义函数类型，如例 5-2。

5.2.3 函数的调用

1. 函数调用的形式

函数调用的一般语法格式如下：

```
函数名 (实参表列)
```

如果调用的是无参函数，则实参表列为空，但圆括号不能省略。如果调用的是有参函数，则必须给出实参，实参可为常量、变量或表达式，多个实参之间用逗号隔开。**实参和形参的个数要相同，对应类型要一致**。调用时，实参的值按顺序一一传递给形参。需要注意的是，不同的系统实参求值顺序也不一样，有的系统按自左向右的顺序求实参的值，有的系统则按自右向左的顺序求实参的值。

2. 函数调用的方式

按函数在程序中出现的位置划分，有以下 3 种函数调用方式。

（1）函数语句

把函数调用当作一个语句。例如，调用例 5-2 中的 menu()函数：

```
menu();
```

这时不要求函数返回值，只要求函数完成指定的操作。

（2）函数表达式

函数调用出现在一个表达式中，这种表达式称为函数表达式。这时要求函数带回一个确定的值，参加表达式的运算。例如：

```
z=max(x,y);
```

max()函数作为表达式，赋值给变量 z，其调用过程如图 5.2 所示。

（3）函数参数

函数调用作为一个函数的实参。例如：

```
m=max(x,max(y,z));
```

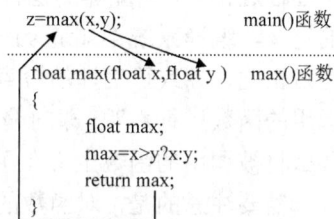

图 5.2 max()函数调用过程

该语句的功能是求 x、y、z 3 个数中的最大值。首先求 y 和 z 中较大数，然后把其结果作为参数，再与 x 组合求两数的较大数，最后得到 3 个数中的最大数，赋值给变量 m。

再如：

```
printf("max=%d\n",max(x,y));
```

把 max()函数作为 printf()函数的一个参数，直接输出其调用结果。

函数调用作为函数的参数，实质上也是表达式调用的一种方式，因为函数的参数本身可以是表达式。

通常情况下，无返回值的函数在语句中调用；而有返回值的函数在表达式中调用，目的是对其返回值做进一步处理。

5.2.4 函数的声明

在 C 语言中，遵循"先定义，后使用"原则，函数也不例外。若函数调用在前，而函数定义在后，则会出错。例如：

【例 5-4】 定义一个函数 sum()，其功能是返回两个数的和。

程序代码：

```
#include <stdio.h>
int main()
{
    float x=5,y=3,z;
    z=sum(x,y);                    //函数调用在前
    printf("sum=%f\n",z);
    return 0;
}
float sum(float x,float y)        //函数定义在后
{
    return x+y;
}
```

运行结果：

编译错误，无法运行。

程序分析：

程序中，sum()函数的定义出现在主调用函数之后。由于系统进行编译时是从上往下逐行进行的，当编译到包含函数调用的语句"z=sum(x,y);"时，在此之前并未遇到 sum 的定义，编译系统不知道 sum 是不是函数名，也无法判断实参（x 和 y）的类型和个数是否正确，导致正确性的检查无法进行，出现编译错误。因此，在函数调用之前应对被调用的函数进行声明，即向编译系统声明将要调用此函数，并将有关信息通知编译系统；要么将被调用的函数定义在主调用函数之前，即先定义后使用，不需要声明。

需要注意的是，对函数的定义和声明不是一回事。**定义**是指对函数功能的确立，包括指定函数名、函数值类型、形参及其类型、函数体等，它是一个完整的、独立的函数单位；而**声明**的作用则是把函数的名字、函数类型及形参的类型、个数和顺序通知编译系统，以便在调用该函数时系统按此进行对照检查（如函数名是否正确、实参与形参的类型和个数是否一致等）。

函数声明的一般语法格式有以下两种：

```
类型标识符 函数名(形参类型 1,形参类型 2,…);
类型标识符 函数名(形参类型 1 参数名称 1,形参类型 2 参数名称 2,…);
```

第 1 种形式是基本的形式。为了便于阅读程序，也允许使用加了形参名称的第 2 种形式，但编译系统不检查形参名称。因此，形参名称是什么无关紧要。例如，将例 5-4 修改如下：

```
#include <stdio.h>
```

```
int main()
{
    float x=5,y=3,z;
    float sum(float a,float b);        //函数声明
    z=sum(x,y);                        //函数调用在前
    printf("sum=%f\n",z);
    return 0;
}
float sum(float a,float b)            //函数定义在后
{
    return a+b;
}
```

从程序中可以看到对函数的声明与函数定义中的第 1 行（函数首部）基本上是相同的。因此，可以简单地在已定义的函数首部再加一个分号 ";"，就成为对函数的声明。函数声明也可以写成如下形式：

```
float sum(float,float);
```

如果已在所有函数定义之前，在函数的外部已进行了函数声明，则在各个主调用函数中不必对所调用的函数再进行声明。

5.3　函数的参数传递

在调用有参函数时，需在主调用函数和被调用函数之间传递数据，称为函数的参数传递。

5.3.1　形参和实参

1. 形参

形参是指定义函数时函数名后面括号中的变量名。由于形参只是形式上的表示，因此形参名称可以与实参名称不同。形参个数可以有 0 个或多个。若形参个数为 0，则称函数为**无参函数**。虽然无参函数没有形参，但函数名后的圆括号不能省略。若形参个数有多个，则称函数为**有参函数**。有参函数中的每一个参数必须是变量或指针变量，且必须分别定义。例如，以下定义是错误的：

```
float sum(float x,y)
```

即每个形参必须有类型标识符。例如：

```
float sum(float x,float y)
```

2. 实参

实参是指调用函数时函数名后面括号中的表达式。由于实参表示实实在在的数据，因此其可以是有确定类型和值的常量、变量、函数调用等各种表达式。实参个数可以 0 个或多个。若实参个数为 0，则调用无参函数。虽然调用无参函数没有实参，但函数名后的圆括号不能省略。若实参个数有多个，则调用有参函数，多个实参间用逗号隔开。

例如：

```
z=sum(x,y);
```

或

```
z=sum(3.5,5.5);
```

或

```
z=sum(a,sum(b,c));
```

3. 关于形参与实参的说明

1）实参和形参的个数应相同，对应的类型应相同或赋值相容（如整数赋值给实型变量是相容的，但实数赋值给整型变量是不相容的）。

2）若实参与形参的类型不一致，则调用时自动将实参的值转换为形参的类型。若无法转换，将出现编译错误。

3）实参和形参分别占用不同的存储单元。

4）形参在函数被调用前不占内存。只有在发生函数调用时，形参及函数体内的变量才被分配内存单元；在调用结束后，形参及函数体内的变量所占用的内存单元也被释放。

5.3.2 实参和形参的数据传递

在函数调用时，若调用的是无参函数，则主调用函数没有数据传递给被调用函数；若调用的是有参函数，则主调用函数逐个计算出实参的值后再赋值给对应的形参。计算顺序由系统决定，有的系统是自左向右，有的系统则是自右向左，因此不要依赖于实参的求值顺序来决定形参的值。

根据实参传递给形参的内容区分，数据传递可以分为值传递和地址传递。

（1）值传递

值传递是指调用函数时将实参的值赋值（复制）给形参。实参可以是常量、变量及各种表达式，只要有确定的类型和值即可；而形参是同类型的变量。另外，由于形参与实参占用不同的存储单元，因此不论形参如何变化，实参仍然保留并维持原值，是单向传递。

（2）地址传递

地址传递是指调用函数时将实参的存储地址赋值（复制）给形参。实参必须是可确定存储地址的数据，如变量和数组元素的地址、数组名等；而形参必须是同类型的指针变量。参数数据的修改有以下两种方式。

1）若在函数中修改的是指针变量的值，那么实参的值仍保持原值，还是单向传递。这是因为地址传递的本质也是值传递，不同的是传递地址值。

2）若在函数中修改的是指针变量所指向的变量或数组元素的值，那么实质上是修改实参地址所对应存储单元的值。这种传递方式可以理解为双向传递。

5.3.3 值传递

值传递的形参是普通变量。当函数调用时，系统为每一个形参临时分配存储单元，并将实参表列中的每一个实参的值赋值给对应的形参，参数传递完成，实参就与形参无关联，即形参的值在函数中不论是否发生变化，都不会影响到实参的值。当函数执行完毕时，形参临时分配的存储单元被释放，系统收回。

【例 5-5】定义一个函数 swap()，其功能是交换两个参数的值。

程序代码：

```
#include <stdio.h>
void swap(int x,int y)
{
    int t;
    t=x;x=y;y=t;              //交换 x 和 y 的值
}
int main()
{
    int a,b;
    a=3;b=5;
    swap(a,b);                //调用交换函数 swap()
    printf("a=%d,b=%d\n",a,b);
    return 0;
}
```

运行结果：

```
a=3,b=5
```

程序分析：

从运行结果来看，调用交换函数 swap() 后，主函数 main() 中的 a 和 b 的值并未发生变化。这是因为实参与形参之间是值传递，形参的变化并没有影响实参的变化。在函数调用前，内存中只有变量 a 和 b，并分别已被赋值，如图 5.3（a）所示；函数调用时，系统为形参 x 和 y 分配存储单元，并把实参 a 和 b 的值分别赋值（复制）给形参 x 和 y，如图 5.3（b）所示；执行 swap() 函数，把 x 和 y 的值进行交换，如图 5.3（c）所示；调用结束，返回主函数 main()，形参 x 和 y 及函数体中的变量（如 t）的存储单元被释放，内存中又只剩变量 a 和 b，并且保持原值不变，如图 5.3（d）所示。

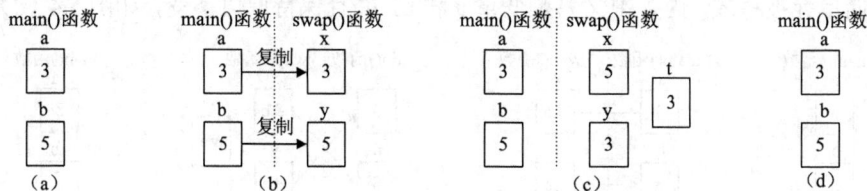

图 5.3　值传递调用函数 swap()

5.3.4　地址传递

地址传递的形参是指针变量。当函数调用时，系统也会为每一个形参临时分配存储单元（用于存放地址值），并将实参表列中的每一个实参的地址值赋值给对应的形参，参数传递完成。在函数执行过程中，若修改的是指针变量的值，则实参保持原值不变，这相当于值传递；若修改的是指针变量所指向的存储单元的值，则实参对应存储单元的值也被修改，这是因为实参和形参的地址值相同，表示的是同一个存储单元。当函数执行完毕时，形参临时分配的存储单元也被释放，被系统收回。

【例 5-6】地址传递（值传递）。定义一个函数 swap()，其功能是交换两个参数的值。

程序代码：

```
#include <stdio.h>
void swap(int *x,int *y)  //形参为指针变量
{
    int *t;                 //定义一个指针变量
    t=x;x=y;y=t;            //交换 x 和 y 的值
}
int main()
{
    int a,b;
    a=3;b=5;
    swap(&a,&b);            //调用交换函数 swap()，实参为变量 a 和 b 的地址
    printf("a=%d,b=%d\n",a,b);
    return 0;
}
```

运行结果：

```
a=3,b=5
```

程序分析：

从运行结果来看，虽然参数传递方式是地址传递，但调用交换函数 swap()后，主函数 main()中的 a 和 b 的值并未发生变化。这是因为实参与形参之间的传递本质上还是值传递，只不过传递的是地址值。在函数调用前，内存中只有变量 a 和 b，并分别已被赋值，如图 5.4（a）所示；函数调用时，系统为形参 x 和 y 分配存储单元，并把实参 a 和 b 的地址分别赋值（复制）给形参 x 和 y，指针变量 x 和 y 分别指向实参 a 和 b，如图 5.4（b）所示；执行函数 swap()时，把 x 和 y 的值进行交换，改变了指针的指向，如图 5.4（c）所示；调用结束，返回主函数 main()，形参 x 和 y 及函数体中的指针变量（如 t）的存储单元被释放，内存中又只剩变量 a 和 b，并且保持原值不变，如图 5.4（d）所示。

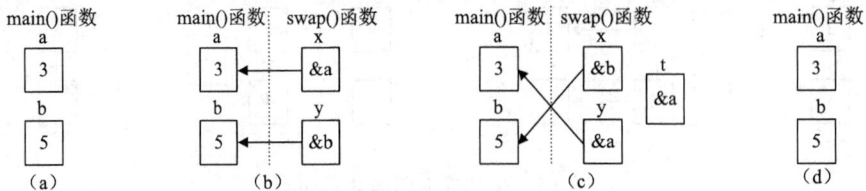

图 5.4　地址传递调用函数 swap()（改变形参值）

【例 5-7】地址传递。定义一个函数 swap()，其功能是交换两个参数的值。

程序代码：

```
#include <stdio.h>
void swap(int *x,int *y)  //形参为指针变量
```

```
{
    int t;                      //定义一个普通变量
    t=*x;*x=*y;*y=t;            //交换的是 x 和 y 所指向变量的值
}
int main()
{
    int a,b;
    a=3;b=5;
    swap(&a,&b);                //调用交换函数 swap()，实参为变量 a 和 b 的地址
    printf("a=%d,b=%d\n",a,b);
    return 0;
}
```

运行结果：

```
a=5,b=3
```

程序分析：

从运行结果来看，调用交换函数 swap() 后，主函数 main() 中的 a 和 b 的值已被交换。这是因为实参与形参之间是地址传递，而且修改的是地址对应的存储单元的值。在函数调用前，内存中只有变量 a 和 b，并分别已被赋值，如图 5.5（a）所示；函数调用时，系统为形参 x 和 y 分配存储单元，并把实参 a 和 b 的地址分别赋值（复制）给形参 x 和 y，指针变量 x 和 y 分别指向实参 a 和 b，如图 5.5（b）所示；执行 swap() 函数时，把 x 和 y 所指向的值进行了交换，如图 5.5（c）所示；调用结束，返回主函数 main()，形参 x 和 y 及函数体中的变量（如 t）的存储单元被释放，内存中又只剩变量 a 和 b，但它们的值已经被交换，如图 5.5（d）所示。

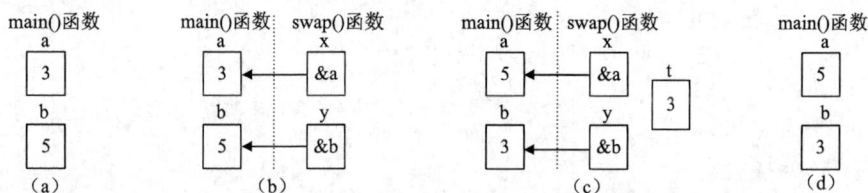

图 5.5 地址传递调用函数 swap()（改变实参值）

需要注意的是，如果把 swap() 函数写成如下形式：

```
void swap(int *x,int *y)        //形参为指针变量
{
    int *t;                     //定义一个指针变量
    *t=*x;*x=*y;*y=*t;          //交换的是 x 和 y 所指向变量的值
}
```

则把其中的 t 定义为指针变量。这种写法在小规模的程序中可能会运行正常，但在大规模的程序中很有可能出现异常，甚至系统崩溃。这是由于 t 未被赋初值，是一个不确定的地址，若刚好是一个重要存储单元的地址，其存储内容被覆盖，就会导致异常，因此不建议使用这种写法。

总之，如果想通过函数调用得到 n 个要改变的值，必须具备两个条件：①在主调用

函数中定义 n 个变量，用 n 个变量的地址作为实参，或用 n 个指向这 n 个变量的指针变量作为实参，传递给形参，即地址传递；②在函数执行过程中使指针变量（形参）所指向的 n 个变量值发生变化，而不是指针变量自身值发生变化，这样函数调用结束后，主调用函数的 n 个变量值已发生变化。

5.3.5　数组作为函数参数

1. 数组元素作为函数参数

由于数组元素相当于一个普通变量，因此其可以作为实参，与用普通变量作为实参一样，是单向传递，即**值传递**方式。若把数组元素的地址作为实参，即**地址传递**方式，则通常用数组名作为实参，以便对整个数组进行处理。

【例 5-8】定义一个函数 prime()，其功能是判断一个正整数是否为素数（质数，即只能被 1 和本身整除的数），若是返回 1，否则返回 0。在主函数 main()中调用该函数，用于统计数组中的素数个数。

程序代码：

```c
#include <stdio.h>
#include <math.h>
#define N 100
int prime(int x)            //判断一个正整数是否为素数
{
    int i;
    for(i=2;i<=sqrt(x);i++)
        if(x%i==0)
            return 0;       //不是素数
    return 1;               //是素数
}
int main()
{
    int a[N],i,n,num;
    printf("Please input the number of arrays:");
    scanf("%d",&n);         //输入数组的实际个数
    printf("Please input %d data:",n);
    for(i=0;i<n;i++)        //输入数组元素
        scanf("%d",&a[i]);
    num=0;
    for(i=0;i<n;i++)        //统计素数的个数
        if(prime(a[i])==1)
            num++;
    printf("Number of prime numbers:%d\n",num);
    return 0;
}
```

运行结果：

```
Please input the number of arrays:10↵
Please input 10 data:23 2 7 98 99 77 63 61 47 19↵
Number of prime numbers:6
```

程序分析：

在程序中，数组元素作为函数的实参，调用 prime() 函数时采用值传递方式，将数组元素的值传递给函数 prime() 中的形参 x，判断是否为素数，并将判断结果返回主调用函数 main()。

2. 一维数组名作为函数参数

由于数组名代表该数组首元素的地址（首地址），因此把数组名作为实参，传递的是地址；而形参用来接收从实参传递过来的数组首地址。因此，形参应该是一个指针变量（只有指针变量才能存放地址），属地址传递。实际上，**C 语言编译系统都是将形参数组名作为指针变量来处理的。**

既然用数组名作为实参时，形参是指针变量，那为什么还允许使用形参数组的形式呢？这是因为在 C 语言中，用下标法和指针法都可以访问一个数组（例如，a[i] 和 *(a+i) 等价），但用下标法表示比较直观，便于理解。因此，很多人更喜欢用数组名作为形参，以便与实参数组对应。从应用的角度看，用户可以认为形参数组是从实参数组那里得到首地址，形参数组与实参数组是同一段内存单元，因此在调用函数期间，如果修改了形参数组的值，其实是修改了实参数组的值。

另外，数组名作为实参，只是把数组的首地址传递给形参，而数组有多少个元素并没有告知形参。因此，数组名作为参数时，还需要用其他参数来指定数据元素的个数。

例如，有以下函数原型和数组定义：

```
void fun(int arr[],int n);        //n 为数组元素的个数
int a[10],*p=a;
```

则数组作为函数参数，实参与形参的对应关系有 4 种，如表 5.1 所示。

表 5.1 数组作为函数参数时实参与形参的对应关系

实参		形参	
实参类型	实参示例	形参类型	形参示例
数组名	fun(a,10);	数组名	void fun(int arr[],int n)
数组名	fun(a,10);	指针变量	void fun(int *arr,int n)
指针变量	fun(p,10);	数组名	void fun(int arr[],int n)
指针变量	fun(p,10);	指针变量	void fun(int *arr,int n)

【例 5-9】定义一个函数 reverse()，其功能是将数组中的数据按相反顺序存放。

解题分析：头尾数据对换即可：将 a[0] 与 a[n-1] 对换，再将 a[1] 与 a[n-2] 对换，…，直到将 a[(n-1)/2] 与 a[n-(n-1)/2-1] 对换。用循环处理此问题，设两个位置指示变量 i 和 j，i 的初值为 0，j 的初值为 n-1，将 a[i] 与 a[j] 对换，然后使 i 自加 1、j 自减 1，再将 a[i]

与 a[j]对换，直到 i 等于(n-1)/2 为止，或直到 i 大于等于 j 为止。

程序代码：

```
#include <stdio.h>
#define N 100
void reverse(int a[],int n)
{
    int i,j,t;
    for(i=0,j=n-1;i<j;i++,j--)
    {
        t=a[i];a[i]=a[j];a[j]=t;
    }
}
int main()
{
    int a[N],i,n;
    printf("Please input the number of arrays:");
    scanf("%d",&n);          //输入数组的实际个数
    printf("Please input %d data:",n);
    for(i=0;i<n;i++)          //输入数组元素
        scanf("%d",&a[i]);
    reverse(a,n);
    printf("Reversed data:");
    for(i=0;i<n;i++)
        printf("%d ",a[i]);
    printf("\n");
    return 0;
}
```

运行结果：

```
Please input the number of arrays:10↵
Please input 10 data:1 2 3 4 5 6 7 8 9 10↵
Reversed data:10 9 8 7 6 5 4 3 2 1
```

程序分析：

在 reverse()函数中可以指定数组元素的个数（如 void reverse(int a[10],int n)），也可以不指定数组元素的个数，二者效果相同。这是因为形参数组名实际上是一个指针变量，并不是真正地开辟一个数组空间（定义实参数组时必须指定数组大小，因为要开辟相应的存储空间）。函数形参 n 用来接收实际上需要处理的元素个数。如果在主函数 main()中有函数调用语句"reverse (a,10);"，则表示要求对数组 a 的前 10 个元素进行颠倒存放；如果改为"reverse (a,7);"，则表示要求将数组 a 的前 7 个元素进行颠倒存放，此时 reverse()函数只处理 7 个数组元素。reverse()函数中的循环条件 i<j 表示只要下标 i 对应的数据在下标 j 对应数据的左侧，就要交换，否则退出循环。

需要说明的是，实参数组名代表一个固定的地址，或者说是指针型常量；而形参数组名是一个指针变量，其值可以被修改。也就是说，在函数调用开始时，其值等于实参数组的起始地址；但在函数执行期间，其可以被修改为其他值。例如：

```
void fun(int arr[])
```

```
{
    printf("%d\n",*arr);        //若实参数组名为 a，则输出 a[0]的值
    arr=arr+5;
    printf("%d\n",*arr);        //若实参数组名为 a，则输出 a[5]的值
}
```

对例 5-9 的程序可以做一些改动。将 reverse()函数中的形参 a 改成指针变量。实参为数组名，即数组 a 首元素的地址，将其传给形参指针变量 a。这时 a 就指向 a[0]，a+i 是 a[i]元素的地址。可以设 i 和 j 为指针变量，用它们指向有关元素，如 i 的初值为 a，j 的初值为 a+n-1。使*i 与*j 交换，就是使 a[i]与 a[j]交换。

【例 5-10】定义一个函数 reverse()，其功能是将数组中的数据按相反顺序存放。在主函数 main()中，通过 3 次调用 reverse()函数，使 n 个元素数组中的后面 m 个元素移到前面。例如，n 的值为 10，m 的值为 4。

原始数据：1　2　3　4　5　6　7　8　9　10
移动后数据：7　8　9　10　1　2　3　4　5　6

解题分析：

第一次调用 reverse()函数，使前面 n-m 个数组元素颠倒存放。调用后数据顺序如下：
6　5　4　3　2　1　7　8　9　10

第二次调用 reverse()函数，使后 m 个数组元素颠倒存放。调用后数据顺序如下：
6　5　4　3　2　1　10　9　8　7

第三次调用 reverse()函数，使整个数组（n 个元素）颠倒存放。调用后数据顺序如下：
7　8　9　10　1　2　3　4　5　6

程序代码：

```c
#include <stdio.h>
#define N 100
void reverse(int *i,int *j)
{
    int t;
    for(;i<j;i++,j--)
    {
        t=*i;*i=*j;*j=t;
    }
}
int main()
{
    int a[N],i,n,m;
    printf("Please input the number of arrays:");
    scanf("%d",&n);             //输入数组的实际个数
    printf("Please input %d data:",n);
    for(i=0;i<n;i++)            //输入数组元素
        scanf("%d",&a[i]);
    printf("Please input move number:");
    scanf("%d",&m);             //输入要移动的个数
```

```
        reverse(a,a+n-m-1);
        reverse(a+n-m,a+n-1);
        reverse(a,a+n-1);
        printf("Moved data:");
        for(i=0;i<n;i++)
            printf("%d ",a[i]);
        printf("\n");
        return 0;
    }
```

运行结果：

```
Please input the number of arrays:10↵
Please input 10 data:1 2 3 4 5 6 7 8 9 10↵
Please input move number:4↵
Moved data:7 8 9 10 1 2 3 4 5 6
```

程序分析：

在 reverse()函数中定义两个指针变量 i 和 j 作为形参。第 1 次调用时，将前面 n-m 个元素的首尾地址作为实参；第 2 次调用时，将后面 m 个元素的首尾地址作为实参；第 3 次调用时，将整个数组的首尾地址作为实参，如图 5.6 所示。

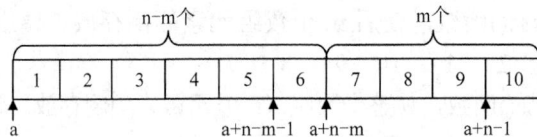

图 5.6　数组的首尾地址

3. 二维数组作为函数参数

一维数组名可以作为函数参数传递，二维数组名也可作为函数参数传递。在使用指针变量作形参以接收实参数组名传递过来的地址时，有以下 3 种方法。

1）使用指向变量的指针变量。

2）使用指向一维数组的指针变量。

3）使用二维数组名。

例如，有以下函数原型和定义：

```
    void fun(int arr[][4],int n);          //n 为第 1 维的长度
    int a[3][4],(*p1)[4]=a,*p2=a[0];
```

则二维数组作为函数参数，实参与形参的对应关系有 5 种，如表 5.2 所示。

表 5.2　二维数组作为函数参数时实参与形参的对应关系

实参		形参	
实参类型	实参示例	形参类型	形参示例
数组名	fun(a,3);	数组名	void fun(int arr[][4],int n)
数组名	fun(a,3);	指针变量	void fun(int (*arr)[4],int n)
指针变量	fun(p1,3);	数组名	void fun(int arr[][4],int n)

续表

实参		形参	
实参类型	实参示例	形参类型	形参示例
指针变量	fun(p1,3);	指针变量	void fun(int (*arr)[4],int n)
指针变量	fun(p2,12);	指针变量	void fun(int *arr,int n)

【例 5-11】设有 3 个学生，每个学生有 4 门课成绩。定义一个求总平均分的函数 average()和一个输出高于总平均分的成绩的函数 output()。

程序代码：

```c
#include <stdio.h>
int main()
{
    float average(float *p,int n);                      //函数声明
    void output(float (*p)[4],int n,float aver);        //函数声明
    float score[3][4]={{85,67,79,78},{80,87,90,81},{90,78,87,80}};
    float aver;
    aver=average(*score,12);            //或 aver=average(score[0],12);
    printf("average=%5.2f\n",aver);
    output(score,3,aver);
    return 0;
}
float average(float *p,int n)
{
    float aver=0;
    int i;
    for(i=0;i<n;i++)
        aver=aver+p[i];
    aver=aver/n;
    return aver;
}
void output(float (*p)[4],int n,float aver)
{
    int i,j;
    for(i=0;i<n;i++)
    {
        printf("No.%d:",i+1);
        for(j=0;j<4;j++)
            if(p[i][j]>aver)                //p[i][j]可写成*(*(p+i)+j)
                printf("%5.2f ",p[i][j]);
        printf("\n");
    }
}
```

运行结果：

```
average=81.83
```

```
No.1:85.00
No.2:87.00 90.00
No.3:90.00 87.00
```

程序分析：

例 5-11 比较简单，只是为了说明用指向数组的指针作为函数参数而举的例子。output()
函数中的数组实参和形参可用表 5.2 中的前 4 种的任何一种形式，结果都是相同的。

5.3.6 字符串指针作为函数参数

将一个字符串从一个函数传递到另一个函数，可以用地址传递的办法，即用字符数
组名作为参数或用指向字符的指针变量作为参数。在被调用函数中修改字符串的内容，
则主调用函数中的字符串内容也被修改。

设有以下函数原型和定义：

```
void fun(char str[]);
char a[100], *p=a;
```

则字符串作为函数参数，实参与形参的对应关系有 4 种，如表 5.3 所示。

表 5.3　字符串作为函数参数时实参与形参的对应关系

实参		形参	
实参类型	实参示例	形参类型	形参示例
数组名	fun(a);	数组名	void fun(char str[])
数组名	fun(a);	字符指针变量	void fun(char *str)
字符指针变量	fun(p);	数组名	void fun(char str[])
字符指针变量	fun(p);	字符指针变量	void fun(char *str)

【例 5-12】用字符数组作为函数参数，定义一个字符串复制函数 string_copy()。
程序代码：

```c
#include <stdio.h>
void string_copy(char f[],char t[])
{
    int i;
    for(i=0;f[i]!='\0';i++)   //可简写为 for(i=0;f[i];i++)
        t[i]=f[i];
    t[i]='\0';
}
int main()
{
    char x[]="I am a boy!";
    char y[]="you are a girl!";
    printf("String x:%s\nString y:%s\n",x,y);
    string_copy(x,y);
    printf("String x:%s\nString y:%s\n",x,y);
    return 0;
}
```

运行结果：

```
String x:I am a boy!
String y:you are a girl!
String x:I am a boy!
String y:I am a boy!
```

程序分析：

程序中，x 和 y 是字符数组，初始值如图 5.7（a）所示。string_copy()函数的作用是将字符数组元素 f[i]赋值给 t[i]，直到 f[i]的值等于'\0'为止。在调用 string_copy()函数时，将字符数组 x 和 y 的第 1 个字符的地址（首地址）分别传递给形参数组 f 和 t，因此 f[i]和 x[i]是同一个存储单元，t[i]和 y[i]是同一个存储单元。string_copy()函数执行结束后，返回主函数 main()，字符数组 y 的内容如图 5.7（b）所示。从图 5.7 中可以看到，由于字符数组 y 原来的长度大于字符数组 x 的长度，因此将字符数组 x 复制到字符数组 y 后未能全部覆盖字符数组 y 原有的内容，后面的内容仍然保持原样。在输出字符数组 y 时，由于按"%s"输出时遇到'\0'结束，因此第一个'\0'后的字符不能输出。

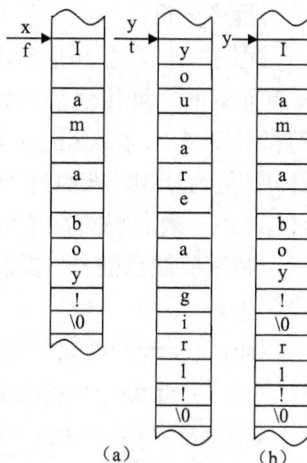

图 5.7 字符串复制

从例 5-12 可以看出，当把一个字符数组（字符串）复制到另一个字符数组中时，必须保证目标字符数组原有的空间长度足够大，否则将会造成缓冲区溢出。

在主函数 main()中也可以不定义字符数组，而用字符指针变量。例如：

```
char *x="I am a boy!";
char *y="you are a girl!";
```

【例 5-13】用字符指针作为函数参数，定义一个字符串复制函数 string_copy()。

程序代码：

```
#include <stdio.h>
void string_copy(char *f,char *t)
{
    for(;*f!='\0';f++,t++)      //可简写为 for(;*f;f++,t++)
        *t=*f;
    *t='\0';
}
int main()
{
    char x[]="I am a boy!",*p=x;
    char y[]="you are a girl!",*q=y;
    printf("String x:%s\nString y:%s\n",x,y);
    string_copy(p,q);
    printf("String x:%s\nString y:%s\n",x,y);
```

```
    return 0;
}
```

运行结果：

```
String x:I am a boy!
String y:you are a girl!
String x:I am a boy!
String y:I am a boy!
```

程序分析：

程序中，实参和形参均是字符指针变量。在调用 string_copy() 函数时，将字符数组 x 首元素的地址传递给形参字符指针变量 f，将字符数组 y 首元素的地址传递给形参字符指针变量 t。在 string_copy() 函数的 for 语句中，每次将*f 赋值给*t，第 1 次相当于把 x[0] 赋值给 y[0]，在执行 f++ 和 t++ 以后，再将*f 赋值给*t，第 2 次相当于把 x[1] 赋值给 y[1]，…，最后将'\0' 赋值给*t。

特别要注意的是，复制字符串时，必须将结束标志'\0' 也复制到目标字符数组（字符串）中。

string_copy() 函数可以改写或简写为如下形式，运行结果相同。

1) 将 string_copy() 函数改写为

```
void string_copy(char *f,char *t)
{
    for(;(*t=*f)!='\0';f++,t++);  //可简写为: for(;*t=*f;f++,t++);
}
```

在本程序中，将*t=*f 赋值运算和判断是否为'\0' 运算一起放在 for 语句的条件表达式中，由于是先赋值后判断，因此在循环结束后，无须再将'\0' 赋值给*t。另外，必须注意的是，由于赋值运算符（=）的优先级低于不等于运算符（!=），因此*t=*f 赋值表达式需要加圆括号，才能实现先赋值再判断。

在 C 语言中，由于非 0 表达式的逻辑值为真，'\0' 作为逻辑值即为假（'\0' 的 ASCII 代码为 0），因此*f 的值不等于'\0'，则表达式*f 为真，同时*f!= '\0' 或*f!= 0 也为真，即 *f 和*f!= '\0' 是等价的。

2) string_copy() 函数还可以改写为

```
void string_copy(char *f,char *t)
{
    for(;*t++=*f++;);                 //也可改写为 "while(*t++=*f++);"
}
```

在程序中，将 f++ 和 t++ 运算与*t=*f 合并，由于*和++均是单目运算符、自右向左结合性，因此*t++=*f++ 等价于*(t++)=*(f++)。因此，其执行过程如下：先将*f 赋值给*t，再使 f 和 t 自增 1，即使指针指向下一个字符。

从以上改写或简写的形式来看，C 语言的使用十分灵活，变化多端，含义不直观。初学者对此可能不太习惯，学起来有些困难，也容易出错。但以上形式的使用是比较多的，初学者应逐渐熟悉它，掌握它。

5.3.7　引用作为函数参数

1. 引用的概念

引用（reference）是 C++语言的一种新的变量类型，是对 C 语言的一个重要扩充。引用的作用是为一个变量起一个别名，其声明符为 "&"。在声明一个引用型变量时，必须同时对其进行初始化，即声明其代表哪一个变量。例如：

```
int x;
int &y=x;
```

经过这样的声明后，y 是变量 x 的引用，即 y 是 x 的别名。编译时系统为变量 x 分配存储单元，但并不为引用型变量 y 另外分配存储单元，而是和 x 在同一个存储单元。对引用 y 的操作等同于对变量 x 的操作。也可以简单地理解为 x 和 y 是同一个变量。例如：

```
y=3;                //则 x 的值为 3
x=5;                //则 y 的值也为 5
```

在声明一个变量的引用后，在本函数执行期间，该引用一直与其代表的变量相关联，不能再作为其他变量的引用。例如，下面的用法是错误的：

```
int x1,x2;
int &y=x1;
int &y=x2;          //企图使 y 变为 x2 的引用（别名），这是错误的
```

2. 引用作为函数参数

在 C 语言中，函数的参数传递有两种形式：值传递和地址传递。值传递是单向的，形参的变化不会引起实参的变化。地址传递的本质也是值传递，只是向形参指针变量传递的是地址，并通过指针变量访问有关变量。这样做虽然能使实参的值发生变化，但在概念上 "绕了一个圈"，不那么直截了当。因此，在 C++语言中增加了引用，主要是把它作为函数参数，以扩充函数传递数据的功能，弥补 C 语言的这个不足。

【例 5-14】修改例 5-5，定义一个函数 swap()，其功能是交换两个参数的值。

程序代码：

```
#include <stdio.h>
void swap(int &x,int &y)      //形参为引用型变量
{
    int t;
    t=x;x=y;y=t;              //交换 x 和 y 的值
}
int main()
{
    int a,b;
    a=3;b=5;
    swap(a,b);               //调用交换函数 swap()
    printf("a=%d,b=%d\n",a,b);
    return 0;
}
```

运行结果:

```
a=5,b=3
```

程序分析:

在 swap()函数的形参表列中,形参变量 x 和 y 是整型的引用变量。注意,此处的&x 和&y 不是代表 x 和 y 的地址,而是指 x 和 y 是一个引用型变量,但此时并不代表某个变量的别名。当主函数 main()调用 swap()函数时,由实参把变量名传给形参。变量 a 的名字传递给引用变量 x,即 x 成为 a 的别名,x 和 a 代表同一个变量;同理,y 和 b 代表同一个变量。在 swap()函数中将 x 和 y 的值进行交换,显然实参 a 和 b 的值也进行了交换。

实际上,实参传递给形参的是变量的地址,即使形参 x 具有变量 a 的地址,从而使 x 和 a 共享同一存储单元。为便于理解,这里说把变量 a 的名字传给引用变量 x,使 x 成为 a 的别名。值得注意的是,这种传递方式和使用指针变量作为形参时有什么不同?分析对比本例与例 5-7,可以发现:

1）本例中,不必在 swap()函数中定义指针变量,指针变量需要另外分配存储单元,其值是地址;而引用变量不是一个独立的变量,不必单独分配存储单元,其值为一个整数。

2）本例中,在主函数 main()中调用 swap()函数时,实参不必在变量名前加&以表示地址,系统传送的是实参的地址而不是实参的值。

显然,这种用法比使用指针变量更简单、直观、方便。那么,如何区分是声明引用变量还是取地址操作呢?请记住:当&x 的前面有类型符时（如 int &x）,其是对引用的声明;如果前面没有类型符（如&x）,则是取变量 x 的地址。

5.3.8 指针数组作为主函数 main()的形参

指针数组的一个重要应用是作为主函数 main()的形参。在之前的程序中,主函数 main()的函数首写成以下形式:

```
int main()
```

括号内是空的,是一个无参函数。

实际上,主函数 main()可以有参数,其参数形式如下:

```
int main(int argc,char *argv[])
```

其中,argc 和 argv 是主函数 main()的形参。

那么,形参的值从哪里得到呢?对应的实参在哪里?显然不可能在程序中得到。由于主函数 main()是由系统调用的,因此实参应该由系统提供。当处于操作命令状态下时,输入主函数 main()所在的文件名（经过编译、连接后生成的可执行文件名,也称为命令名）及相应的参数后,系统就调用主函数 main(),同时把所输入的文件名及参数作为实参传递给主函数 main()的形参。命令行的一般形式如下:

```
命令名 参数 1 参数 2 … 参数 n
```

其中,命令名和各参数之间用空格隔开。

命令行与主函数 main()的形参之间的关系如下:整数形参 argc 是指命令行中参数的个数（注意,命令名也是一个参数）;形参 argv 是指向字符的指针数组,用来指向命令行中的每一个参数（字符串）。

【例 5-15】使用命令行，在主函数 main()中输出"Hello World"。

解题分析：假设主函数 main()所在文件的文件名为 test.cpp，编译、连接生成的可执行文件保存在 D:\app 文件夹下，可执行文件名为"test.exe"。若想将"Hello World"作为参数传递给主函数 main()的形参，则命令行可写成以下形式：

```
test Hello World
```

这样，argc 的值等于 3（3 个参数分别为 test、Hello、World）；形参 argv 是指向字符的指针数组，指针数组元素 argv[0]指向字符串"test"、argv[1]指向字符串"Hello"、argv[2]指向字符串"World"。使用循环语句，即可输出"Hello World"。

程序代码：

```c
#include <stdio.h>
int main(int argc,char *argv[])
{
    int i;
    for(i=1;i<argc;i++)
        printf("%s ",argv[i]);
    return 0;
}
```

在命令行中的运行结果如图 5.8 所示。

图 5.8　运行结果

程序分析：

由于指针数组 argv 的第一个元素指向的是命令名（文件名），实际的参数应该从第二个元素开始，因此循环变量 i 从 1 开始，然后依次输出各个参数。

主函数 main()的形参名称不一定为 argc 和 argv，可以是任意的合法标识符，只是人们习惯用 argc 和 argv。但其形参类型是固定的。

利用指针数组作为主函数 main()的形参，可以向程序传递命令行参数（字符串），这些字符串的长度事先并不知道，而且各个参数的长度并不一样长，命令行参数的个数也是可以任意的。因此，用指针数组能够较好地满足这些要求。

5.4　函数的嵌套与递归调用

C 语言的函数定义都是独立的、相互平行的，一个函数内不能包含另一个函数，即函数不能嵌套定义。但可以嵌套调用函数，即在调用函数过程中，又可以调用另外一个函数（嵌套调用），或调用自己本身（递归调用）。

5.4.1 函数的嵌套调用

C语言的**函数不能嵌套定义，但可以嵌套调用**，即一个函数可以调用另一个函数，另一个函数又可以调用其他函数。C语言不限制嵌套的个数和层数，这样就可以合理地、自由地组织程序的模块结构。例如，主函数 main()可以调用 f1()函数，f1()函数又可以调用 f2()函数，f2()函数还可以调用 f3()函数。函数嵌套调用执行过程如图5.9所示。

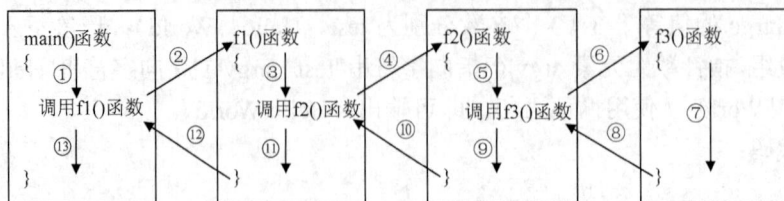

图5.9 函数嵌套调用执行过程

【例5-16】将例5-1改写为3个函数，分别为主函数 main()、求组合数函数 comb()和求阶乘函数 fact()。求组合数的公式为 $C_n^m = \dfrac{n!}{m!(n-m)!}$。

程序代码：

```c
#include<stdio.h>
int comb(int n,int m);                  //求组合数函数声明
int fact(int n);                        //求阶乘函数声明
int main() {
    int n,m;
    int c;
    printf("Please input n and m:");
    scanf("%d%d",&n,&m);
    c=comb(n,m);                        //调用求组合数函数
    printf("Combinatorial Numbers is %d.\n",c);
    return 0;
}
int comb(int n,int m)                   //求组合数函数
{
    int x;
    x=fact(n)/(fact(m)*fact(n-m));      //求组合数
    return x;
}
int fact(int n)                         //求阶乘函数
{
    int c,i;
    c=1;
    for(i=1;i<=n;i++)                   //计算 n!
        c=c*i;
    return c;
}
```

运行结果：

```
Please input n and m:6 4↵
Combinatorial Numbers is 15.
```

程序分析：

程序中，3 个函数是相互独立的，并不互相从属。由于函数要先定义后使用，而 comb() 函数定义在主函数 main() 之后，fact() 函数定义在 comb() 函数之后，因此在主函数 main() 之前统一对 comb() 和 fact() 函数进行函数声明。

程序从主函数 main() 开始执行，先输入 n 和 m 的值；然后调用求组合数函数 comb()，在执行 comb() 函数过程中，又分 3 次调用求阶乘函数 fact()；最后把计算得到的组合数返回主函数 main()，并输出结果。整个执行过程如图 5.10 所示。这就是函数的嵌套调用。

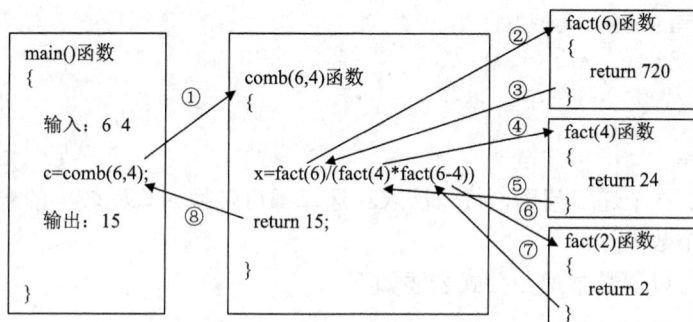

图 5.10　函数嵌套调用执行过程

5.4.2　函数的递归调用

函数的递归调用是 C 语言的特点之一。函数**递归调用**是指在一个函数直接或间接地调用该函数本身的过程。函数递归调用有以下两种形式。

1）**直接递归调用**：在一个函数体内直接调用该函数本身，如图 5.11（a）所示。在调用 f() 函数的过程中，又调用 f() 函数，这就是直接调用函数本身，即直接递归调用。

2）**间接递归调用**：在一个函数体内调用另一个函数，而在另一个函数中又调用该函数，如图 5.11（b）所示。在调用 f1() 函数的过程中要调用 f2() 函数，而在调用 f2() 函数的过程中又要调用 f1() 函数，这就是通过另一个函数间接调用函数本身，即间接递归调用。

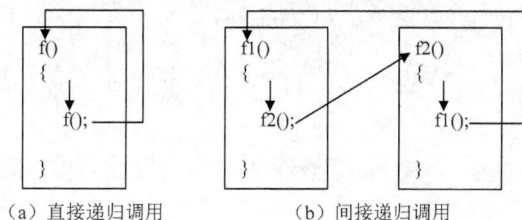

（a）直接递归调用　　　　（b）间接递归调用

图 5.11　函数的递归调用

从图 5.11 中可以看到，这两种递归调用都是无休止地调用自身。显然，程序中不能出现这种无休止的递归调用，而应该用 if 语句控制递归次数，即只有在某一条件成立时才能继续递归调用，否则终止递归调用。

一般来说，能够用递归解决的问题应该满足以下两个条件。

1）问题模型：需要解决的问题可以转换为一个或多个子问题求解，而这些子问题的求解方法与原问题完全相同，只是在数量规模上不同。

2）结束条件：必须有一个结束递归的条件来终止递归，因为递归调用的次数必须是有限的。

【例 5-17】 定义一个递归函数 int sum(int n)，功能是求 1+2+3+…+n。

解题分析： 假如有 n 个人，你问第 1 个人：1+2+3+…+n 等于多少，他觉得计算起来麻烦，他就问第 2 个人 1+2+3+…+n-1 等于多少，他也觉得计算起来麻烦，他就继续问第 3 个人 1+2+3+…+n-2 等于多少，…，直到第 n 个人只剩下一个 1。即

```
sum(n)=n+sum(n-1)
sum(n-1)=n-1+sum(n-2)
…
sum(2)=2+sum(1)
sum(1)=1
```

显然，这是一个递归问题，每一次求和运算都可转换为规模较小的求和运算，直到最后只剩下一个数为止。

上述问题可以用数学递归公式表述如下：

$$sum(n) = \begin{cases} 1 & n = 1 \\ n + sum(n-1) & n > 1 \end{cases}$$

程序代码：

```c
#include<stdio.h>
int sum(int n)
{
    if(n==1)
        return 1;
    else
        return n+sum(n-1);
}
int main()
{
    printf("1+2+3+4+5=%d\n",sum(5));
    return 0;
}
```

运行结果：

```
1+2+3+4+5=15
```

程序分析：

主函数 main() 中只有一个语句，输出 sum(5) 的值。为了计算 sum(5)，需要调用 sum(n) 函数，此时 n 不等于 1，于是又要调用 sum(n-1) 函数，因此形成直接递归调用，一直继续到 n 等于 1 为止。递归调用过程如图 5.12 所示。

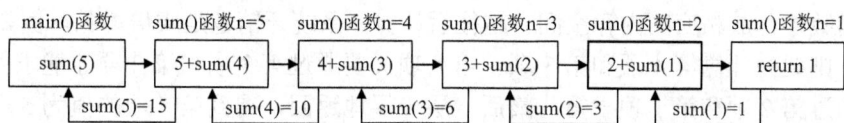

图 5.12　递归调用过程

从图 5.12 中可以看到，sum()函数共被调用 5 次，即 sum(5)、sum(4)、sum(3)、sum(2)、sum(1)，其中 sum(5)是主函数 main()调用的，其余 4 次是在 sum()函数中调用的，即递归调用了 4 次。前 4 次调用 sum()函数时，并不是立即得到 sum(n)的值，而是一次一次地进行递归调用，直到调用 sum(1)时才有确定的返回值，然后一步一步地返回，递推出 sum(2)、sum(3)、sum(4)、sum(5)的值。

【例 5-18】修改例 3-19，使用递归函数求 Fibonacci 数列每一项，并输出前 20 个数。Fibonacci 数列的数学公式表述如下：

$$F(n) = \begin{cases} 1 & n=1, n=2 \\ F(n-1)+F(n-2) & n \geqslant 3 \end{cases}$$

解题分析：这种递归形式的定义容易诱导人们使用递归形式来解决这类问题。因为 Fibonacci 数列的数学公式本身就满足递归的两个条件，所以可定义一个递归函数用来计算每一项。

程序代码：

```c
#include <stdio.h>
int fibo(int n)
{
    if(n==1 || n==2)
        return 1;
    else
        return fibo(n-1)+fibo(n-2);
}
int main()
{
    int i;
    for(i=1;i<=20;i++)
    {
        printf("%8d",fibo(i));      //输出每一项
        if(i%5==0)                  //输出 5 个数后换行
            printf("\n");
    }
    return 0;
}
```

程序分析：

相比例 3-19 和例 4-5 而言，使用函数递归调用方法输出 Fibonacci 数列，计算机的时间开销和空间开销都会比较大。因为每一个项的计算都要经过多次递归调用才能求得，而且每调用一次函数，系统都会为函数代码及相关变量分配内存空间，直到返回到

主调用函数才释放相应的内存空间。越往后计算，系统开销越是成倍增长。例如，计算第 5 项，则要先计算第 4 项和第 3 项，第 4 项又要通过第 3 项和第 2 项才能求得，第 3 项还要通过第 2 项和第 1 项求得，最后一层一层地返回，得到第 5 项的值为 5。计算第 5 项的函数递归调用过程如图 5.13 所示。

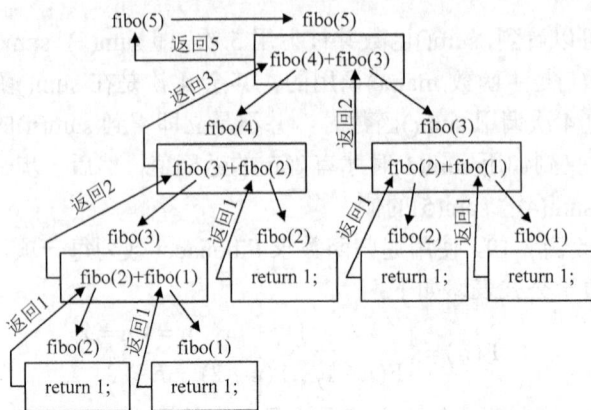

图 5.13　求第 5 项的函数递归调用过程

从图 5.13 中可以看出，每个递归调用都触发另外两个递归调用，而这两个递归调用的任何一个还将触发两个递归调用，再接下去的递归调用也是如此。这样，冗余计算的数量增长得非常快。例如，在递归计算 Fibonacci(5)时，Fibonacci(3)的值被计算了 2 次；计算 Fibonacci(10)时，Fibonacci(3)的计算增长到了 21 次；计算 Fibonacci(30)时，Fibonacci(3)的计算增长到了 317811 次。这个额外的开销是相当巨大的。

如果使用一个简单循环来代替递归，则该循环的形式肯定不如递归形式符合前面 Fibonacci 数的抽象定义，但其效率可提高几十万倍！因此，当使用递归方式实现一个函数之前，先要考虑使用递归带来的好处是否抵得上它的开销代价。另外，采用递归算法的前提条件是当且仅当存在一个预期的收敛，否则就不能使用递归算法。

值得一提的是，许多问题之所以以递归形式进行解释，是因为递归形式比非递归形式更为清晰。但是，这些问题使用循环迭代实现往往比递归实现效率更高，只是代码的可读性可能会稍差。当一个问题相当复杂，难以用迭代形式实现时，此时递归实现的简洁性便可以补偿其所带来的运行开销。

【例 5-19】Hanoi（汉诺塔）问题。汉诺塔源于印度一个古老传说，有 3 个塔座（设为 A、B、C），在一个塔座上（如 A）从下往上按照大小顺序摆着 64 片黄金圆盘，如图 5.14 所示。现要把圆盘从下面开始按大小顺序重新摆放在另一根柱子上（如 C）；并且规定，任何时候在小圆盘上都不能放大圆盘，且在 3 个塔座之间一次只能移动一个圆盘。

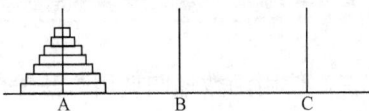

图 5.14　汉诺塔

解题分析：这是一个古典的数学问题，也是一个使用递归方法解题的典型问题。该问题使用常规的循环迭代方法很难实现，可以使用递归思想将其抽象简化如下：将 n 个圆盘从 A 座移到 C 座可分解为以下 3 个步骤。

第 1 步：将 A 座上的 n-1 个圆盘借助 C 座先移到 B 座上。

第 2 步：把 A 座上剩下的一个圆盘移到 C 座上。

第 3 步：将 n-1 个圆盘从 B 座上借助于 A 座移到 C 座上。

从以上的描述中可以看到，第 1 步和第 3 步都是将 n-1 个圆盘从一个塔座借助另一塔座移到第 3 个塔座上，方法一样，只是塔座的名称不同而已；而第 2 步只是将最后一个圆盘从 A 塔座移到 C 塔座上。因此，很容易写出递归函数。

程序代码：

```c
#include <stdio.h>
//将 n 个圆盘从 A 座借助 B 座移到 C 座
void hanoi(int n,char A,char B,char C)
{
    if(n==1)                //只有一个圆盘时，直接从 A 座移到 C 座上
        printf("%c-->%c\n",A,C);
    else
    {
        hanoi(n-1,A,C,B);
        printf("%c-->%c\n",A,C);
        hanoi(n-1,B,A,C);
    }
}
int main()
{
    int n;                  //n 为圆盘的个数
    printf("Please input the number of disks:",&n);
    scanf("%d",&n);
    printf("Steps for moving %d disks:\n",n);
    hanoi(n,'A','B','C');
    return 0;
}
```

运行结果：

```
Please input the number of disks:3↵
Steps for moving 3 disks:
A-->C
A-->B
C-->B
A-->C
B-->A
B-->C
A-->C
```

程序分析：

从程序的结构来看，比较简洁、清晰；但从运行过程来看，代价是巨大的。如果只有 3 个圆盘，需要移动 7（2^3-1）步；如果圆盘的数量为 10 个，则需要移动 1023（$2^{10}-1$）步，不会有太大的问题。但盘子数量为 64 个，一共需要移动约 1800 亿亿步（$2^{64}-1=$ 18446744073709551615），才能最终完成整个过程。这是一个天文数字，没有人能够在有生之年通过手动方式完成它。即使借助于计算机，假设计算机每秒能够移动 100 万步，那么约需要 18 万亿秒，即 58 万年。即使将计算机的速度再提高 1000 倍，即每秒 10 亿步，也需要 584 年才能够完成。

递归与迭代各有优缺点，如表 5.4 所示，在编程中可根据实际情况选择合适的方法。

表 5.4 递归与迭代的关系

方法	定义	优点	缺点
递归	递归是指函数直接或间接调用自身的过程	1）大问题化为小问题，可以极大地减少代码量。 2）用有限的语句定义对象的无限集合。 3）代码更简洁、清晰，可读性也更好	1）递归调用函数，浪费空间。 2）递归太深容易造成堆栈溢出
迭代	利用变量的原值推算出变量的一个新值，迭代就是 A 不停地调用 B	1）迭代效率高，运行时间只因循环次数增加而增加。 2）没有额外开销，空间上也没有增加	1）不容易理解。 2）代码不如递归简洁。 3）编写复杂问题时困难
二者关系	1）递归中一定有迭代，但是迭代中不一定有递归，大部分可以相互转换。 2）能用迭代的不用递归，递归调用函数浪费空间，并且递归太深容易造成堆栈溢出		

5.5 变量的作用域与生存期

在前面讨论函数的参数时提到过，形参变量只在被调用时才分配存储单元，调用结束返回时释放。这说明形参变量只有在被调用期间才存在，才是有效的。这种变量存在时间称为变量的生存期，变量有效性的范围称为变量的作用域。不仅形参变量如此，C 语言中所有的变量都有自己的生存期和作用域。变量说明的方式和位置不同，其存储类别、生存期、作用域也不同。

5.5.1 变量的存储类别

C 语言程序在运行时，程序代码及相关变量存放在内存和寄存器中。由于寄存器的个数有限，因此内存是主要的存储区域。C 语言程序占用的存储区可分为程序区、静态存储区和动态存储区 3 个存储类别，如图 5.15 所示。其中，程序区主要用于存放程序代码；**静态存储区**是在程序开始执行时分配的固定存储单元，主要用于存放全局变量、静态变量等，程序执行完毕就释放；**动态存储区**是在函数调用开始时分配存储单元，函数结束时释放，这种分配和释放是动态的，主要存放函数形参、自动变量、函数调用时的现场保护和返回地址等。

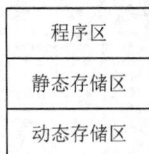

图 5.15 存储空间

在 C 语言中，每一个变量和函数都有两个属性：数据类型和存储类别。数据类型（如整型、浮点型、字符型等）前文已有介绍，这里不再赘述。存储类别是指数据在内存中的存储方式。存储方式分为两大类：静态存储类和动态存储类，具体包含 4 种：auto（自动变量）、static（静态变量）、register（寄存器变量）和 extern（外部变量）。根据变量的存储类别，可以知道变量的作用域和生存期。

5.5.2　变量的作用域

变量的作用域是指变量的有效性范围。按作用域不同，变量可分为局部变量和全局变量。

1. 局部变量

局部变量是指定义在代码块内的变量。代码块就是用一对花括号"{}"括起的代码段，包括函数体及函数体内的复合语句。局部变量的作用范围只限于代码块内，如图 5.16 所示。

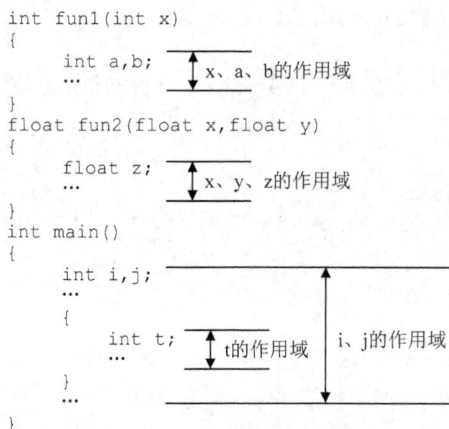

```
int fun1(int x)
{
    int a,b;          x、a、b的作用域
    …
}
float fun2(float x,float y)
{
    float z;          x、y、z的作用域
    …
}
int main()
{
    int i,j;
    …
    {
        int t;        t的作用域     i、j的作用域
        …
    }
    …
}
```

图 5.16　局部变量的作用域

下面对局部变量作一些说明。

1）主函数 main()中定义的变量（如 i 和 j）也只在主函数中有效，而不是因为在主函数中定义就在整个程序或文件中有效。主函数不能使用其他函数中定义的变量。

2）形参也是局部变量。如 fun1()函数中的形参 x 只能在 fun1()函数中有效，其他函数不能使用。

3）不同的函数或代码段中可以使用相同名称的变量，它们代表不同的对象，占用不同的存储单元，互不干扰，如 fun1()函数中的形参 x 和 fun2()函数中的形参 x。

4）在一个代码块（函数体）内部可以包含复合语句，复合语句中也可以定义变量，其作用范围仅限于本复合语句。

5）当内层代码块（如复合语句）的局部变量与外层代码块（如函数体）的局部变量同名时，若在内层代码块中使用，则内层的局部变量优先。

【例 5-20】局部变量举例。

程序代码：

```
#include <stdio.h>
void sub()
{
    int a,b;         //定义两个局部变量
    a=6;
    b=7;
    printf("sub:a=%d,b=%d\n",a,b);
}
int main()
{
    int a,b;         //定义两个局部变量
    a=3;
    b=4;
    printf("main1:a=%d,b=%d\n",a,b);
    sub();
    printf("main2:a=%d,b=%d\n",a,b);
    {
        int a;       //定义一个局部变量，未赋初值，其值为不确定值
        a=a+1;
        b=b+1;
    }
    printf("main3:a=%d,b=%d\n",a,b);
    return 0;
}
```

运行结果：

```
main1:a=3,b=4
sub:a=6,b=7
main2:a=3,b=4
main3:a=3,b=5
```

程序分析：

程序中，主函数 main()和 sub()函数定义了相同名称的变量 a 和 b，它们均是局部变量，作用于不同的函数体，占用不同的存储单元，互不干扰，所以输出不同的结果。

在主函数的复合语句中又定义了局部变量 a，与外层的局部变量 a 同名，内部的变量 a 起作用，外层的变量 a 被"屏蔽"，因此"a=a+1;"赋值语句不影响外层的变量 a。又由于复合语句中的变量未赋初值，因此其是一个不确定值。

另外，在主函数的复合语句中未对变量 b 重新定义，因此"b=b+1;"赋值语句是引用外层的变量 b。也就是说，一个局部变量的作用域可以是本代码块中的所有区域，除非内层又重新定义了同名变量。

2. 全局变量

全局变量也称为外部变量，是指定义在函数之外的变量。全局变量在程序的整个执

行过程中都占用存储单元，可以为本文件中的其他函数所共用。全局变量的作用域是从定义变量的位置开始到本源文件结束，如图 5.17 所示。若要在定义位置之前或其他文件中引用全局变量，则需要在引用前使用 extern 关键字声明，扩展其作用域。

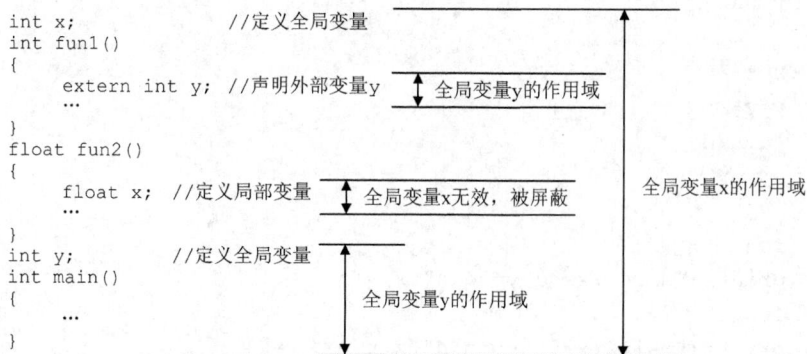

图 5.17　全局变量的作用域

下面对全局变量作一些说明。

1）如果在同一个源文件中全局变量（外部变量）与局部变量（如 x）同名，则在局部变量的作用域内，全局变量被"屏蔽"，即其不起作用，而局部变量起作用。

2）若其他源文件要引用本源文件中的外部变量，则在引用源文件中需要使用 extern 关键字声明；若希望某些外部变量只限于被本源文件引用，而不能被其他文件引用，则需要在定义外部变量时加一个关键字 static 声明。

3）设置全局变量的作用是增加函数之间数据联系的渠道。由于同一文件中的所有函数都能引用全局变量的值，因此如果在一个函数中修改了全局变量的值，就能影响到其他函数，相当于各函数之间直接进行数据传递。由于函数的调用只能带回一个返回值，因此有时可以利用全局变量带回多个值。

4）全局变量未赋初值，则默认为 0。

5）尽量少用全局变量，原因如下。

① 全局变量在程序的整个执行过程中都占用存储单元，而不是仅需要时才分配存储单元。

② 降低了函数的通用性和可靠性。因为函数在执行过程中依赖于外部变量，如果把一个函数移到另一个文件中，还要将外部变量及其值一起移过去。这也不符合"高内聚，低耦合"的模块化设计原则。

③ 降低了程序的清晰度。因为在各个函数执行时都有可能修改外部变量的值，在某一时刻很难清楚地判断出各个外部变量的值，所以要限制使用全部变量。

【例 5-21】全局变量举例。

程序代码：

```
#include <stdio.h>
int x;              //定义一个全局变量，未赋初值，默认为 0
void fun1()
```

```
{
    x=x+1;
}
extern int y;      //声明外部变量，注意不是定义
void fun2()
{
    x=x+2;
    y=y+2;
}
int main()
{
    fun1();
    printf("main1:x=%d,y=%d\n",x,y);
    fun2();
    printf("main2:x=%d,y=%d\n",x,y);
    {
        int y;      //定义一个局部变量，未赋初值，其值为不确定值
        x=x+3;
        y=y+3;
    }
    printf("main3:x=%d,y=%d\n",x,y);
    return 0;
}
int y;              //定义一个外部变量
```

运行结果：

```
main1:x=1,y=0
main2:x=3,y=2
main3:x=6,y=2
```

程序分析：

程序中，在开头定义了一个外部变量 x，其作用域是从定义位置开始到程序结束，而且在其他地方并未对 x 重新定义。因此，全局变量 x 在整个程序中通用，函数间相互影响。

在程序的末尾定义了一个外部变量 y，为了扩展其作用域，在 fun2()函数之前作了声明，因此其作用域是从 fun2()函数开始到程序结束。但由于在主函数 main()的复合语句中又重新定义了一个同名的局部变量 y，因此在复合语句中外部变量被"屏蔽"，局部变量起作用。

5.5.3 变量的生存期

变量的生存期是指变量在程序执行过程中存在的时间，即从系统为变量分配存储单元开始到将存储单元释放为止。根据变量存在的时间长短，其可分为动态存储区的变量（简称动态变量）和静态存储区的变量（简称静态变量）。

1. 动态变量

动态变量是指在程序执行过程中其存储单元的分配和释放都是动态的变量。动态内存分配涉及堆栈的概念：堆栈是两种数据结构，分别称为堆区和栈区。

1）**栈区**由操作系统自动分配释放，存放函数的参数值、局部变量的值等，其操作方式类似于数据结构中的栈。前面已提到，函数中的形参和局部变量是在函数调用开始时分配动态存储单元，函数结束时释放存储单元。因此，如果在一个程序中两次调用同一个函数，则分配给此函数中形参和局部变量的存储单元地址可能是不同的。

2）**堆区**是系统为程序预留的一块内存空间，一般由程序开发人员分配释放。堆中被程序申请使用的内存在被主动释放前将一直有效，即使函数执行结束返回主调用函数中也是有效的。如果程序开发人员不释放内存空间，那么程序结束时可能由操作系统回收，其分配方式类似于链表。

在 C 语言中，动态变量主要指形参、auto 变量和 register 变量。

（1）auto 变量

用 auto 关键字声明的局部变量，以及函数中的形参和在函数中定义的变量（不专门声明为 static 存储类别）都属于此类变量。在调用该函数时，系统会给这些变量分配存储单元，在函数调用结束时就自动释放这些存储单元。因此，这类局部变量称为自动变量。例如：

```
int fun(int a)
{
    auto int b,c=1;        //auto 可以省略
    float x,y;
    ...
}
```

其中，a 是形参。b、c、x、y 是自动变量，c 的初值为 1；b、x、y **未赋初值**，它们的值是**不确定的**。

（2）register 变量

在 C 语言中，允许将局部变量的值存放在 CPU 的寄存器里，需要用时直接从寄存器中取出参加运算，而不必再到内存中存取。由于对寄存器的存取速度远高于对内存的存取速度，因此这样做可以提高程序的执行效率。这种变量称为寄存器变量，用关键字 register 声明。

由于寄存器的数量有限，若超过一定数量会自动转为自动变量，因此寄存器变量的生存期与自动变量的生存期相同。此外，由于受寄存器长度的限制，因此寄存器变量只能是字符型变量、整型变量和指针类型的变量。register 变量通常用于使用频率高的局部变量，如作为计数用的循环变量。

2. 静态变量

静态变量在程序开始执行时分配空间，直到程序运行结束。在程序编译时静态存储区的大小就已经确定，主要用于存放全局变量和静态局部变量。静态局部变量由关键字

static 进行声明。**静态局部变量**在函数调用结束后不消失而保留原值，即其占用的内存单元不释放，在下一次调用该函数时，该变量已经有值，即上一次函数调用结束时的值。

【例 5-22】静态局部变量举例。

程序代码：

```
#include <stdio.h>
int fun(int a)
{
    int b=0;                //自动变量，每次调用都重新赋初值
    static int c=1;         //静态变量，只赋初值一次
    a=a+1;
    b=b+1;
    c=c+1;
    return(a+b+c);
}
int main()
{
    int i,a=1;
    for(i=0;i<3;i++)
        printf("%d ",fun(a));
    return 0;
}
```

运行结果：

```
5 6 7
```

程序分析：

程序第 1 次调用 fun()函数时，b 的初值为 0，c 的初值为 1；第 1 次调用结束时，a=2，b=1，c=2，返回 5。由于 c 是静态局部变量，因此在函数调用结束后并不释放，仍然保留 c=2。在第 2 次调用 fun()函数时，b 重新被赋初值为 0，而 c 使用上一次调用结束的值 2，因此第 2 次调用返回值为 6(2+1+3)。同理，第 3 次调用返回值为 7(2+1+4)。

下面对静态变量作一些说明。

1）静态局部变量属于静态存储类别，在静态存储区内分配存储单元，在程序整个运行期间都不释放。

2）静态局部变量是在编译时赋初值，而且**只赋初值一次**。以后每次调用函数时不再重新赋初值，而是把上一次调用结束时的值作为这一次调用的初值。自动变量不在编译时被赋初值，而是在函数调用时进行，每次调用都重新分配存储单元，重新赋初值。

3）在定义局部变量时，如果未对其赋初值，则对于**静态局部变量**来说，编译时自动**赋初值为 0**（数值型变量）或**空字符'\0'**（字符型变量）。而对于自动变量来说，其是一个不确定的值。

4）虽然静态局部变量在函数调用结束后仍然存在有效，但其他函数不能引用，其作用域仅限于本函数。

5）由于静态局部变量长期占用存储单元不释放，而且降低了程序的可读性，当函数调用多次后，经常弄不清静态局部变量当前的值是什么，因此非必要不用静态局部变量。

5.6 函数指针和指针函数

指针可以指向变量和数组，也可以指向函数。因为每个函数都由一系列计算机指令组成，程序运行时也需要分配一段连续的存储单元，所以可以定义一个函数指针指向一个函数。函数执行结束时，可以返回一个整型、浮点型、字符型等数据，同样也可以返回一个指针类型数据。

5.6.1 函数指针

1. 函数指针概述

一个函数在编译时被分配给一个入口地址，该入口地址就是**函数指针**（地址），也称为函数的首地址。C 语言用函数名表示函数的首地址，和数组名一样，函数名也是一个地址常量。可以使用指向函数的指针变量存取函数的首地址，从而达到调用函数的目的。通常把指向函数的指针变量简称为函数指针，其定义的一般语法格式如下：

```
类型标识符 (*函数指针变量名)([形式参数表列]);
```

其中，"类型标识符"说明函数的返回值类型；由于"( )"的优先级高于"*"，因此**指针变量名外的括号不能省略**；"形式参数表列"表示指针变量指向的函数所带的参数表列。
例如：

```
int (*fp)(int x,int y);
```

定义函数指针需要注意，函数指针和其指向的函数参数个数及类型要一致，函数指针的类型和函数的返回值类型也要一致。

定义了指向函数的指针变量（函数指针）以后，就可以把同类型的函数名（首地址）赋值给函数指针，并通过函数指针调用函数。

【例 5-23】函数指针举例。

程序代码：

```
#include <stdio.h>
int main()
{
    int max(int ,int);      //函数声明
    int (*fp)(int,int);     //定义函数指针，注意(*fp)的括号不能省略
    int a=3,b=5,c;
    fp=max;                 //将函数名赋值给函数指针
    c=fp(a,b);              //通过函数指针调用函数
    printf("max=%d\n",c);
    return 0;
}
int max(int x,int y)
{
    int z;
```

```
    z=x>y?x:y;
    return z;
}
```

运行结果：

```
max=5
```

2. 函数指针作为函数参数

读者可能已经从例 5-23 中看到，函数调用直接用函数名就可以了，为什么还要用函数指针？而且例 5-23 并没有体现使用函数指针的优点，反而增加了步骤。其实，函数指针常见的用途之一是作为函数的参数，即将函数名作为实参传递给其他函数的形参，这样就可以在调用一个函数的过程中，根据所给出的不同实参实现不同函数的调用。

【例 5-24】 用函数指针的方法编写一个通用函数，分别求以下 3 个函数的值。

1）$y_1 = f(x) = \left| 2x^2 - 15 \right|$

2）$y_2 = f(x) = \sqrt{2x^2 + 3x}$

3）$y_3 = f(x) = \dfrac{2x^2 - 5x}{x^2 + 3x}$

解题分析： 编写 3 个函数 fun1()、fun2()和 fun3()，分别用于计算 y_1、y_2 和 y_3 的值；再设计一个通用函数 funcom()，分别调用 fun1()、fun2()和 fun3()这 3 个函数。

程序代码：

```
#include <stdio.h>
#include <math.h>
double fun1(double x)
{
    return fabs(2*x*x-15);
}
double fun2(double x)
{
    return sqrt(2*x*x+3*x);
}
double fun3(double x)
{
    return (2*x*x-5*x)/(x*x+3*x);
}
double funcom(double x,double (*fp)(double))
{
    return fp(x);            //通过函数指针调用函数
}
int main()
{
    double x=10,y1,y2,y3;
    y1=funcom(x,fun1);      //函数名 fun1 作为实参
    y2=funcom(x,fun2);      //函数名 fun2 作为实参
```

```
        y3=funcom(x,fun3);      //函数名 fun3 作为实参
        printf("y1=%.2lf,y2=%.2lf,y3=%.2lf\n",y1,y2,y3);
        return 0;
    }
}
```

运行结果：

```
    y1=185.00,y2=15.17,y3=1.15
```

程序分析：

程序中，以函数指针"double (*fp)(double)"作为函数的形参，在主函数 main()中将 3 个函数 fun1()、fun2()和 fun3()的首地址分别通过实参传递给形参 fp，这样在 funcom() 函数内部就可以分别调用不同的 fun1()、fun2()和 fun3()函数。这就是函数指针的用处。

5.6.2　指针函数

函数返回值为指针类型的函数称为**指针函数**，其概念与之前函数的类似，只是返回 值的类型为指针类型而已。定义函数首的一般语法格式如下：

```
类型标识符 *函数名([形式参数表列])
```

其与普通函数首部定义的不同之处是函数名前多了一个"*"号，"*"号表示函数 的返回值是一个指针类型。指针函数中的 return 语句返回的可以是变量的地址、数组元 素的地址或指针变量。

【例 5-25】使用指针函数的方法编写一个函数，其功能是返回两数中较大者的地址。

程序代码：

```
#include <stdio.h>
int *max(int *x,int *y)        //返回指针类型
{
    if(*x>*y)
        return x;
    else
        return y;
}
int main()
{
    int a=3,b=5;
    int *c;
    c=max(&a,&b);
    printf("max=%d\n",*c);
    return 0;
}
```

运行结果：

```
    max=5
```

程序分析：

程序中，主调用函数 main()使用 a 和 b 的地址作为实参，max()函数通过比较形参指 针变量 x 和 y 所指向的变量 a 和 b 的值，决定返回较大者的地址给指针变量 c，使指针 变量 c 指向 a 和 b 中的较大者，最后输出较大者。

注意：不能将形参和局部变量的地址作为指针函数的返回值，因为形参和局部变量在函数调用结束时已被释放。通常情况下，由程序（malloc 或 new）动态开辟分配的存储单元的地址作为指针函数的返回值，因为这些存储单元一直存在，直到由程序（free 或 delete）释放，或等到整个程序执行由操作系统收回。最常见的应用是第 6 章将要介绍的链表操作。

5.7 编译预处理

编译预处理是指在程序编译之前使用一些命令先进行处理的过程。预处理过程是一个替换过程，**预处理命令**是以 "#" 开头的一行命令。C 语言源程序中加入一些预处理命令，可以改进程序设计环境，提高编程效率。

C 语言提供的预处理功能主要有以下 3 种。

1）宏定义。

2）文件包含。

3）条件编译。

5.7.1 宏定义

宏定义是指将一个标识符（又称为宏名）定义为一个字符串。在编译预处理时，将程序中所有出现宏名的地方（双撇号中的除外）都用对应的字符串进行替换，该替换过程也被称为 "宏替换""宏展开""宏调用"。

在 C 语言中，宏定义可分为不带参数的宏定义和带参数的宏定义。

1. 不带参数的宏定义

不带参数的宏定义是指用一个标识符代表一个字符串，其定义的一般语法格式如下：

```
#define 标识符 字符串
```

例如：

```
#define PI 3.14159        //定义圆周率常数 π 的值为 3.14159
```

这就是在第 2 章中介绍过的符号常量。#define 是宏定义命令，其作用是指定标识符 PI 来代替 3.14159。在编译预处理时，将程序中在该命令以后出现的所有 PI（双撇号中的除外）都用 3.14159 替换，该过程称为宏展开。**宏展开只是进行简单的替换，不作语法检查**，语法检查在编译期间进行。这种方法可以让用户以一个简单的、见名知义的名字（宏名）代替一个较长的字符串。

【例 5-26】 编写程序，输入圆的半径，输出圆的面积。

解题分析：圆周率 π 是常用的数学常量，但其不是 C 语言字符集的成员。编程中通常定义一个符号常量 PI 来代替 π。

程序代码：

```
#include <stdio.h>
#define PI 3.14159
```

```
int main()
{
    double r,area;
    printf("Please input the radius:");
    scanf("%lf",&r);
    area=PI*r*r;
    printf("PI*r*r=%.3lf\n",area);
    return 0;
}
```

运行结果：

```
Please input the radius:10↵
 PI*r*r=314.159
```

注意：双撇号中的 PI 未被替换。

程序分析：

在主函数 main() 之前由宏定义命令定义了 PI 等价于 3.14159，程序中的 area=PI*r*r 就等价于 area=3.14159*r*r。

下面对宏定义作一些说明。

1）宏名习惯上用大写字母表示，以便与变量名区别。当然，宏名也可以用小写字母表示。

2）宏定义只是定义一个宏名代替一个字符串，不分配存储单元。宏展开也只是简单的替换，不作正确性的语法检查。但其可以减少程序中重复书写某些较长字符串的工作量，而且简单不易出错。

3）宏定义不是 C 语言的语句，**不能在行末加分号**，否则会出现语法错误。例如：

```
#define PI 3.14159;
```

计算面积的语句经过宏展开后，变为

```
area=3.14159;*r*r;
```

显然出现语法错误。

4）#define 命令可以出现在程序中的任何位置（但必须是独立一行），宏名的作用范围为定义命令之后到本源文件结束。通常 #define 命令写在文件开头，函数之前，作为文件一部分，在此文件范围内有效。

5）可以用 #undef 命令提前终止宏定义的作用域。例如：

```
#define PI 3.14159
int main(){…}
#undef PI              //终止 PI 的作用域
#define PI 3.14        //重新定义 PI 的字符串
int fun(){…}
```

6）在进行宏定义时，可以引用已定义的宏名，可以层层替换，但不能嵌套定义。例如：

```
#define N 3
#defein M N+5          //等价于 #defein M 3+5
#define X X+3          //这是错误的，不能嵌套定义
```

2. 带参数的宏定义

带参数的宏定义类似于函数，在宏名后面还跟着圆括号及形参。在宏展开时，不仅要进行宏名的替换，还要进行参数的替换，其定义的一般语法格式如下：

```
#define 宏名(形参表) 字符串
```

其中，形参表由一个或多个形参组成，各形参之间用逗号隔开；字符串通常应包含各个形参。

带参数的宏定义使用格式如下：

```
宏名(实参表)
```

其中，实参可以是常量、变量或表达式。

例如：

```
#define S(x,y) x*y          //定义求矩形的带参数宏
area=S(5,8);                //通过带参数宏求面积
```

在编译预处理时，把 S(5,8)替换为 x*y，同时把实参 5 替换字符串的 x，把实参 8 替换字符串的 y。只替换形参，其他字符保留。经过宏展开，赋值语句被替换为

```
area=5*8;                   //通过带参数宏求面积
```

【例 5-27】编写程序，求圆柱体的体积，输入半径和高，输出圆柱体的体积。

解题分析： 定义一个不带参数的宏表示圆周率 π，再定义一个带参数的宏表示求圆的面积。在主函数 main()输入圆柱体的半径和高，使用宏名计算圆柱体的体积并输出。

程序代码：

```
#include <stdio.h>
#define PI 3.14159
#define S(r) PI*r*r
int main()
{
    double r,h,v;
    printf("Please input the radius and high:");
    scanf("%lf%lf",&r,&h);
    v=S(r)*h;
    printf("Volume=%.3lf\n",v);
    return 0;
}
```

运行结果：

```
Please input the radius and high:10 5↵
Volume=1570.795
```

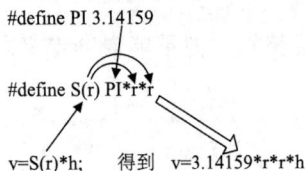

图 5.18 宏展开替换过程

程序分析：

在程序中，将计算机圆的面积定义为带参数的宏。程序编译预处理时，将求体积的赋值语句"v=S(r)*h;"宏展开为"v=3.14159*r*r*h;"，替换过程如图 5.18 所示。

下面对带参数的宏定义作一些说明。

1）在带参数的宏定义中，宏名和左括号"（"之间

不能有空格。若其间有空格，即成为不带参数的宏定义，左括号开始至行末一起构成字符串。例如：

```
#define S(r)  PI*r*r
```

写为

```
#define S (r)  PI*r*r        //S 和左括号间多了一个空格
```

则将被认为是不带参数的宏定义，宏名为 S，其代表字符串(r) PI*r*r。计算体积的赋值语句宏展开后为

```
v=(r)  3.14159*r*r(r)*h;
```

这显然是错误的。

2）宏展开过程只是简单地将形参文本替换为实参，并不像函数调用那样先把实参的值计算出来再传递给形参。因此，一般应将字符串及字符串的形参用圆括号括起来，否则宏展开后可能出现意想不到的结果或错误。例如，有如下宏引用：

```
v=S(3+2)*5;
```

宏展开后为

```
v=3.14159*3+2*3+2*5;
```

显然不是想要的结果。因此，带参数的宏定义应该写成如下形式，以避免歧义或错误：

```
#define S(r)  (PI*(r)*(r))
```

带参数的宏定义和函数有一定的相似之处，但其不能等价于函数。二者主要区别如下。

1）函数调用时，先计算出实参表达式的值，再传递给形参；而带参数的宏定义只是简单地进行文本替换。

2）函数调用是在程序执行期间处理的，而且为形参分配存储单元；而宏展开则是在编译前进行的，并不分配存储单元，不进行值的传递处理，也没有返回值。

3）函数中的实参和形参都要定义类型，而且二者的类型要一致或相容，若不一致，则应进行类型转换；而带参数的宏定义不存在类型问题，宏名无类型，其参数也无类型，只是一个符号代表，宏展开时替换指定字符串即可。

4）函数调用占用执行时间（分配存储单元、保留现场、值传递、返回）；而宏展开不占用执行时间，只占用编译时间。

5）宏引用多次，宏展开后源程序变长，因为每展开一次都会使程序增长；而函数调用不影响源程序的长度。

5.7.2　文件包含

文件包含是指一个源文件可以将另外一个源文件的全部内容包含进来，即将另外的文件包含到本文件中。C 语言提供了#include 编译预处理命令，用来实现文件包含操作。系统在编译之前，首先把被包含的文件的全部内容替换#include 命令的位置，然后一起编译生成目标文件（.obj）。文件包含的一般形式有两种：

```
#include <文件名>
```

或

```
#include "文件名"
```

其中，用尖括号（如#include <stdio.h>）时，系统到存放 C 语言库函数头文件所在的文

件夹中寻找要包含的文件，这种称为标准方式；用**双撇号**（如用户自己编写的头文件
file.h，使用#include "file.h"）时，系统先在用户当前文件夹中寻找要包含的文件，若找
不到，再按标准方式查找，即再按尖括号的方式查找。一般来说，如果为了调用库函数
而用#include 命令包含相关的头文件，则用尖括号，以节省查找时间；如果要包含的是
用户自己编写的文件（这种文件一般在当前目录中），则一般用双撇号。若文件不在当
前文件夹中，则双撇号内可给出文件路径。

文件包含可以节省程序设计人员的重复劳动。例如，开发某一项目的团队人员往往
使用一组固定的符号常量（如 g=9.81、pi=3.1415926、e=2.718 等）可以把这些宏定义命
令组成一个文件，各人都可以用#include 命令将这些符号常量包含到自己所写的源文件
中，这样每个人就可以不必重复定义这些符号常量。如果需要修改一些常数，不必修改
每个程序，只需修改一个文件（头部文件）即可。但应当注意的是，被包含文件修改后，
凡包含此文件的所有文件都要全部重新编译。

这种常用在文件头部的被包含的文件称为头部文件或标题文件，常以.h（h 为 header
的缩写）为扩展名，如 math.h 文件。当然，不用.h 为扩展名，而用.c 或.cpp 为扩展名或
者没有扩展名也是可以的，但用.h 作扩展名更能表示此文件的性质。

头文件除了可以包括函数原型和宏定义外，也可以包括全局变量和结构体类型的定
义（第 6 章）等。

5.7.3 条件编译

一般情况下，源程序中的所有代码都要参加编译。但有时根据实际情况，只希望满
足某一条件的那部分代码参加编译，不满足条件的不参加编译，以减少目标代码的长度，
这就是条件编译。例如，如果一个 C 语言源程序在不同计算机系统上运行，而不同的计
算机系统又有一定的差异，有的是以 32 位存放一个整数，而有的则以 64 位存放一个整
数。有了条件编译，就可以根据计算机系统的位数进行编译，而不需要对源程序进行修
改，这样就提高了程序的通用性。

条件编译命令有以下 3 种形式。

1）第 1 种形式：

```
#ifdef 标识符
    程序段 1
#else
    程序段 2
#endif
```

作用是当指定的标识符已被#define 命令定义时，则只编译"程序段 1"，否则编译
"程序段 2"。其中，#else 部分可以没有，下面两种形式也一样可以没有#else 部分。

2）第 2 种形式：

```
#ifndef 标识符
    程序段 1
#else
    程序段 2
```

```
#endif
```

该种形式只有第 1 行与第 1 种形式不同，其将#ifdef 改为#ifndef，其中，n 表示 not。作用是当指定的标识符未被#define 命令定义过时，则只编译"程序段 1"，否则编译"程序段 2"。这种形式与第 1 种形式用法类似，只是作用相反，可根据实际需要任选一种。

3）第 3 种形式：

```
#if 表达式
    程序段 1
#else
    程序段 2
#endif
```

作用是当指定的表达式的值为真（非 0）时，编译"程序段 1"，否则编译"程序段 2"。使用该种形式时，可事先给定一个条件，使程序在不同的条件下执行不同的功能。

【例 5-28】输入一行字母字符，根据需要设置条件编译，使之能将字母字符原文输出，或输出等长度（个数）的星号"*"。

程序代码：

```
#define FLAG 1            //预设为输出星号"*"
#include <stdio.h>
#include <string.h>
int main()
{
    int i;
    char str[100];
    printf("Please input the message:");
    gets(str);
#if FLAG                  //输出星号"*"
    for(i=0;i<strlen(str);i++)
        printf("*");
#else                     //输出原文
    printf("The message is :%s\n",str);
#endif
    return 0;
}
```

运行结果：

```
Please input the message:Hello↵
*****
```

程序分析：

程序中，第 1 行定义 FLAG 为 1，这样在对条件编译命令进行预处理时，由于 FLAG 为真（非 0），则对循环 for 语句进行编译，执行时输出与 Hello 等长度的"*****"。如果将程序第 1 行改为

```
#define FLAG 0
```

则在预处理时对"printf("The message is :%s\n",str);"进行编译，运行时输出原文。

有的读者可能会问，这不是 if 语句的功能吗？为什么还要用条件编译？这是因为采

用条件编译可以减少被编译的语句，从而减少目标程序的长度，减少运行时间。当条件编译的代码段比较多时，目标程序长度可以大大减少。

本节介绍的编译预处理功能是 C 语言特有的，有利于程序的可移植性，增加程序的灵活性。

5.8　缓冲区溢出

缓冲区及缓冲区溢出的概念在前面章节中已多次提到。缓冲区溢出是一种常见的软件漏洞形式，可被用于实现远程植入、本地提权、信息泄露、拒绝服务等攻击目的，具有极大的攻击力和破坏力。学习缓冲区溢出原理和利用有助于巩固计算机安全，加强系统防御。

5.8.1　缓冲区溢出原理

缓冲区在软件中指的是用于存储临时数据的区域，一般是一块连续的内存区域，如 char buffer[256]定义了一个 256 字节的缓冲区。缓冲区的容量是预先设定的，但是如果往里存入的数据大小超过了预设的区域，就会造成缓冲区溢出。

由于缓冲区溢出的数据紧随源缓冲区存放，因此必然会覆盖相邻的数据，从而产生意想不到的后果。

从现象上看，溢出可能会导致：

1）应用程序异常。

2）系统服务频繁出错。

3）系统不稳定甚至崩溃。

从结果上看，溢出可能会导致：

1）以匿名身份直接获得系统最高权限。

2）从普通用户提升为管理员用户。

3）远程植入代码，执行任意指令。

4）实施远程拒绝服务攻击。

常见的缓冲区溢出有栈溢出、整型溢出、UAF（Use After Free）类型缓冲区溢出。这里重点介绍栈溢出的原理。栈的概念在前面章节中已多次提到，栈是一块连续的内存空间，用来存放程序和函数执行过程中的临时数据。有以下 3 个 CPU 寄存器与栈有关。

1）SP（stack pointer，栈顶指针）（x86 指令中为 ESP，x64 指令中为 RSP）：随着数据入栈/出栈而变化。

2）BP（base pointer，基地址指针）（x86 指令中为 EBP，x64 指令中为 RBP）：用于标示栈中一个相对稳定的位置。通过 BP，可以方便地引用函数参数及局部变量。

3）IP（instruction pointer，指令指针）（x86 指令中为 EIP，x64 指令中为 RIP）：在调用某个函数（call 指令）时，隐含的操作是将当前的 IP 值（函数调用返回后下一条语句的地址）压入栈中。

当发生函数调用时，编译器一般会形成如下程序过程。

1）将函数参数依次压入栈中。

2）将当前 IP 寄存器的值压入栈中，以便函数完成后返回父函数。

3）进入函数，将 BP 寄存器值压入栈中，以便函数完成后恢复寄存器内容至函数之前的内容。

4）将 SP 值赋值给 BP，再将 SP 的值减去某个数值，用于构造函数的局部变量空间，其数值的大小与局部变量所需内存大小相关。

5）将一些通用寄存器的值依次入栈，以便函数完成后恢复寄存器内容至函数之前的内容。此时栈的布局如图 5.19 所示。

6）开始执行函数指令。

7）函数完成计算后，依次执行程序过程的逆操作[5）、4）、3）、2）、1）]，即先恢复通用寄存器内容至函数之前的内容，接着恢复栈的位置，恢复 BP 寄存器内容至函数之前的内容，再从栈中取出函数返回地址之后返回父函数，最后根据参数个数调整 SP 的值。

栈溢出指的是向栈中的某个局部变量存放数据时，数据的大小超出了该变量预设的空间大小，导致该变量之后的数据被覆盖破坏。由于溢出发生在栈中，因此其被称为栈溢出。

防范栈溢出需要从以下几方面入手。

1）编程时注意缓冲区的边界。

2）不使用 strcpy()、memcpy() 等危险函数，仅使用它们的替代函数。

3）在编译器中加入边界检查。

4）在使用栈中重要数据之前加入检查，如 Security Cookie 技术。

5.8.2 缓冲区溢出的利用

缓冲区溢出会造成程序崩溃，但要达到执行任意代码的目的，还需要做到如下两点：一是在程序的地址空间里安排适当的代码，这些代码可以完成攻击者所需的功能；二是控制程序跳转到第一步安排的代码去执行，从而完成指定的功能。

1. 在程序的地址空间里安排适当代码的方法

1）**植入法**：一般是向被攻击程序输入一个过长的字符串作为参数，而程序将该字符串不加检查地放入缓冲区。该字符串里包含了由攻击者精心构造的一段 Shellcode。Shellcode 实质上就是机器指令序列，可以完成攻击者所需的功能。

2）**利用已经存在的代码**：有时攻击者所需要的代码已经在被攻击的程序中，攻击者可以不必自己再写烦琐的 Shellcode，而只需控制程序跳转至该段代码并执行，然后给相应的函数调用传递一些参数即可。

2. 控制程序跳转的方法

1）**覆盖返回地址**：每当发生一个函数调用时，栈中都会保存该函数结束后的返回

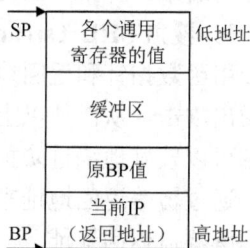

地址，而攻击者通过改写返回地址使之指向攻击代码，这类缓冲区溢出被称为 stack smashing attack。

2）覆盖函数或者对象指针：函数指针可以用来定位任何地址空间，如果攻击者在能够溢出的缓冲区附近找到函数指针，那么就可以通过溢出该缓冲区来改变函数指针。在之后的某一时刻，当程序调用该函数时，程序的流程就会按照攻击者的意图跳转。

3）覆盖 SHE（structured exception handing，结构化异常处理）链表：有的函数在使用函数指针和返回地址之前做了检测，一旦发现更改就会进行相应的处理来避免遭受溢出攻击，从而使以上两种方法无法成功，而若覆盖 Windows 操作系统下的 SEH 链表则可以较好地绕过防护完成攻击。

通过覆盖返回地址来控制程序流程是栈溢出最常见的利用技术。下面通过一个例子来理解覆盖返回地址。

【例 5-29】缓冲区溢出的利用——覆盖返回地址。运行环境：32 位 Visual C++6.0。
程序代码：

```c
#include <stdio.h>
void printtest()
{
    printf("test");
}
void gettest()
{
    char str[8]={0};
    int p=(int)printtest;               //获取 printtest()函数的地址
    char ap[4];                         //用于分解函数的地址
    ap[0]=p>>24 & 0x000000FF;           //取地址的高字节
    ap[1]=p<<8>>24 & 0x000000FF;        //取地址的第 2 字节
    ap[2]=p<<16>>24 & 0x000000FF;       //取地址的第 3 字节
    ap[3]=p<<24>>24 & 0x000000FF;       //取地址的末字节
    str[12]=ap[3];                      //覆盖返回地址的低字节
    str[13]=ap[2];
    str[14]=ap[1];
    str[15]=ap[0];                      //覆盖返回地址的高字节
}
int main()
{
    gettest();
    return 0;
}
```

运行结果：

```
test
```

程序分析：

程序中，gettest()函数定义了 str、p、ap 数组和变量，它们在栈区的布局如图 5.20 所示。函数被调用时，首先获取 printtest()函数的地址，并转换为 int 型存入变量 p；然后通过位运算把地址分离成为 4 字节存入数组 ap 中；最后通过栈溢出方法把返回地址（IP）替换为 printtest() 函数的地址（注意是倒放的）。这样，由于主函数 main() 调用 gettest() 函数的返回地址被替换为 printtest() 函数的入口地址，因此函数执行完返回时，不是返回到主函数 main()，而是转去执行 printtest() 函数。

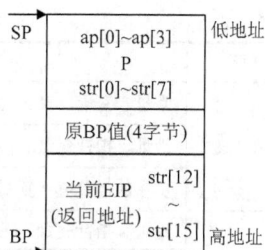

图 5.20　栈溢出覆盖返回地址

这里强调一点，对于初学者，不要纠结于如何实现溢出的技巧，而是要清晰明白溢出的原理！思想很重要！本例的基本思想就是获取 printtest() 函数的地址，并改写返回 IP 的地址！

本 章 小 结

本章主要介绍了函数的相关概念和应用，以及函数在应用过程中可能出现的问题，具体如下。

1）函数是用来完成某个特定功能的程序段，是构成 C 语言源程序的基本单位。C 语言程序中有且仅有一个主函数 main()，而且总是从主函数 main() 开始执行。函数是平行的，相互独立的。

2）从用户的使用角度来看，函数可分为 2 类：标准函数和用户自定义函数；从函数的形式上来看，函数可分为 3 类：无参函数、有参函数和空函数。

3）函数必须"先定义，后使用"。函数包含函数首和函数体，其中函数首由函数类型、函数名、圆括号及形参组成；函数体包含声明部分和执行部分。

4）通常一个函数执行结束后有一个返回值。若没有返回值，则函数类型需要定义为 void。若返回值类型与函数类型不一致，则将返回值自动转换为函数类型。

5）按函数在程序中出现的位置划分，函数调用方式有函数语句、函数表达式和函数参数 3 种。

6）若函数调用在前，而函数定义在后，则必须对函数进行声明；若先定义后使用，则不需要声明。声明的作用是把函数的名字、函数类型及形参的类型、个数和顺序通知编译系统，以便在调用该函数时系统按此进行对照检查。函数声明形式一般用函数首的末尾加一个分号。

7）函数参数的实参和形参的对应关系如表 5.5 所示。

表 5.5　实参和形参的对应关系

项目	实参	形参
位置	调用函数时函数名后面括号中的各个表达式	定义函数时函数名后面括号中的各个变量名
形式	常量、变量、表达式	变量或指针变量
内存	调用前已分配存储单元，并有确定值	调用时分配存储单元，返回就被释放
	实参和形参分别占用不同的存储单元	

续表

项目	实参	形参
值传递	常量、变量、表达式	变量
	地址、指针变量	指针变量（改变指针变量的值）
	实参的值赋值（复制）给形参，形参的改变不会影响实参，是单向传递	
地址传递	地址、指针变量	指针变量（改变指针变量所指向的值）
	修改形参指针所指向的变量，则实参地址对应的存储单元也发生变化，是双向传递	
	数组名或指向数组的指针变量	数组名或指针变量，数组名实质是指针变量
	形参数组与实参数组是同一段存储单元，如果修改了形参数组的值，其实是修改了实参数组的值	
对应关系	实参和形参的个数要相同，对应的类型要相同或赋值相容。若实参与形参的类型不一致，则调用时实参自动转换为形参的类型	

8）引用是 C++语言的一种新的变量类型，声明符为 "&"，其作用是为一个变量起一个别名。在声明一个引用型变量时，必须同时对其进行初始化，即声明其代表哪一个变量。编译时系统并不为引用型变量分配存储单元，而是和关联变量同一个存储单元。

9）主函数 main()的形参包括 argc 和 argv。其中，形参 argc 是指命令行中参数的个数（注意，命令名也是一个参数）；形参 argv 是指向字符的指针数组，用来指向命令行中的每一个参数（字符串）。

10）C 语言的函数可以嵌套调用，但不能嵌套定义，即一个函数可以调用另一个函数，另一个函数又可以调用其他函数。

11）函数递归调用是指一个函数直接或间接地调用该函数本身的过程。

12）变量的作用域和生存期如表 5.6 所示。

表 5.6　局部变量与外部变量的对比

项目	局部变量			外部变量	
存储类别	auto	register	局部 static	外部 static	外部
存储方式	动态		静态		
存储区	动态区	寄存器	静态存储区		
生存期	函数调用开始至结束		整个程序运行期间		
作用域	定义变量的函数或复合语句内			本文件	其他文件
赋初值	每次函数调用时		编译时赋初值，而且只赋初值一次		
未赋初值	不确定值		自动赋初值为 0 或空字符		

13）一个函数在编译时被分配给一个入口地址，该入口地址就是函数的指针（地址），也称为函数的首地址。可以使用指向函数的指针变量存取函数的首地址，从而达到调用函数的目的。通常把指向函数的指针变量简称为函数指针。

14）指针函数是指函数返回值为指针类型的函数。

15）编译预处理是指在程序编译之前使用一些命令先进行处理的过程。预处理命令以 "#" 开头。预处理功能主要有 3 种：宏定义、文件包含和条件编译。

注意：宏展开只是简单的文本替换。

16）缓冲区溢出的原理及利用。

习　题

1. 编写一个判断某整数是否为素数的函数 int prime(int x)。在主函数 main() 中输入一个正整数，调用 prime() 函数后，输出是否为素数的信息。

2. 编写两个函数 int comm_div(int x,int y) 和 int comm_mul(int x,int y)，分别用于求两个整数的最大公约数和最小公倍数。在主函数 main() 中输入两个整数，调用这两个函数并输出两个整数的最大公约数和最小公倍数。

3. 编写一个函数 void swap(int *x,int *y)，其功能是交换两数。在主函数 main() 中输入两个数，调用 swap() 函数后，输出交换后的两个数。

4. 编写以下 3 个函数。

（1）void input_data(int x[],int n) 函数的功能是输入 n 个整数存到数组 x 中。

（2）void data_swap(int x[],int n) 函数的功能是将数组中的最小数与第一个数交换，把最大数与最后一个数交换。

（3）void print_data(int x[],int n) 函数的功能是输出处理后的 n 个数。

在主函数 main() 中输入 n 的值，按顺序分别调用以上 3 个函数。

5. 编写一个从小到大排序（选择法）的函数 void sort(int x[],int n)，其中 n 为整数个数。在主函数 main() 中输入 n 的值和 n 个整数，调用排序函数 sort() 后，输出排序后的 n 个整数。

6. 有 n 个整数，使前面各数顺序向后移 m 个位置，最后 m 个数变成最前面 m 个数。例如，有 n=10 个整数：

$$1 \quad 2 \quad 3 \quad 4 \quad 5 \quad 6 \quad 7 \quad 8 \quad 9 \quad 10$$

若 m=4，则后面 4 个数移到前面，如下：

$$7 \quad 8 \quad 9 \quad 10 \quad 1 \quad 2 \quad 3 \quad 4 \quad 5 \quad 6$$

试编写一个函数 void move(int a[],int n,int m)，实现以上功能。在主函数 main() 中输入 n 的值和 n 个数及 m 的值，调用 move() 函数后，输出调整后的 n 个数。

7. 编写一个函数 void transposition(int a[3][3])，功能是将 3×3 的整型矩阵转置。在主函数 main() 中输入 3×3 的整型矩阵，调用 transposition() 函数后，输出转置后的矩阵。

8. 编写一个摆花函数 void flower(char f[][N],int n)，函数的功能描述如下：学生们弄来了不多于 26 种花，每种花有多盆。为使有限的鲜花摆放得更美观，学生们决定把花摆成正方形图案。现在已知正方形的边长 N（每盆花的直径为一个单位长，1<=N<=99，N 为奇数），请编程输出花所排成正方形图案（用大写字母代表花）。把图案的中心称为第 1 圈，中心向外依次是第 2 圈、第 3 圈…。中心是字母 A，第 2 圈是字母 B，第 3 圈是字母 C，…，第 26 圈是字母 Z，第 27 圈又是字母 A，第 28 圈又是字母 B，…，以此类推。在主函数 main() 中输入 n 的值，调用 flower() 函数后，输出图案。

提醒：输出时每个字母前有一个空格。

例如，输入 9，则输出以下图案（输出时每个字母前留一个空格）：

```
E E E E E E E E
E D D D D D D E
E D C C C C D E
E D C B B B C D E
E D C B A B C D E
E D C B B B C D E
E D C C C C D E
E D D D D D D E
E E E E E E E E
```

9. 编写一个求字符串长度的函数 int str_len(char c[])。在主函数 main()中输入一个字符串，调用 str_len()函数后，输出该字符串的长度。

10. 编写一个函数 void str_reverse(char c[])，功能是将一个字符串逆序存放。在主函数 main()中输入一个字符串，调用 str_reverse()函数后，输出该字符串。

11. 编写一个函数 void str_cpy(char *f,char *t)，功能是将字符串 f 复制到 t 中。在主函数 main()中定义两个字符数组 x[100]、y[100]，输入 x 字符串，调用 str_cpy()函数，将字符串 x 复制到 y 中，输出字符串 y。

12. 编写一个函数 void str_cat(char x[],char y[])，功能是将字符串 y 连接到字符串 x 的末尾。在主函数 main()中输入两个字符串 x 和 y，调用 str_cat()函数，将字符串 y 连接到字符串 x 的末尾，输出字符串 x。

13. 编写一个函数 int str_cmp(char x[],char y[])，功能是比较两个字符串 x 和 y 的大小，返回两个字符中第一个不同字符的 ASCII 码差值，即当字符串 x 和字符串 y 相等时，返回 0；当字符串 x 大于字符串 y 时，返回一个正数；当字符串 x 小于字符串 y 时，返回一个负数。在主函数 main()中输入两个字符串 x 和 y，通过调用 str_cmp()函数输出字符串 x 和 y 的大小关系。

14. 编写一个从小到大排序（冒泡法）函数 void sort(char (*p)[10],int n)，其中 n 为字符串个数。

15. 编写一个函数 int num_count(char c[],int a[])，其功能是将字符串的连续的数字作为一个整数，依次存到数组 a 中，并返回整数的个数。例如，有如下字符串：abc123#$346 789defg246hijk3579，则数组 a 中的数据分别为 123、346、789、246 和 3579，返回个数 5。在主函数 main()中输入字符串，调用 num_count()函数后输出这些整数。

16. 编写一个函数 int fact(int n)，其功能是使用递归算法求 n 的阶乘，即求 n!。在主函数 main()中输入 n，调用 fact()函数后，输出计算结果。

17. 编写一个应用梯形法求定积分函数 double intergral(double (*fp)(double), double a,double b)。梯形法求定积分公式如下：

$$\int_a^b f(x)dx \approx \frac{h}{2}\{[f(a)+f(a+h)]+[f(a+h)+f(a+2h)]+\cdots+[f(b-h)+f(b)]\}$$

$$\approx \frac{h}{2}[f(a)+f(b)]+h\sum_{i=1}^{n-1}f(a+ih)$$

其中，h 为梯形的高，h=(b-a)/n，n 为[a,b]区间切分的梯形个数。在主函数 main()中分别计算以下定积分的值：

$$\int_{1}^{10}\left(2x^3+3x^2+5x+6\right)dx,\int_{0}^{1}\sin xdx,\int_{0}^{2}(e^x+\cos x)dx$$

18. 认真分析以下程序，写出运行结果，并对运行结果进行分析，说明理由。

```
#include <stdio.h>
int x;
void fun()
{   int x=0;
    static int y;
    x=x+1;      y=y+2;
    printf("fun:x=%d,y=%d\n",x,y);
}
int main()
{   int y=0;
    x=x+3;      y=y+4;
    fun();
    printf("main:x=%d,y=%d\n",x,y);
    fun();
    return 0;
}
```

19. 认真分析以下程序，写出运行结果，为什么？如何改进宏定义，以避免出现歧义？请完善程序，输出没有歧义的数据。输出：S=314.15900。

注意：宏预处理只是简单地替换。

```
#include <stdio.h>
#define M 2
#define N M+3
#define R M*N
#define PI 3.14159
#define S(r) PI*r*r
int main()
{   printf("S=%.5f\n",S(R));
}
```

第6章　构造数据类型

前面已经介绍了基本数据类型（如整型、实型、字符型），也介绍了一种构造数据类型——数组（数组是指相同类型数据的集合）。在实际应用中，有时需要将不同类型的数据组成一个有机的整体，以便于引用。例如，一个学生的基本信息通常由学号、姓名、性别、出生日期、成绩、地址等组成，虽然可以分别定义为相互独立的简单变量，但难以反映它们之间的内在联系。为了解决这个问题，C语言提供了另一种构造类型——结构体（structure），其可以将若干类型不同（当然也可以相同）的数据项组合在一起构成一个构造数据类型。C语言还提供了共用体、枚举型等构造数据类型。

本章主要介绍结构体类型、共用体类型、枚举类型等构造数据类型的概念和应用。

6.1　结构体类型

C语言没有提供表示某一个对象（如学生、图书等）的数据类型，但可以让用户根据实际需要由基本数据类型构造出来新类型——结构体。结构体类型是一组不同类型数据的集合。

6.1.1　结构体类型的声明

在结构体类型使用之前，必须先对结构体类型进行声明。声明一个结构体类型的一般语法格式为

```
struct 结构体名
{
    类型标识符 1 成员名 1;
    类型标识符 2 成员名 2;
    ...
    类型标识符 n 成员名 n;
};
```

下面作一些说明。

1）struct 是 C 语言的关键字，是结构体类型的引导字，不能省略，用于声明结构体类型和定义结构体变量，但结构体名可以省略。

2）结构体名和成员名必须是符合命名规则的标识符。

3）类型标识符可以是基本数据类型，也可以是已声明的结构体类型。

4）如果多个成员的数据类型相同，则可以像定义简单变量一样一起定义，即用一个类型标识符定义多个成员名，成员名之间用逗号","隔开。

5）结构体成员声明必须放在一对花括号"{}"内，最后以分号";"结尾。

6）声明结构体类型只是说明了该类型的数据构成形式，系统并不为其分配存储单

元。只有定义了结构体变量或数组之后，编译系统才给变量或数组分配存储单元。

7）成员名可以与程序中的普通变量同名，代表不同的对象。

8）结构体类型名称是"struct 结构体名"一个组合，缺一不可。

例如，声明一个表示日期的结构体类型：

```
struct date
{
    int year;              //年
    int month;             //月
    int day;               //日
};
```

声明了一个名为 struct date 的结构体类型，其和系统提供的基本类型（如 int、float、double、char 等）具有同样的地位和作用，都可以用于定义的变量，只不过结构体类型需要由用户自己指定。其中，成员名也可以一起定义："int year,month,day;"。

再如，声明一个表示学生信息的结构体类型：

```
struct student
{
    char num[10];          //学号
    char name[10];         //姓名
    char sex;              //性别，M 为男性，F 为女性
    struct date birthday;  //出生日期
    float score;           //成绩
    char addr[30];         //地址
};
```

声明了一个名为 struct student 的结构体类型，包含 num、name、sex、birthday、score、addr 等不同类型的数据项。其中，birthday 是一个结构体类型成员，即结构体类型可以嵌套。

6.1.2　结构体变量的定义

有了结构体类型，就可以定义结构体变量，用于存放具体的数据。C 语言中可以采用以下 3 种方式定义结构体变量。

1. 先声明结构体类型，再定义结构体变量

如上面已定义了结构体类型 struct student，可以用来定义结构体变量。例如：

```
struct student stu1,stu2;
```

定义了 stu1 和 stu2 为 struct student 类型的变量，即它们具有 struct student 类型的结构，如图 6.1 所示。

num	name	sex	birthday			score	addr
			year	month	day		

图 6.1　struct student 类型的结构

在定义了结构体变量后，系统会为它们分配存储单元。各个结构体变量在内存中占

用的字节数理论上是各个成员的字节数之和（10+10+1+4+4+4+4+30=67），但实际占用的字节数与成员类型结构及编译系统有关。例如，32 位的 VC++ 6.0 编译系统以 4 字节为单位，num、name 和 sex 3 个成员均为字符型且连续，共占用 21（10+10+1=21）字节，不是 4 的倍数。由于 sex 之后的成员 year 是不同类型，因此要凑足到 4 的倍数，即共占用 24 字节。year、month 和 day 为整型，各占用 4 字节。成员 addr 为字符型，长度为 30，不是 4 的倍数，也要凑足到 32 字节。因此，结构体变量 stu1 共占用 72 字节（24+4+4+4+4+32=72）。

值得注意的是，定义一个结构体类型变量时必须要指定为某一特定的结构体类型（如 struct student 类型），而在定义普通变量为基本类型（如整型）时只需要指定为基本类型（如 int）即可。另外，由于可声明多种具体的结构体类型，因此如果程序规模比较大，通常将对结构体类型的声明集中存放在一个头文件（以.h 为扩展名）中，哪个源文件要用，则用#include 命令将头文件包含到本文件中。这样便于使用，便于修改。

2. 在声明结构体类型的同时定义变量

定义的一般语法格式如下：

```
struct 结构体名
{
    成员表列;
}变量名表列;
```

例如：

```
struct student
{
    char num[10];               //学号
    char name[10];              //姓名
    char sex;                   //性别，M 为男性，F 为女性
    struct date birthday;       //出生日期
    float score;                //成绩
    char addr[30];              //地址
}stu1,stu2;
```

其作用与第一种方法相同，即定义了两个 struct student 类型的变量 stu1 和 stu2。

3. 不指定结构体名，直接定义结构体变量

定义的一般语法格式如下：

```
struct
{
    成员表列;
}变量名表列;
```

例如：

```
struct
{
    char num[10];               //学号
```

```
        char name[10];                  //姓名
        char sex;                       //性别，M 为男性，F 为女性
        struct date birthday;           //出生日期
        float score;                    //成绩
        char addr[30];                  //地址
    }stu1,stu2;
```

这种定义方法不常用，因为没有声明结构体类型名称。使用此种方法时，若想再定义相同类型的变量或数组，就必须把成员表列重复地再写一遍。

6.1.3 结构体变量的初始化和引用

1. 结构体变量的初始化

和其他类型变量一样，在定义结构体变量的同时可指定初始值。
例如：

```
    struct student
    {
        char num[10];                   //学号
        char name[10];                  //姓名
        char sex;                       //性别，M 为男性，F 为女性
        struct date birthday;           //出生日期
        float score;                    //成绩
        char addr[30];                  //地址
    }stud={"20240001","lisi",'M',2006,5,1,90.0,"fuzhou"};
```

由于各成员的初始值归属于同一个结构体变量，是一个整体，因此需要用一对花括号"{}"将其括起。

可以先声明类型，再定义变量并对部分成员初始化。例如：

```
    struct student stud1={"20240001","lisi",'M',2006,5,1};
```

定义了一个结构体变量 stud1，并对成员 num、name、sex、birthday 进行了初始化；但没有给出 score 和 addr 两个成员的初始值，因此 score 的初始值默认为 0.00，addr 的初始值默认为空字符'\0'。

2. 结构体变量的引用

在程序中使用结构体变量时，往往不能将其作为一个整体来使用。ANSI 标准 C 中除了允许具有相同类型的结构体变量相互赋值以外，一般对结构体变量的引用，包括赋值、输入、输出、运算等都通过成员实现。

（1）结构体变量成员的表示方法

表示结构体变量成员的一般语法格式如下：

```
        结构体变量名.成员名
```

其中，"."是成员（分量）运算符，其在所有运算符中优先级最高。

例如，已经定义了结构体变量 stu1 和 stu2，则对成员的引用表示为 stu1.num、stu2.num、stu1.score、stu2.score 等。

如果成员本身又是一个结构体类型，则必须逐级找到最低级的成员才能引用，其一般语法格式如下：

结构体变量名.外层成员名.内层成员名

例如，stu1.birthday.month 表示变量 stu1 所代表学生的出生月份。

（2）结构体变量的值

结构体变量的值可以通过给各成员赋值或输入来获得。

【例 6-1】给结构体变量赋值并输出。

程序代码：

```c
#include <stdio.h>
#include <string.h>
struct date
{
    int year;                   //年
    int month;                  //月
    int day;                    //日
};
struct student
{
    char num[10];               //学号
    char name[10];              //姓名
    char sex;                   //性别，M 为男性，F 为女性
    struct date birthday;       //出生日期
    float score;                //成绩
    char addr[30];              //地址
};
int main()
{
    struct student stu1,stu2;
    strcpy(stu1.num,"20240101");
    strcpy(stu1.name,"zhangsan");
    stu1.sex='M';
    printf("Please birthday(yyyy-mm-dd):");
    scanf("%d-%d-%d",&stu1.birthday.year,&stu1.birthday.month,
        &stu1.birthday.day);
    stu2=stu1;                  //相同结构体类型的变量可以相互赋值
    printf("Student stu2:");
    printf("%s,%s,%c,",stu1.num,stu1.name,stu1.sex);
    printf("%d-%d-%d\n",stu1.birthday.year,stu1.birthday.month,
        stu1.birthday.day);
    return 0;
}
```

运行结果：

```
Please birthday(yyyy-mm-dd):2005-10-12↵
Student stu2:20240101,zhangsan,M,2005-10-12
```

程序分析：

程序中，首先用字符复制函数 strcpy() 给 num 和 name 两个字符数组赋值，用赋值语句给 sex 成员赋值，用 scanf() 函数输入 birthday 成员的值；然后把结构体变量 stu1 的所有成员整体赋值给 stu2；最后输出结构体变量 stu2 的各个成员值。

6.1.4　结构体数组

C 语言中，一个数组的元素类型可以是基本类型，也可以是某个结构体类型，从而构成结构体数组。结构体数组的每一个元素都是具有相同结构体类型的下标结构体变量，它们都分别包括各个成员（分量）项。在实际应用中，经常用结构体数组表示具有相同数据结构的一个群体，如一个班的学生基本信息、一个单位的工资表等。

1. 结构体数组的定义

结构体数组的定义方法和结构体变量的定义方法相仿，只需说明其为数组类型即可。例如：

```
struct student
{
    char num[10];            //学号
    char name[10];           //姓名
    float score;             //成绩
};
struct student stu[10];
```

以上定义了一个结构体数组 stu，其有 10 个元素，即 stu[0]~stu[9]。每个数组元素都具有 struct student 结构形式，且在内存中是连续存放。

也可以直接定义一个结构体数组。例如：

```
struct student
{
    char num[10];            //学号
    char name[10];           //姓名
    float score;             //成绩
}stu[10];
```

或者：

```
struct
{
    char num[10];            //学号
    char name[10];           //姓名
    float score;             //成绩
}stu[10];
```

2. 结构体数组的初始化

与其他类型的数组一样，结构体数组也可以进行初始化。例如：

```
struct student
```

```
{
    char num[10];                            //学号
    char name[10];                           //姓名
    float score;                             //成绩
}stu[2]={{"20240101","zhangsan",90},{"20240102","lisi",95}};
```

当对全部元素进行初始化时，数组的长度可以省略；若是部分元素赋初值，则数组的长度不能省略，未指定初值的成员值默认为 0 或空字符。

3. 结构体数组应用举例

下面举一个简单的例子来说明结构体数组的定义和引用。

【例 6-2】假设一个班有 n 个学生，学生信息包括学号、姓名、3 门课成绩和平均分。要求：先输入学生人数 n，然后输入 n 个学生的学号、姓名和 3 门课成绩，接着计算每个学生的平均分，最后输出 n 个学生的学号、姓名、3 门课成绩和平均分。

程序代码：

```
#include <stdio.h>
#define N 100
struct student
{
    char num[10];                                    //学号
    char name[10];                                   //姓名
    float score[3];                                  //成绩
    float aver;                                      //平均分
};
int main()
{
    struct student stu[N];                           //定义一个结构体数组
    int i,j,n;
    printf("Please input n:");
    scanf("%d",&n);                                  //输入学生数
    printf("Please input num,name,3 score:\n");
    for(i=0;i<n;i++)                                 //输入 n 个学生信息
    {
        scanf("%s%s",stu[i].num,stu[i].name);        //输入学号和姓名
        for(j=0;j<3;j++)
            scanf("%f",&stu[i].score[j]);            //输入成绩
        stu[i].aver=0;                               //平均分初始化为 0
    }
    for(i=0;i<n;i++)                                 //计算每个学生的平均分
    {
        for(j=0;j<3;j++)                             //计算总分
            stu[i].aver=stu[i].aver+stu[i].score[j];
        stu[i].aver=stu[i].aver/3;                   //计算平均分
    }
    printf("Student information:\n");
```

```
        for(i=0;i<n;i++)                                      //输出 n 个学生信息
        {
            printf("%10s%10s",stu[i].num,stu[i].name);        //输出学号和姓名
            for(j=0;j<3;j++)
                printf("%8.2f",stu[i].score[j]);              //输出成绩
            printf("%8.2f\n",stu[i].aver);                    //输出平均分
        }
        return 0;
    }
```

运行结果:

```
Please input n:3↵
Please input num,name,3 score:
202401001 zhangsan 80 86 90↵
202401002 lisi 86 90 78↵
202401003 wangwu 85 95 86↵
Student information:
 202401001   zhangsan   80.00    86.00    90.00    85.33
 202401002       lisi   86.00    90.00    78.00    84.67
 202401003    wangwu    85.00    95.00    86.00    88.67
```

程序分析:

程序中,声明了一个全局的结构体类型 struct student,包含 4 个成员:num、name、score 和 aver。在主函数 main()中定义一个结构体数组 stu,最多可存放 100 个学生信息,但实际存放个数由程序运行时输入的 n 值决定。先通过 n 次循环输入 num(学号)、name(姓名)和 3 个 score(成绩)。注意,由于 num 和 name 是字符数组名,是首地址,因此在 scanf()函数中无须在 stu[i].num 和 stu[i].name 之前加取地址运算符"&";而 3 门课成绩 score[j]是 float 型数组元素,相当于一个基本类型的普通变量,输入时必须在 stu[i].score[j]之前加取地址运算符"&"。接着,通过 n 次循环计算每个学生的平均分,计算时先把 aver 用于求和(注意,每个学生的初值必须先赋值为 0),再计算平均值。最后,输出 n 个学生的信息。

从例 6-2 可以看出,结构体数组的引用与结构体变量相仿,其只是用循环实现,再把结构体变量换成结构体数组元素,如把 stu1.num 换成 stu[i].num。结构体数组元素的成员也可以是数组元素,如 stu[i].score[j],相当于一个二维数组元素的引用。

一个结构体类型数据是一个整体,在内存中连续存放。结构体数组与之前介绍过的一维、二维数组一样,在内存中也是连续存放。例 6-2 中的结构体数组 stu 数据在内存中存放形式如图 6.2 所示。

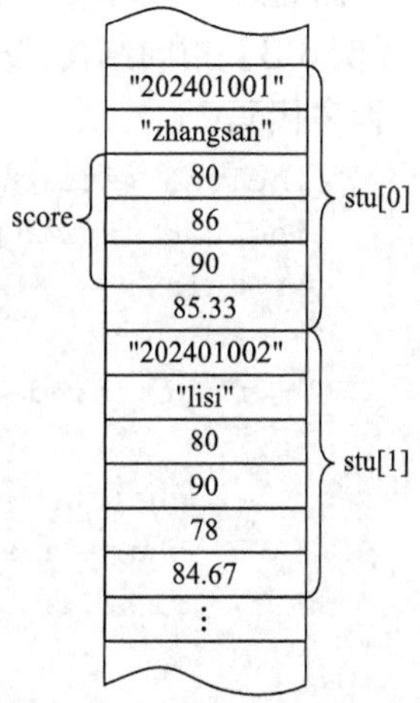

图 6.2 数组 stu 的存储空间

6.1.5 结构体和指针

声明了一种结构体类型后，在其基础上定义结构体变量或结构体数组，它们的数据在内存中均是连续存放，这一块连续的内存空间有一个首地址。可以用一个同类型的指针变量保存该首地址，即可以用一个同类型的指针变量指向一个结构体变量，也可以指向结构体数组中的数组元素。

1. 指向结构体变量的指针

定义指向结构体变量的指针的格式与第 4 章介绍的定义指针变量的格式相同，只要定义时在指针变量名前加"*"号即可。例如：

```
struct student stu1,*p;
```

定义了一个结构体变量 stu1 和指向 struct student 类型的指针变量 p，它们在未赋值之前均是不确定值，因此在使用之前必须先赋值。例如：

```
p=&stu1;
```

将结构体变量 stu1 的首地址赋值给指针变量 p，即让 p 指向 stu1。此时，*p 与 stu1 等价，但成员引用时需要注意：*p.num 与 stu1.num 并不等价，这是由于成员运算符"."的优先级高于指针运算符"*"，因此 p 与 num 先结合，即*p.num 等价于*(p.num)，这显然是错误的，正确的写法是(*p).num。在 C 语言中，为了使用方便、直观，可以把(*p).num 写成 p->num，表示 p 指向结构体变量中的 num 成员。其中，"->"称为指向运算符，其优先级和"."一样，是最高的。因此，引用结构体成员有以下 3 种等价形式。

1）结构体变量名.成员名。
2）(*结构体指针变量名).成员名。
3）结构体指针变量名->成员名。

下面通过一个简单的例子来说明指向结构体变量的指针变量的应用。

【例 6-3】指向结构体变量的指针变量的应用。

程序代码：

```c
#include <stdio.h>
#include <string.h>
int main()
{
    struct student
    {
        char num[10];          //学号
        char name[10];         //姓名
        float score;           //成绩
    };
    struct student stu1,*p;
    p=&stu1;
    strcpy(stu1.num,"202400001");
    strcpy((*p).name,"zhangsan");
    p->score=90;
```

```
        printf("%s %s %.2f\n",stu1.num,stu1.name,stu1.score);
        printf("%s %s %.2f\n",(*p).num,(*p).name,(*p).score);
        printf("%s %s %.2f\n",p->num,p->name,p->score);
        return 0;
    }
```

运行结果：

```
    202400001 zhangsan 90.00
    202400001 zhangsan 90.00
    202400001 zhangsan 90.00
```

程序分析：

程序中，首先声明了 struct student 类型；然后定义了一个 struct student 类型的变量 stu1 和一个指向 struct student 类型的指针变量，并使指针变量 p 指向结构体变量 stu1，如图 6.3 所示。从运行结果来看，引用结构体成员的 3 种形式的运行结果完全一样。

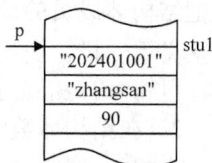

图 6.3　变量和指针变量

2. 指向结构体数组的指针

第 4 章已经介绍过，可以使用指向数组或数组元素的指针或指针变量。同样，对结构体数组及其元素也可以用指针或指针变量来指向，这时结构体指针变量的值是该结构体数组的首地址或是该结构体数组元素的首地址。

【例 6-4】指向结构体数组的指针的应用。

程序代码：

```
    #include <stdio.h>
    int main()
    {
        struct student
        {
            char num[10];               //学号
            char name[10];              //姓名
            float score;                //成绩
        }stu[2]={{"202400001","zhangsan",90},{"202400002","lisi",85}};
        struct student *p;
        for(p=stu;p<stu+2;p++)
            printf("%s %s %.2f\n",p->num,p->name,p->score);
        return 0;
    }
```

运行结果：

```
    202400001 zhangsan 90.00
    202400002 lisi 85.00
```

程序分析：

程序中，p 是指向 struct student 结构体类型数据的指针变量。在 for 语句中先使 p 的初值为 stu，即数组 stu 的首地址，如图 6.4 所示，在第一次循环中输出 stu[0]的各成

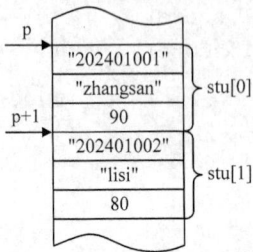

图 6.4 指针访问结构体数组

员值；然后执行 p++，使 p 自加 1，使 p 指向结构体数组 stu 的下一个元素，即 p 指向 stu[1] 的起始地址（首地址）；在第二次循环中输出 stu[1] 的各成员值；再执行 p++ 后，已超出循环条件，退出循环。

使用结构体指针时要注意以下两点。

1）程序中已定义了 p 是一个指向 struct student 结构体类型数据的指针变量，可以用来指向 struct student 结构体类型数据。在本例中，p=stu 和 p=&stu[0] 是等价的。但不能把结构体成员的地址（如 stu[0].num）值赋给 p，虽然 &stu[0] 和 stu[0].num 的值相等，但含义不一样，类型不一样。如果一定要赋值，可以用强制类型转换。例如：

```
p=(struct student*)stu[0].num;          //num是字符数组名，是首地址
```

2）在结构体数组中使用指针变量，要注意++（自加）和--（自减）的对象。例如：

```
++p->score      //等价于++(p->score)，先使 score 值加 1，再取 score 的值
p++->score      //等价于(p++)->score，先取 score 的值，再使指针下移一个元素
p->score++      //等价于(p->score)++，先取 score 的值，再使 score 值加 1
(++p)->score    //先使指针下移一个元素，再取 score 的值
```

请读者注意以上表达式的不同。

6.1.6 结构体作为函数参数

结构体作为函数参数有以下 3 种情形。

1）用结构体变量的成员作为函数参数，其用法与用普通变量作为实参一样，属于值传递方式。应当注意实参与形参的类型要保持一致。

2）在 ANSI 标准 C 中，允许用结构体变量作为函数参数进行整体传递。这种也是采用值传递方式，也要求实参和形参必须是同类型的结构体变量。但这种传递要将全部成员逐个传递，特别是结构体规模很大时，将会使传递的时间和空间开销很大，严重降低程序的效率。

3）用指向结构体变量（或数组）的指针作为函数参数。实参可以是地址（如结构体数组名）或指针变量，形参是同类型的指针变量。这时，由实参传递给形参的只是地址，从而减少了时间和空间上的开销，提高效率。由于是地址传递方式，因此可以实现双向传递。

【例 6-5】假设一个班有 n 个学生，学生信息包括学号、姓名、3 门课成绩和平均分。要求编写以下 3 个函数：input() 函数用于输入 n 个学生信息并计算平均分，sort() 函数用于按平均分从高到低排序学生信息，output() 函数用于输出排序后的 n 个学生信息。在主函数 main() 中先输入学生人数 n，然后按顺序调用以上 3 个函数。

程序代码：

```
#include <stdio.h>
#define N 100
struct student
{
```

```
    char num[10];                                      //学号
    char name[10];                                     //姓名
    float score[3];                                    //成绩
    float aver;                                        //平均分
};
void input(struct student stu[],int n)                 //输入函数
{
    int i,j;
    printf("Please input %d students information(num,name,
        3 scores):\n",n);
    for(i=0;i<n;i++)                                   //输入n个学生信息
    {
        scanf("%s%s",stu[i].num,stu[i].name);          //输入学号和姓名
        stu[i].aver=0;                                 //平均分初始化为0
        for(j=0;j<3;j++)
        {
            scanf("%f",&stu[i].score[j]);              //输入成绩
            stu[i].aver=stu[i].aver+stu[i].score[j];
        }
        stu[i].aver=stu[i].aver/3;
    }
}
void sort(struct student stu[],int n)                  //选择法排序
{
    struct student t;
    int i,j,k;
    for(i=0;i<n-1;i++)
    {
        k=i;
        for(j=i+1;j<n;j++)
            if(stu[k].aver<stu[j].aver)
                k=j;
        if(k!=i)
        {
            t=stu[k];stu[k]=stu[i];stu[i]=t;           //交换
        }
    }
}
void output(struct student *p,int n)
{
    int i,j;
    printf("Student information:\n");
    for(i=0;i<n;i++,p++)                               //输出n个学生信息
    {
        printf("%10s%10s",p->num,p->name);             //输出学号和姓名
```

```
            for(j=0;j<3;j++)
                printf("%8.2f",p->score[j]);           //输出成绩
            printf("%8.2f\n",p->aver);                 //输出平均分
        }
    }
    int main()
    {
        struct student stu[N];                         //定义一个结构体数组
        int n;
        printf("Please input n:");
        scanf("%d",&n);                                //输入学生数 n
        input(stu,n);                                  //输入 n 个学生信息
        sort(stu,n);                                   //按平均分从高到低排序
        output(stu,n);                                 //输出 n 个学生信息
        return 0;
    }
```

运行结果：

```
Please input n:3↵
Please input 3 students information(num,name,3 scores):
202401001 zhang 76 70 85↵
202401002 li 86 80 75↵
202401003 wang 90 86 80↵
Student information:
 202401003      wang    90.00    86.00    80.00    85.33
 202401002        li    86.00    80.00    75.00    80.33
 202401001     zhang    76.00    70.00    85.00    77.00
```

程序分析：

程序中，struct student 被定义为外部类型，这样同一源文件中的各个函数都可以用其来定义这个类型的结构体变量或数组。在主函数 main()中定义了一个 struct student 类型的数组 stu，采用地址传递方式，分别调用输入、排序和输出 3 个函数。实参用数组名 stu，形参可以用数组形式（如 input()、sort()函数）或指针变量形式（如 output()函数）。在 input()函数中，采用成员引用形式输入数组元素 stu[i]各成员的值。在 sort()函数中，通过整体赋值方式实现两个结构体数组元素的交换。在调用 output()函数时，将数组 stu 的首地址传递给形参 p，这样 p 就指向 stu，通过输出 p 所指向的结构体数组元素的各个成员值，它们也就是数组元素 stu[i]的成员值。

6.1.7 链表

在例 6-5 中，为了存储一个班级的学生信息，需要定义一个结构体数组。由于事先并不确定这个班级最终达到的人数，因此只能将数组定义得足够大，以便能容纳全班的数据。显然，这种做法缺乏灵活性，同时也会浪费许多存储空间。

设想能否有这样一种方法：根据需要临时分配内存单元以存放有用的数据，当数据不用时又可以随时释放存储单元，此后这些存储单元又可以用来分配给其他数据使用。

答案是肯定的，这就是下面将要介绍的动态内存分配和链表。

1. 动态内存分配

在 C 语言编译系统的库函数中，提供了以下函数用于动态内存分配。

1）malloc()函数。malloc()函数原型如下：

```
void *malloc(unsigned int size);
```

功能是在内存的动态存储区中分配一段长度为 size 的连续空间，若分配成功则返回此段存储空间的起始地址（指针），否则返回空指针（NULL）。由于此函数的值（即"返回值"）是一个指向 void 类型的指针，因此如果想将该指针值赋值给其他类型的指针变量，就必须进行显式转换（强制类型转换）。例如：

```
int *a;
a=(int *)malloc(10*sizeof(int));
```

功能是动态分配一段能存放 10 个 int 型数据的存储空间给指针变量 a，相当于定义了一个长度为 10 的 int 型数组 a。

2）calloc()函数。calloc()函数原型如下：

```
void *calloc(unsigned int n,unsigned int size);
```

功能是在内存的动态存储区中分配一段 n 个长度为 size 的连续空间，并将分配的各存储单元清零。若分配成功则返回此段存储空间的起始地址（指针），否则返回空指针（NULL）。例如：

```
int *a;
a=(int *)calloc(10,sizeof(int));
```

功能相当于定义了一个长度为 10 的 int 型数组 a，与 malloc()函数的区别在于把内存中分配的各存储单元清零。

3）free()函数。free()函数原型如下：

```
void free(void *p);
```

功能是释放由 p 指向的存储空间，使这部分存储空间能被其他变量使用。p 是最近一次调用 malloc()函数或 calloc()函数时返回的值。free()函数无返回值。

4）realloc()函数。realloc()函数原型如下：

```
void *realloc(void *p,unsigned int size);
```

功能是将 p 指向的存储空间（原来由 malloc()函数分配的）的大小改为 size 字节，即使原先分配的存储空间扩大或缩小。函数返回值是新的存储空间的起始地址（首地址），新的首地址与原来的首地址不一定相同，因为为了增加存储空间，在存储区域会进行必要的移动，而原来存储区域的内容将尽量保留。

C 语言中要求，在使用动态分配函数时，要用#include 命令将 stdlib.h 头文件包含进来，stdlib.h 头文件中包含动态分配函数的有关信息。但在目前使用的一些 C 语言系统中，用的是 malloc.h 而不是 stdlib.h，读者在使用时要注意系统的规定。

在 C++中，申请和释放堆中分配的存储空间，分别使用 new 和 delete 的两个运算符来完成。

1）new 运算符。new 运算符在堆内存中创建一个对象并分配存储空间，返回所创建对象的首地址。new 运算符有下面两种语法格式：

```
new 数据类型名
new 数据类型名[元素个数]
```

2）delete 运算符。delete 运算符删除 new 所创建对象并释放所分配的存储空间。与 new 运算符相对应，delete 运算符也有下面两种语法格式：

```
new 指针变量名
new []指针变量名
```

通过以下程序段来说明 new 运算符和 delete 运算符的应用。

```
int n,*p;
struct student *q;
n=10;
p=new int[n];      //在堆内存中分配 10 个 int 型的连续存储空间，p 指向首地址
q=new struct student;//在堆内存中分配一个结构体类型的存储空间，q 指向首地址
…
delete []p;        //释放 new 运算符在堆内存中分配的 10 个 int 型连续的存储空间
delete q;          //释放 new 运算符在堆内存中分配的 1 个结构体类型的存储空间
```

2. 链表的概念

链表是指通过指针把若干个数据元素（每个数据元素称为一个结点）连接起来的数据结构。如同一条项链通过一根绳子把珍珠串起来，指针如同绳子，数据元素如同珍珠，如图 6.5 所示。

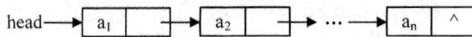

图 6.5　链表

图 6.5 中，head（表头或表首）为一个指针变量，也称为头指针，用于存放第 1 个结点的地址，是链表的起点。链表中每个结点都应包含两个部分：一是用户需要表示的实际数据元素（如一个学生信息），二是用于存放下一个结点的地址。从图 6.5 中可以看出，head 指向第 1 个结点，第 1 个结点又指向第 2 个结点……直到最后一个结点。由于最后一个结点不再指向其他结点，因此其地址部分存放 NULL（图 6.5 中用"^"表示），表示链表结束，其称为表尾。

链表具有以下特点。

1）空间利用率高：链表能够根据实际需求动态申请和释放内存空间，使得空间的利用更加高效。

2）灵活度高：链表不需要预先分配固定的空间大小，可以根据需要动态地添加或删除结点和内存空间，从而避免内存不足的问题。

3）空间分散：在内存中，链表中的元素占据的空间不一定是连续的，可能分布在不同位置，这种分布方式提高了空间的利用率。

4）插入和删除效率高：在任意位置插入新元素和删除旧元素的效率相对数组较高，因为不需要移动元素。

5）查找效率较低：由于链表的空间分布不连续，导致其不具备随机访问性。如果

要访问链表中一个特定位置的数据，需要通过从头到尾遍历整个链表来实现，因此查找效率较低。

6）适用场景：链表适用于写操作频繁且读操作较少的场景，因为其能够在不影响性能的情况下进行动态调整。

链表可分为单向链表、双向链表、循环链表和双向循环链表。这里只介绍单向链表的操作。

3. 单向链表的创建

从图 6.5 中可以看出，一个结点至少有两种不同类型的数据：数据元素和指针，因此用结构体变量作为链表中的结点最合适。例如，可以设计这样一个结构体类型：

```
struct student
{
    char num[11];              //学生学号
    char name[11];             //学生姓名
    float score;               //学生成绩
    struct student *next;      //下一个结点的地址
};
```

其中，num、name 和 score 3 个成员（称为数据域）用来存放结点中的数据元素信息；next 是指针类型的成员（称为指针域），意为下一个，指向 struct student 类型数据，用于存放下一个结点的地址。

注意：这里只是声明了一个 struct student 类型，并未实际分配存储空间，只有定义了变量才会分配存储空间。

为了便于运算，使单向链表的空表和非空表的处理一致，通常在单向链表的第一个结点前增加一个头结点。头结点的数据域中可以不存储任何信息，也可存储与数据元素类型相同的其他附加信息（如链表长度）。指针域 next 的值若为空（NULL），则为空链表；若指针域 next 的值为非空（存放第一个数据元素结点的地址），则为非空链表，如图 6.6 所示。

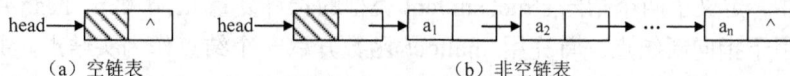

图 6.6　单向链表

单向链表增加头结点的作用如下。

1）便于第一个数据元素结点（称为首元结点）的处理。增加了头结点后，首元结点的地址保存在头结点（其前驱结点）的指针域中，则对链表的第一个数据元素的操作与其他数据元素相同，无须进行特殊处理。

2）便于空表和非空表的统一处理。当链表不设头结点时，假设 head 为链表的头指针，其应该指向首元结点，则当链表为空表时，head 指针为空（判定空表的条件可记为 head==NULL）。增加头结点后，无论链表是否为空，头指针都指向头结点，如图 6.6 所示。若为空表，则头结点的指针域为空（判定空表的条件可记为 head->next==NULL）。

本节中介绍的链表均是采用带头结点的单向链表。

下面介绍动态单向链表的创建。动态是指在程序执行过程中从无到有地创建一个链表，即一个一个地开辟结点和输入各结点数据，并建立起前后结点相连的关系。根据结点链接顺序不同，链表创建方法可分为前插法和尾插法。

（1）使用**前插法**创建动态单向链表

前插法是指每开辟一个新结点，均插入第一个数据元素结点之前，即成为新的首元结点。

程序代码：

```c
struct student * create_h()  //用前插法创建带头结点的链表，并返回头指针
{
    struct student *head,*p;
    char c;
    head=(struct student *)malloc(sizeof(struct student));//头结点
    head->next=NULL;
    while(1)
    {
        p=(struct student *)malloc(sizeof(struct student));//新结点
        printf("Please input struct student num,name and score:");
        scanf("%s%s%f",p->num,p->name,&p->score);//学号、姓名和成绩
        p->next=head->next;     //把链表中的第1个数据元素结点接到新结点的后面
        head->next=p;           //使新结点成为第1个数据元素结点，即接到头结点之后
        getchar();              //消除缓存中的回车符
        printf("Input Continue(Y/N):");   //是否继续输入
        c=getchar();
        if(c=='N' || c=='n')
            break;
    }
    return head;                            //返回头指针
}
```

程序分析：

程序中，定义了两个指向 struct student 类型的指针变量 head 和 p，head 用于指向头结点，p 用于指向新结点。首先用 malloc()函数开辟一个结点作为头结点，并使头指针 head 指向它，如图 6.7（a）所示；然后使用死循环重复添加新结点 p，输入新数据，并把新结点 p 插入原链表的第一个数据元素结点之前，头结点之后。直到输入 N 或 n 字母，跳出循环，结束创建链表；如图 6.7（b）所示，图中虚线为原链接。最后返回头指针。

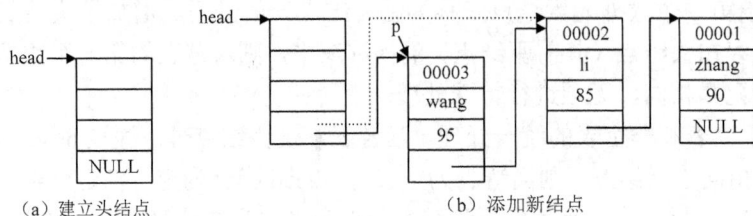

（a）建立头结点　　　　　　　　　　（b）添加新结点

图 6.7　用前插法创建动态单向链表

从图 6.7 中可以看出，前插法创建的动态单向链表，其结点数据顺序为逆序。

（2）使用**尾插法**创建动态单向链表

尾插法是指每开辟一个新结点，均接到链表的最后一个数据元素结点之后，即成为新的表尾结点。

程序代码：

```
struct student * create_r()  //用尾插法创建带头结点的链表，并返回头指针
{
    struct student *head,*p,*r;
    char c;
    head=(struct student *)malloc(sizeof(struct student));//头结点
    head->next=NULL;
    r=head;                     //把头结点当作尾结点
    while(1)
    {
        p=(struct student *)malloc(sizeof(struct student));//新结点
        printf("Please input struct student num,name and score:");
        scanf("%s%s%f",p->num,p->name,&p->score);//学号、姓名和成绩
        r->next=p;                  //新结点接到链表的尾结点之后
        p->next=NULL;               //使新结点的 next 指针为 NULL
        r=p;                        //使 r 指向新的尾结点
        getchar();                  //消除缓存中的回车符
        printf("Input Continue(Y/N):");   //是否继续输入
        c=getchar();
        if(c=='N' || c=='n')
            break;
    }
    return head;
}
```

程序分析：

程序中，定义了 3 个指向 struct student 类型的指针变量 head、p 和 r，其中 head 用于指向头结点，p 用于指向新结点，r 用于指向表尾结点。首先用 malloc() 函数开辟一个结点作为头结点，使头指针 head 指向它，并把它作为表尾结点，r 也指向它，如图 6.8（a）所示。然后使用死循环重复添加新结点 p，输入新数据，并把新结点 p 接到原链表的表尾，即最后一个数据元素结点 r 之后，并使 r 指向新的表尾结点。直到输入 N 或 n 字母，跳出循环，结束创建链表，如图 6.8（b）所示。最后返回头指针。

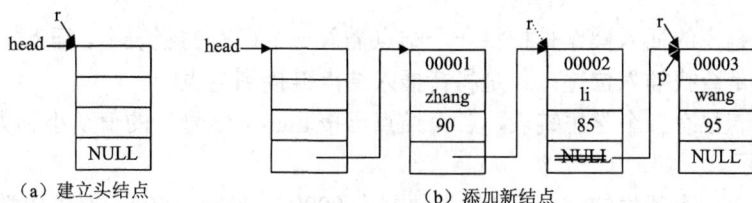

（a）建立头结点　　　　　　　　（b）添加新结点

图 6.8　用后插法创建动态单向链表

4. 单向链表的遍历

遍历是指按照一定的顺序依次访问链表中的所有结点。链表遍历是链表所有操作的基础，其通常有两种方式，即正向遍历和反向遍历。双向链表可以正向遍历，也可以反向遍历；而单向链表只能正向遍历。正向遍历的方法是通过循环方式从链表的头结点开始，逐个访问结点直到链表的尾结点。带头结点链表遍历的核心代码如下：

```
struct student *p;
p=head->next;
while(p!=NULL)
{
    //对结点的操作
    p=p->next;              //后移一个结点
}
```

5. 单向链表的输出

要输出单向链表的数据，首先要知道链表头结点的地址（head 值）；然后设一个指针变量 p，先指向第一个数据元素结点，输出 p 所指的结点，再使 p 后移一个结点，并输出，直到链表的尾结点。

程序代码：

```
void print(struct student *head)
{
    struct student *p;
    p=head->next;                          //使 p 指向第 1 个数据元素结点
    printf("   num    name    score\n"); //输出标题
    while(p!=NULL)                         //判断链表是否结束
    {
        printf("%10s %10s %6.1f\n",p->num,p->name,p->score);//输出
        p=p->next;                         //使 p 后移一个结点
    }
}
```

程序分析：

程序中，通过当型循环依次输出各结点的数据，直到表尾，p 值为空。输出时，若标题与数据没有对齐，可通过调整空格个数进行对齐。

6. 对单向链表的插入操作

对单向链表的插入操作是指将一个结点插入一个已有的链表中。插入操作有两个主要步骤：一是查找插入位置；二是将待插入结点链接到链表中。

例如，若已有一个学生链表，各个结点已按 num（学号）的值从小到大顺序排列，如图 6.9 所示。

现要插入一个新生的结点 x（学生数据为 00004，chen，80），要求按学号的顺序插入，即插入 00003 结点之后，00005 结点之前。

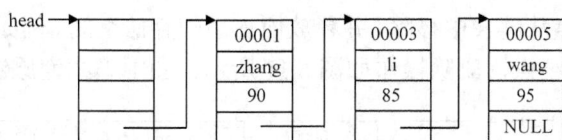

图 6.9 有序的单向链表

解题分析：

第 1 步：查找插入位置。首先用指针变量 p 指向第一个数据元素结点，然后将 x->num 与 p->num 进行比较，若 x->num 大于 p->num，则待插入结点不应在 p 所指的结点之前。此时，将 q 指向 p 所指结点，并将 p 后移一个结点，即让 q 紧跟 p 后面。再将 x->num 与 p->num 进行比较，若 x->num 仍然大于 p->num，则应使 q 和 p 继续同步后移，直到 x->num 小于 p->num 或 p 值为空时结束。这时，q 之后 p 之前就是要插入的位置，如图 6.10 所示，图中虚线为原链接。

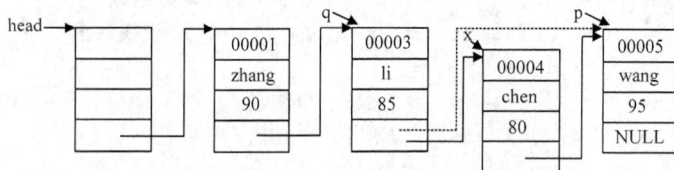

图 6.10 对有序单向链表的插入操作

第 2 步：将待插入结点链接到链表中。通过以下两条语句改变指针链接，将待插入结点链接到链表中（以下两条语句的顺序可以交换）：

```
x->next=p;
q->next=x;
```

程序代码：

```
void insert(struct student *head,struct student *x)
{
    struct student *p,*q;
    q=head;              //q指向要插入结点的前驱结点
    p=head->next;        //p指向第1个数据元素结点
    while(p!=NULL && strcmp(x->num,p->num)>0)//查找插入位置
    {
        q=p;             //后移一个结点
        p=p->next;       //后移一个结点
    }
    x->next=p;
    q->next=x;
}
```

7. 对单向链表的删除操作

对单向链表的删除操作是指将一个结点从链表中移除并释放所占用的存储空间。删除操作也有两个主要步骤：一是查找要删除的结点，这一点与插入操作一样；二是通过

修改指针链接将结点从链表中移除，并释放所占用的存储空间。例如，删除图 6.9 中 num（学号）为 00003 的结点，删除操作如图 6.11 所示，图中虚线为原链接。

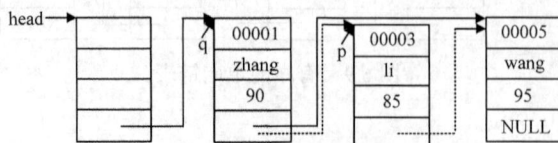

图 6.11　对单向链表的删除操作

程序代码：

```
void dele_node(struct student *head,char x[])
{
    struct student *p,*q;
    q=head;                      //q 指向要删除结点的前驱结点
    p=head->next;                //p 指向第 1 个数据元素结点
    while(p!=NULL && strcmp(p->num,x)!=0)//查找数据
    {
        q=p;                     //后移一个结点
        p=p->next;               //后移一个结点
    }
    if(p!=NULL)                  //找到数据
    {
        q->next=p->next;         //把要删除结点的后继结点链接到其前驱结点
        free(p);                 //释放结点空间
    }
}
```

8. 对链表的综合操作

将以上建立、输出、插入和删除的函数组织在一个 C 语言程序中，用主函数 main() 作主调用函数分别调用执行。若想重复调用，可以加上一个类似例 5-2 的菜单函数，并在主函数 main()中使用循环语句根据需要选择执行。

程序代码：

```
int main() {
    int c;                        //用于菜单选择
    char xh[11];                  //用于输入学号
    struct student *h=NULL,*p;    //h 用于存放链表的头指针
    while(1)
    {
        system("cls");            //清除屏幕
        menu();                   //显示菜单
        scanf("%d",&c);           //选择菜单
        switch(c)
        {
            case 1:
```

```
                    h=create_r();          //用尾插法创建链表
                    break;
            case 2:
                    print(h);              //输出数据
                    break;
            case 3:                        //插入数据
                    p=(struct student *)malloc(sizeof(struct student));
                    printf("Please input new data! \n");
                    scanf("%s%s%f",p->num,p->name,&p->score);
                    insert(h,p);           //插入新结点
                    break;
            case 4:                        //删除数据
                    printf("Please input delete data:");
                    scanf("%s",xh);        //输入要删除学号
                    dele_node(h,xh);
                    break;
        }
        if(c==0)                           //结束循环，退出程序
            break;
        system("pause");                   //暂停执行，以便查看执行结果
    }
    return 0;
}
```

6.1.8　堆溢出的原理与防范

1. 堆溢出的原理

　　堆是指程序运行时动态分配的一段内存块，程序数据分配按照从低地址向高地址方向增长。堆的分配和释放分别由 malloc()（或 realloc()）函数和 free()函数实现。每个堆又分为用户数据区和管理结构区两部分，用户数据区存储用户数据，管理结构区存储堆信息（如堆是否空闲、堆大小和双向链表指针等）。

　　堆溢出的原理如下：将超出预先动态分配的内存块长度的数据复制到该内存块中，由于超越了内存块的边界，因此覆盖了这段内存块之后的一段存储区域。这类超长的数据包含对返回地址的修改数据，因此被攻击的程序将返回到攻击者设计的地址。如果被覆盖的存储区域内还存储了函数指针或跳转地址，也可以将其修改：将程序指针 IP（指令指针）转移到指向攻击者设计的地址。当 IP 已经指向攻击者预先设计的代码时，该代码通常会以与被攻击程序相同的权限开始执行该权限所允许的任何操作。

2. 缓冲区溢出攻击防范方法

　　缓冲区溢出是程序代码中的常见漏洞，需要在开发阶段注意编写正确代码。

　　1）进行所有用户输入验证。用户输入文本字符串时，应将该字符串的长度同最大允许长度进行比较，确保输入字符串的长度是有效长度。如字符串超过最大允许长度，

应采用拦截机制，对其进行必要的拦截。

2）过滤潜在的恶意输入。用户输入中不得含有保留符号，如 ASP 代码中的撇号、引号和连字符均为保留符号，应限制这些符号出现在用户输入中，以免导致应用程序崩溃。

3）程序指针完整性检查。在程序指针失效前实施完整性检查，可以阻止绝大多数的缓冲区溢出攻击。

4）设置非执行的缓冲区。将被攻击程序的数据段地址空间设置为不可执行，攻击者即便植入恶意代码也无法执行。不过，UNIX 和 Windows 操作系统后来常在数据段中动态地放入可执行的代码，以提升功能和性能，这也是缓冲区溢出的根源之一。为了保持 UNIX 和 Windows 程序的兼容性，不可能使所有程序的数据段都不可执行，但是可以将堆栈数据段设置为不可执行，因为很少有合法程序允许在堆栈中存储代码，所以大多不会产生兼容性问题。

5）对应用程序输入进行模糊测试。在软件测试阶段，采用模糊测试方法，通过随机产生的各种输入来验证应用程序的响应情况。如出现异常情况，可以在测试阶段解决。

除了在开发阶段采取上述措施外，软件运行时建议采取以下措施来防范缓冲区溢出攻击：关闭不必要的端口或服务，及时安装补丁、升级系统，以所需最小权限运行软件。

6.1.9 位段

计算机对内存中信息的存取通常以字节为单位，但在实际应用中，有些信息不需要占用一个或多个字节。例如，逻辑值"真"或"假"用 1 或 0 表示，只需要 1 位即可。在过程控制、参数检测或数据通信等领域，控制信息往往只需占用 1 字节中的一个或几个二进制位。为了节省存储空间，C 语言提供了位段类型，允许在一个结构体中以二进制位为单位指定其成员所用的内存长度，这种以位为单位的成员称为位段或位域（bit field）。这样，就可以把多个控制信息存放在 1 字节中。

1. 位段类型的声明及其变量的定义

C 语言中没有专门的位段类型，而是借助于结构体类型，以二进制位为单位来说明结构体成员所占用空间的长度，其声明的一般语法格式如下：

```
struct [结构体名]
{
    类型标识符 [位段名1]:常量表达式;
    类型标识符 [位段名2]:常量表达式;
    ...
}[变量名表列];
```

例如：

```
struct bf
{
    unsigned short int a:2;
    unsigned short int b:3;
    unsigned short int c:4;
```

```
    unsigned short int d:3;
    short int e;
}x;
```

定义了一个结构体变量 x，其中有 4 个位段成员和一个短整型成员。系统为变量 x 分配的存储空间如图 6.12 所示。

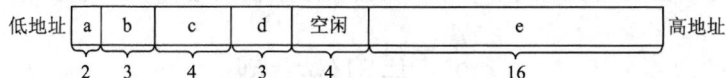

图 6.12 位段成员占用的位数

2. 位段的引用

位段成员的引用与结构体成员的引用相同。例如：

```
x.a=3;
x.b=7;
x.c=15;
printf("%d,%d,%d\n",x.a,x.b,x.c);
```

以上语句给 3 个位段 a、b、c 分别赋值 3、7、15，并以整数格式输出它们的值。

3. 关于位段定义和引用的说明

1）位段成员的类型一般为 unsigned 或 int 类型，而在 visual C++编译系统中也可以为 char、short、unsigned short、long 等。

2）常量表达式用来指定每个位段的宽度，即该位段占用内存多少位。位段的宽度不能大于存储单元的长度。

3）位段名可以省略。若省略位段名，则称该位段为无名位段。无名位段的作用是跳过不使用的某几位。当无名位段宽度为 0 时，将使下一个位段从下一个存储单元开始存放数据。例如：

```
struct bf
{
    unsigned short int a:4;
    unsigned short int  :0;        //空域
    unsigned short int b:4;        //从下一个存储单元开始存放
    unsigned short int c:3;
}x;
```

在定义的变量 x 中，a 占用第一个存储单元的 4 位，其他填 0 表示不使用；b 从第二个存储单元开始占用 4 位，c 占用 3 位。

4）一个位段必须存储在同一存储单元中，不能跨越两个存储单元。

5）一个结构体内可以在定义位段成员的同时定义其他非位段成员。结构体变量的非位段成员要从新的一个存储单元开始分配存储空间，中间空闲的若干位将不被使用，如图 6.12 所示。

6）不能使用数组作为位段成员，但位段变量可以是数组。

7）位段可以进行赋值操作，所赋之值可以是整数。但不能对位段求地址，因此不能读入位段值，也不能用指针变量指向位段。

8）位段可以按整型格式输出，可以在 printf()函数中使用%d、%u、%o、%x 等输出格式字符。

9）位段可以在数值表达式中引用，其会被系统自动地转换成整数。

6.2 共用体类型

程序中有时为了节省存储空间，需要将几种不同类型的变量存放在同一段内存单元中。这种利用覆盖技术，几个变量相互覆盖，共同占用一段存储单元的结构称为共用体类型，也称为联合体类型。

6.2.1 共用体类型的声明

共用体类型的声明与结构体类型的声明相似，只是把关键字 struct 换成 union，其一般语法格式如下：

```
union 共用体名
{
    类型标识符 1 成员名 1；
    类型标识符 2 成员名 2；
    …
    类型标识符 n 成员名 n；
};
```

共用体类型声明也不分配内存空间，而只是说明此类型数据的构造情况。要使用共用体类型数据，还需要定义该类型的变量。

6.2.2 共用体变量的定义

与结构体一样，共用体变量的定义也有 3 种形式。

1）先声明共用体类型，再定义共用体变量：

```
union data
{
    int i;
    char c;
    float f;
};
union data x;
```

2）在声明共用体类型的同时定义共用体变量：

```
union data
{
    int i;
    char c;
    float f;
```

```
    }x;
```

3）不指定共用体名称而直接定义共用体变量：

```
    union
    {
        int i;
        char c;
        float f;
    }x;
```

定义了共用体变量以后，系统为共用体变量中的所有成员分配同一开始地址的存储空间，使用覆盖技术共享一段存储单元。例如，上面定义了共用体变量 x，它的 3 个成员的首地址相同，而且共用体变量 x 的地址也就是该变量成员的地址，即&x、&x.i、&x.c、&x.f 的值均相同，如图 6.13 所示。

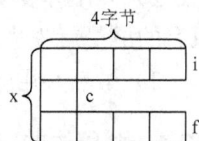
图 6.13 共用体变量 x

共用体变量所占用内存空间的大小取决于占存储空间最大的那个成员，而不是各个成员的存储空间之和，这是与结构体变量的本质区别。例如，上面的共用体变量 x 共占用 4 字节存储单元。

6.2.3 共用体变量的初始化和引用

1. 共用体变量的初始化

共用体变量在定义的同时只能对第一个成员的值进行初始化。例如：

```
    union data
    {
        int i;
        char c;
        float f;
    }x={65};
```

在定义共用体变量 x 的同时给成员 i 赋初值 65。

2. 共用体变量的引用

共用体变量的引用方法与结构体完全相同，其不能整体直接引用，只能引用共用体变量中的某个成员。例如，下面的语句均是合法的：

```
    union data
    {
        int i;
        char c;
        float f;
    }x,y,*p;                //定义两个共用体变量 x 和 y、一个指向共用体的指针变量 p
    x.c='a';
    x.f=3.5;
    p=&x;
    printf("%.1f",p->f);        //输出 3.5
```

```
    y.i=65;
    x=y;                            //相同类型的共用体变量可以相互赋值
    printf("%c",(*p).c);       //输出字母 A
```

在使用共用体类型数据时要注意以下几点。

1）同一段存储单元可以用来存放几种不同类型的成员，但在某一时刻只能存放其中一个成员，而不是同时存放几个成员。也就是说，每一时刻只能一个成员起作用，其他成员不起作用。

2）共用体变量中起作用的成员是最后一次存放的成员，在存入一个新的成员后，原有的成员就失去作用。

3）虽然共用体变量不能整体引用，但相同类型的共用体变量可以相互赋值。

6.2.4 共用体的应用举例

【例 6-6】设有若干个在校人员数据，其中有学生和教师。学生数据包括编号、姓名、职业和入学成绩，教师数据包括编号、姓名、职业和职称。学生和教师数据放在同一个结构体数组中，结构体里包含共用体（入学成绩和职称）。要求程序中根据职业区分人员身份，进行数据输入和输出。

程序代码：

```
#include <stdio.h>
#include <string.h>
struct person
{
    char num[11];                  //编号
    char name[11];                 //姓名
    char job[10];                  //职业
    union
    {
        float score;               //入学成绩
        char title[20];            //职称
    }category;
};
int main()
{
    struct person p[2];int i;
    for(i=0;i<2;i++)
    {
        scanf("%s%s%s",p[i].num,p[i].name,p[i].job);
        if(strcmp(p[i].job,"student")==0)              //是学生
            scanf("%f",&p[i].category.score);          //输入入学成绩
        else                                           //是教师
            scanf("%s",p[i].category.title);           //输入职称
    }
    printf(" No.   name    job    score/title\n");
    for(i=0;i<2;i++)
```

```
    {
        printf("%s\t%s\t%s\t",p[i].num,p[i].name,p[i].job);
        if(strcmp(p[i].job,"student")==0)          //是学生
            printf("%5.2f\n",p[i].category.score);//输出入学成绩
        else                                        //是教师
            printf("%s\n",p[i].category.title);    //输出职称
    }
    return 0;
}
```

运行结果：

```
S00001 zhang student 630↵
T00003 wang teacher professor↵
  NO.    name    job      score/title
S00001  zhang   student   630.00
T00003  wang    teacher   professor
```

程序分析：

程序中，在主函数 main()之前声明了结构体类型 struct person，在结构体类型声明中包含共用体类型的 category（类别）成员，共用体由 score（入学成绩，浮点型）和 title（职称，字符数组）两个成员组成。在主函数 main()中定义一个结构体数组，通过 job（职业）区分人员类别，进行数据输入和输出。

6.3 枚 举 类 型

在实际应用中，有些数据的取值被限定在一个有限的范围内。例如，一个星期有 7 天、常说的颜色有 7 种（红、橙、黄、绿、青、蓝、紫）。如果均采用整数表示，则当程序中出现一个数字 3 时，是表示星期三还是黄色，此时只有通过上下文才能分清含义。如果均采用英文单词表示，显然比采用整数表示更具有可读性。因此，为了提高程序的可读性，C 语言提供了一种称为枚举的类型。在枚举类型的声明中，将变量所有可能取得的值一一列举出来，并要求枚举类型变量的取值不能超出声明的范围。

6.3.1 枚举类型的声明

枚举类型声明的一般语法格式如下：

```
enum 枚举类型名{枚举常量1,枚举常量2,…,枚举常量n};
```

例如：

```
enum color{red,orange,yellow,green,cyan,blue,purple};
```

枚举类型声明的有关说明如下。

1）enum 是 C 语言的关键字，是枚举类型的引导字，不能省略，用于声明枚举类型和定义枚举变量；但枚举类型名可以省略。

2）枚举类型名和枚举常量均为用户定义的标识符，必须符合标识符命名规则。枚举常量又称为枚举元素，必须放在一对花括号"{}"内，它们之间用逗号","隔开。

3）编译时，系统将枚举常量作为整型常量进行处理，按顺序给每一个枚举常量对应一个整数值，整数值从 0 开始，后续元素顺序加 1。例如，enum color 类型中 red 的值为 0，orange 的值为 1，…，purple 的值为 6。也可以在声明时指定枚举常量对应的整数值，没有指定的元素则在前一个元素值的基础上顺序加 1。例如：

```
enum weekday{Sun=7,Mon=1,Tue,Wed,Thu,Fri,Sat};
```

此时，Sun 的值为 7，Mon 的值为 1，Tue 的值 2，…，Sat 的值为 6。

6.3.2 枚举变量的定义和引用

1. 枚举变量的定义

枚举类型的声明仅仅是对该类型数据组成的一种说明，要应用枚举类型，还需要定义枚举变量。与结构体和共用体一样，枚举变量的定义也有 3 种形式。

1）先声明枚举类型，再定义枚举变量：

```
enum weekday{Sun=7,Mon=1,Tue,Wed,Thu,Fri,Sat};
enum weekday w1,w2;
```

2）在声明枚举类型的同时定义枚举变量：

```
enum weekday{Sun=7,Mon=1,Tue,Wed,Thu,Fri,Sat}w1,w2;
```

3）不指定枚举类型名而直接定义枚举变量：

```
enum {Sun=7,Mon=1,Tue,Wed,Thu,Fri,Sat}w1,w2;
```

2. 枚举变量的引用

（1）枚举变量赋值

在使用枚举变量时，只能取其相应枚举类型所列举的枚举常量。例如：

```
w1=Wed;          //正确
w2=w1;           //正确，相同类型变量可以相互赋值
w1=Sunday;       //错误，因为 Sunday 不是 enum weekday 类型所列举的枚举常量
```

枚举常量并无固定的含义，其只是一个符号，程序开发人员仅仅是为了提高程序的可读性才使用这些名字。例如，声明枚举类型时，星期日使用 Sun 和 Sunday 都可以，具体使用什么完全由程序开发人员决定。

虽然编译系统把枚举常量当作整型常量来处理，但不能把整数直接赋值给枚举变量。例如：

```
w1=3;                        //错误，因为类型不匹配
```

可以用强制类型进行转换。例如：

```
w1=(enum weekday)3;  //正确，整数必须在枚举常量的顺序号范围内，等价于 w1=Wed
```

（2）枚举变量的输入和输出

在 C 语言中，枚举变量的值不能直接输入和输出，只能间接地实现输入和输出。例如，要把 Wed 输入给 w1，只能先通过 scanf()函数输入一个整数，判断其是否为 3；再通过赋值语句把 Wed 赋值给 w1。输出也一样，枚举变量只能按整数格式输出，若要输出枚举常量名称，必须通过选择语句（如 switch）先判断再输出对应的字符串。

（3）枚举值可以用来进行判断比较

例如：

```
if(w1==Wed)…
if(w1>w2)…
```

枚举值按其在声明时的顺序号进行比较，如 Tue>Mon 为真。

（4）枚举变量可以用于循环变量

例如：

```
for(w1=Mon;w1<Sat;w1=(enum weekday)(w1+1))
    …
```

值得注意的是，枚举值和枚举变量可以进行算术运算，如 Mon+1、w1+1，但其运算结果为该枚举值的顺序号加 1（整型数），并不是枚举值。因此，程序中的循环变量自增要用 w1=(enum weekday)(w1+1)而不能使用 w1++或 w1=w1+1，否则会出现编译错误。

6.4　用 typedef 声明类型

在 C 语言中，除了可以直接使用基本类型名（如 int、char、float、double、long 等）和自己声明的结构体、共用体、指针、枚举类型外，还可以用 typedef 声明新的类型名来代替已有的类型名。

1. 使用 typedef 声明类型

使用 typedef 声明类型的一般语法格式如下：

```
typedef 类型名 类型新名称表;
```

其中，typedef 是 C 语言的一个关键字；类型名可以是任何基本类型、数组、指针、结构体、共用体、枚举类型，也可以是由 typedef 声明的类型名。

为了醒目，一般由 typedef 声明的类型名称使用大写字母。下面举例说明。

1）基本类型重命名：

```
typedef float REAL;        //给 float 取一个新名称 REAL
REAL x,y;                  //等价于 "float x,y;"
```

2）声明数组类型名：

```
typedef char ARRAY[11];    //声明 ARRAY 为可以存放 10 个字符的字符数组名
ARRAY num,name;    //定义长度为 11 的字符数组 num 和 name，用于存放编号和姓名
```

3）声明指针类型：

```
typedef int *POINTINT;     //声明 POINTINT 为指向 int 的指针类型
POINTINT p,q;              //定义指向 int 的指针变量 p 和 q
```

4）声明一个类型名代表结构体类型、共用体类型或枚举类型：

```
typedef struct node
{
    int num;
    float score;
    struct node *next;
}NODE,*NODELINK;        //声明结点类型 NODE 和声明指向结点的指针类型 NODELINK
```

```
NODE n;                    //定义结点变量 n
NODELINK np;               //定义一个指向结点的指针变量 np
```

2. 使用 typedef 声明类型时应注意的问题

1）使用 typedef 只是声明了一个新的类型名称，但这并没有创造新的数据类型。事实上，数据类型的种类并没有超出前面所介绍的那些类型。

2）由于程序开发人员可以自己定义新的类型名称，因此可以增加程序的可读性。例如，使用 NODE 定义结构体变量，使人一看就知道这些变量用在与链表结点有关的方面，从而使程序一目了然。

3）当不同的源文件中用到同一类型的数据（如数组、指针、结构体等）时，常用 typedef 声明一些数据类型，把它们单独放在一个文件中，然后在需要用到它们的文件中用#include 命令将它们包含进来。

4）typedef 和#define 有相似之处。例如：

```
typedef int INTEGER;
#define INTEGER int
```

它们的作用均是用 INTEGER 代表 int。但事实是不同的，#define 在编译预处理时只作简单的字符串替换，而 typedef 是在编译时处理并不是进行简单的字符串替换。例如：

```
typedef char ARRAY[11];
```

并不是用 ARRAY[11]代替 char，而是采用如同定义变量的方法那样声明一个类型。

5）便于通用与移植。有时程序会依赖于硬件特性，使用 typedef 便于移植。例如，如果把一个 C 语言程序从一个以 4 字节存放整数的计算机系统移植到以 2 字节存放整数的系统，通常办法是将每一个 int 型变量改为 long 型。若原先有用 typedef 声明 int 型为 INTEGER 型，而且程序中统一用 INTEGER 定义整型变量，那么只要修改 typedef 语句即可，即修改为

```
typedef long INTEGER;
```

本 章 小 结

本章主要介绍了构造数据类型的相关概念和应用，以及动态分配内存可能出现的问题，具体如下。

1）结构体和共用体这两种构造数据类型有许多相似之处，它们都由成员组成，成员可以是不同的数据类型。在结构体中，每个成员都占有自己的存储空间，它们是同时存在的，一个结构体变量占用的存储空间是所有成员的存储空间总和；而在共用体中，所有成员共同占用一段存储空间，它们的起始地址是相同的，它们是不能同时存在的，一个共用体变量占用的存储空间取决于占存储空间最大的那个成员。

2）每个结构体变量或结构体数组在编译时都分配一段连续的存储空间，当然也可以定义同类型的指针变量保存它们的起始地址。这样，引用结构体成员就有以下 3 种等价形式：结构体变量名.成员名、(*结构体指针变量名).成员名和结构体指针变量名->成员名。

3）链表是指通过指针把若干个数据元素（每个数据元素称为一个结点）连接起来

的数据结构。每个结点都是一个结构体，该结构体中包含要处理的数据和指向自身类型的指针 next，next 指针用于存放下一结点的地址。链表的操作包括创建、遍历、输出、查找、插入、删除等。

4）堆溢出是指将超出预先动态分配的内存块长度的数据复制到该内存块中，由于超越了内存块的边界，因此覆盖了这段内存块之后的一段存储区域。因此，需要在开发阶段注意编写正确代码，以防止缓冲区溢出漏洞的发生。

5）位段是指允许在一个结构体中以二进制位为单位指定其成员所用的内存长度。

6）枚举类型是将变量所有可能取得的值一一列举出来，而且枚举变量的取值只能限于所列举出来的枚举值的范围内。枚举数据不能直接输入和输出，只能通过间接的方法输入和输出。

7）用 typedef 声明新的类型名称可以增加程序的可读性和通用性。

习　题

1. 编写一程序，使用结构体实现求解两个复数的积。

2. 声明一个日期结构体类型（包含年、月、日），编写程序，输入两个日期，输出它们之间相隔的天数。

3. 设有 n 个学生，每个学生的数据包括姓名（10 个字符）和出生日期（年-月-日）。编写程序，功能是在主函数 main() 中输入 n 个学生信息，调用 sort() 函数（功能是按姓名从小到大排序）排序后，仍在主函数 main() 中输出排序后的 n 个学生信息。

4. 编写程序，功能是使用尾插法创建一个带有头结点的链表并输出。

要求：首先定义一个结构体，每个结点包含书号（10 个字符）、书名（20 个字符，不含空格）和价格（float 型）等信息。然后编写函数 struct book *CreateLink()，用于创建指定个数（个数 n 由键盘输入）的链表，以及函数 void PrintLink(struct book *h)，用于输出链表信息。最后在主函数 main() 中调用 CreateLink() 和 PrintLink() 函数。输入/输出时每个数据间用一个空格隔开，价格的小数保留 2 位。

5. 设有两个链表 a 和 b，每个结点包含学号和姓名信息。编写程序，实现从 a 链表中删除与 b 链表中有相同学号的那些结点。

6. 编写程序，将一个链表按逆序排列，即将链头当链尾，链尾当链头。

7. 编写程序，实现学生成绩的输入和输出。学生信息包括学号、姓名、课程类型（考试/考查）和成绩。若是考试课程，则成绩为百分制，否则为五分制（A、B、C、D、E）。

8. 编写程序，声明一个表示颜色的枚举类型，要求根据输入的整数输出对应颜色的英语单词。

9. 使用枚举类型编写程序。设盒子中有红、黄、蓝、白、黑 5 种颜色的球若干个，每次从盒子中先后取出 3 个球，求得到 3 种不同颜色球的取法有多少种，并输出每种排列的情况。

10. 输入以下代码，编译运行，试输入正常电话号码和非正常号码（如 15 个 1），分析运行结果。程序存在什么安全隐患？为什么？应如何避免？

```
#include<stdio.h>
struct bank
{
    char ID[10];              //账号
    char name[20];            //姓名
    char mobile[12];          //电话
    int balance;              //币值
};
int main()
{
    struct bank x={"123456789","Bob","13412345678",1000};
    printf("%s,%s,%d,%s\n",x.ID,x.name,x.balance,x.mobile );
    gets(x.mobile);           //重新输入电话号码
    printf("%s,%s,%d,%s\n",x.ID,x.name,x.balance,x.mobile );
    return 0;
}
```